普通高等教育"十二五"规划教材

土木工程材料

TUMU GONGCHENG CAILIAO

郑娟荣　主编

U0359556

化学工业出版社
·北京·

本教材为普通高等教育"十二五"规划教材。主要内容包括绪论、土木工程材料的基本性质、无机胶凝材料、混凝土与砂浆、建筑金属材料、沥青及沥青混合料、砌体材料、合成高分子材料、木材、建筑功能材料，附录是常用土木工程材料试验。除绪论和附录外，每章后面附有适量的思考题。

本书采用最新国家标准和行业标准，注意了深度和广度之间的适当平衡，在重点讲述土木工程材料的基本性质、无机胶凝材料、混凝土、沥青混合料等的基础上，广泛介绍了国内目前土木工程中常用的各种土木工程材料及其发展中的有关新材料、新技术，以利于开阔新思路和合理选用土木工程材料。

本书可作为普通高等院校土木建筑类专业本科生学习用书，也可作为土木建筑类有关设计、施工、科研和管理等专业人员的参考书。

图书在版编目（CIP）数据

土木工程材料/郑娟荣主编 .—北京：化学工业出版社，2014.5（2025.2重印）
普通高等教育"十二五"规划教材
ISBN 978-7-122-20083-9

Ⅰ.①土⋯　Ⅱ.①郑⋯　Ⅲ.①土木工程-建筑材料-高等学校-教材　Ⅳ.①TU5

中国版本图书馆 CIP 数据核字（2014）第 049614 号

责任编辑：满悦芝　　　　　　　　　　文字编辑：刘丽菲
责任校对：宋　夏　　　　　　　　　　装帧设计：杨　北

出版发行：化学工业出版社（北京市东城区青年湖南街 13 号　邮政编码 100011）
印　　装：北京科印技术咨询服务有限公司数码印刷分部
787mm×1092mm　1/16　印张 15¾　字数 400 千字　2025 年 2 月北京第 1 版第 3 次印刷

购书咨询：010-64518888　　　　　　　售后服务：010-64518899
网　　址：http://www.cip.com.cn
凡购买本书，如有缺损质量问题，本社销售中心负责调换。

定　　价：65.00 元

前　言

土木工程材料课程是一门土木建筑类各专业本科生的专业基础课，教学目的有两个方面：一是为学生学习后继专业课程提供必要的基础知识，使学生毕业后在设计、施工、监理、检测等工作中能够合理选用土木工程材料；二是为学生毕业后从事土木工程结构与材料等方向的科学研究准备必要的基础知识。本书主要有以下突出特点：首先，全书在编写过程中注意了面和点、深度和广度之间的适当关系，在重点突出水泥、水泥混凝土、沥青混合料及材料基本性能的基础上，广泛地介绍了目前国内已有的各种土木工程材料的知识及其发展和有关的新材料、新技术，以利于开阔思路，便于合理选择土木工程材料。其次，在涉及主要土木工程材料（水泥、水泥混凝土、建筑金属材料、沥青混合料）中，重点让学生掌握材料的组成、结构、性能和应用及发展趋势之间的关系，以便让学生从材料的组成、结构层次来理解材料的性能特点，以利于培养学生的创新性思维。本书各章节内容体现了最新标准、规范和已经广泛应用的新成果，并附有相应的试验内容，体现学以致用，实用性强。

本教材可以作为大学本科土木建筑类各个专业，包括土木工程、桥梁工程、地下建筑工程、交通工程、水工结构工程、建筑工程管理、建筑学等专业的本科生学习土木工程材料专业基础课的教科书；也可作为土木建筑类有关设计、施工、科研人员的参考书。

本书由郑娟荣主编。各章编写人员是：郑州大学郑娟荣（绪论，第 1、3 章部分内容，第 7、8、9 章），郑州大学元成方（第 3 章部分内容，附录），郑州大学汤寄予（第 5 章），河南大学秦守婉（第 2、6 章），华北水利水电大学齐新华（第 4 章）。

由于编者水平有限，书中的缺点和不妥之处在所难免，恳请读者在使用过程中给予指正，并提出宝贵意见。谢谢。

编者
2014 年 6 月

目　录

第0章 绪 论

0.1 土木工程材料的定义和分类

土木工程材料是人类建造活动所用一切材料的总称，它是房屋、道路、桥梁、水利等一切土木工程的物质基础，也称建筑材料。

土木工程材料品种繁多、性质各异，为了方便应用，工程中常按不同的方法对土木工程材料进行分类。

（1）按材料的化学成分分类 将土木工程材料分为无机材料、有机材料和复合材料三大类，见表0-1。

表 0-1 土木工程材料按组成分类

分 类			举 例
无机材料	金属材料	黑色金属	钢、铁、合金、不锈钢等
		有色金属	铅、铜、铝合金等
	非金属材料	天然石材	砂、石及石材制品
		烧土制品	砖、瓦、玻璃、陶瓷制品
		胶凝材料	水泥、石灰、石膏、水玻璃、菱苦土等
		混凝土及制品	混凝土、砂浆、硅酸盐制品等
		无机纤维材料	玻璃纤维、矿物棉等
有机材料	植物材料		木材、竹材、植物纤维及制品等
	沥青材料		天然沥青、石油沥青、沥青混合料
	合成高分子材料		塑料、合成橡胶、合成纤维、合成胶黏剂、合成树脂、涂料等
复合材料	金属-非金属材料		钢筋混凝土、钢纤维混凝土
	无机非金属-有机材料		玻璃纤维增强塑料、树脂混凝土、聚合物水泥混凝土、沥青混凝土
	金属-有机材料		PVC钢板、金属夹芯板、塑钢等

（2）按使用功能分类 通常分为承重结构材料、非承重结构材料及功能材料三大类。

① 承重结构材料：主要指梁、板、基础、墙体和其他受力构件所用的建筑材料。最常用的有钢材、混凝土、砖、砌块等。

② 非承重结构材料：主要包括框架结构的填充墙、内隔墙和其他围护材料等。

③ 功能材料：主要有防水材料、防火材料、装饰材料、绝热材料、吸声隔声材料等。

0.2 土木工程材料的发展趋势

土木工程材料的发展是随着人类社会生产力的不断发展而发展的。远古时期人类居住在洞穴中，石器时代人类挖土凿石，伐木搭棚。在距今三千多年的河南安阳的殷墟、西周早期的陕西凤雏遗址，就发现了冶铜作坊、烧土瓦和三合土，说明我国劳动人民在三千多年前就已能烧制石灰、砖瓦等人造土木工程材料。公元前2世纪在欧洲已采用天然火山灰、石灰、碎石拌制石灰火山灰混凝土。历史上，我国曾兴建了大量世界闻名的土木工程，如都江堰、长城、大运河、赵州桥、应县佛宫寺木塔、北京故宫等。与此同时，在国外也有一些著名的土木工程，如古罗马万神庙、古罗马斗兽场、古埃及金字塔等。但古代国内外这些工程基本上以土、石、砖、木、三合土、石灰火山灰混凝土为土木工程材料。19世纪20年代波特兰水泥的发明，为用作混凝土的胶凝材料有了质的飞跃，产生了水泥混凝土。19世纪中期以后，钢铁工业得到了发展，在混凝土中配入钢筋，形成钢筋混凝土复合材料，弥补了纯混凝土抗拉强度不足的缺陷，大大促进了混凝土在各种工程结构上的应用，这是土木工程材料的巨大进步。20世纪20年代预应力混凝土的出现，使大跨度建筑、高层建筑、抗震、防裂的建筑成为可能，这是土木工程材料史上的再一次飞跃，促进了世界范围内建筑结构和建筑艺术的迅速发展。20世纪80年代，水泥高效减水剂的研制和使用，是混凝土技术向高强高性能混凝土技术发展的转折点。水泥、混凝土、钢筋混凝土、预应力混凝土仍然是现代建筑的主要结构材料。

近年来，随着人民生活水平的提高，对居住环境提出更多、更高的要求。因此，具有防水、保温隔热、吸声、耐火等功能的土木工程材料应运而生，玻璃、塑料、铝合金、塑钢等新型复合材料更是层出不穷，促进了土木工程材料生产及其科学技术的迅速发展。

土木工程材料的大量生产，不仅消耗了大量的自然资源，而且还要消耗大量的能源，并产生废气、废渣，对环境构成了严重污染。所以，研制和开发高性能土木工程材料和绿色土木工程材料已成为21世纪土木工程材料工业的发展方向，轻质、高强、高耐久、优异装饰性和多功能的材料将不断出现。

0.3 土木工程材料的重要性和标准化

土木工程材料是一切土木工程的重要物质基础，是国民经济的支柱之一，与人们生活息息相关，不可分割。在任何一项土木工程中，用于土木工程材料的投资都占有很大的比重，一般占工程总造价的50%以上。同时，土木工程材料与建筑、结构、施工存在着相互促进、相互依赖的密切关系。建筑工程中许多技术问题的解决，往往依赖于土木工程材料问题的突破。一种新型土木工程材料的出现，必将促进建筑形式的再创新、结构设计和施工方法的改进。此外，正确使用土木工程材料是保证工程质量的关键。土木工程材料选择不当、质量不符合要求，建筑物的正常使用和耐久性就得不到保障。所以，土木工程材料的品种、质量与规格，直接影响着工程结构形式和施工方法，决定着工程的安全性、适用性、耐久性、经济性。

土木工程材料现代化生产的科学管理，必须对材料产品的各项技术制定统一的执行标准。这些标准一般包括：产品规格、分类、技术要求、检验方法、验收规则、标志、运输和储存等方面内容。

土木工程材料的标准，是企业生产的产品质量是否合格的技术依据，也是供需双方对产品质量进行验收的依据。通过产品标准化，就能按标准合理地选用材料，从而使设计、施工也相应标准化，同时可加快施工进度，降低造价。

世界各国均有自己的国家标准，如美国的"ASTM"标准、德国的"DIN"、英国的"BS"、日本的"JIS"以及世界范围统一使用的国际标准"ISO"。

目前我国常用的标准有如下四大类。

（1）国家标准　国家标准有强制性标准（代号 GB）和推荐性标准（代号 GB/T）。

（2）行业标准　建设部行业标准（代号 JGJ）；国家建材局标准（代号 JC）；交通部标准（代号 JT）；水利部标准（代号 SL）；电力行业标准（代号 DL）。

（3）地方标准　地方标准代号 DB。

（4）企业标准　企业标准代号 QB。

技术标准的表示方法由标准名称、代号、标准编号和批准年份等组成。例如国家标准（强制性），《通用硅酸盐水泥》（GB 175—2007）；建设部行业标准（推荐性），《建筑砂浆基本性能试验方法标准》（JGJ/T 70—2009）。

0.4　土木工程材料课程的教学目的与学习方法

土木工程材料课程是一门土木建筑类各专业本科生的专业基础课，为学生学习后继专业课程提供必要的基础知识，使学生毕业后在设计、施工、监理、检测等工作中能够合理选用土木工程材料，为其今后从事土木工程结构与材料等方向的科学研究准备必要的基础知识。

土木工程材料种类繁多，涉及面广，内容庞杂，且各类自成体系。学习时应该以材料组成、结构、性能与应用为学习主线，重点掌握材料的性能与应用，通过材料的组成和结构特点来理解材料的性能、应用及发展趋势；再通过不同材料的横向比较，理解各自的特点和使用范围。具体学习方法是上课注意听讲，正确理解课内的知识点；下课认真做每章后面的思考题，巩固和掌握所学的知识点。试验课是本课程的重要教学环节，通过试验操作及对试验结果分析，不但可加深了解材料的性能和掌握试验方法，而且可培养科学研究能力以及严谨、求实的工作作风。

第1章 土木工程材料的基本性质

【本章提要】 土木工程材料的基本性质包括材料的组成及结构、基本物理性质、基本力学性质、耐久性等。土木工程材料遭受不同的作用，就需要具备不同的性质。本章的学习目标是熟悉和掌握各种材料的基本性质，在工程设计与施工中正确选择和合理使用各种材料。

1.1 材料的组成和结构

材料的组成、结构和构造是决定材料性质的内在因素。要了解材料的性质，必须先了解材料的组成、结构与材料性质之间的关系。

1.1.1 材料的组成

材料的组成是指材料的化学成分或矿物组成。它不仅影响着材料的化学性质，而且也是决定材料物理力学性能的重要因素。

1.1.1.1 化学组成

化学组成是指构成材料的化学元素及化合物的种类与数量。当材料处于某一环境中，材料与环境中的物质间必然要按化学变化规律发生作用。如混凝土受到酸、盐类物质的侵蚀作用；木材遇到火焰时的耐燃、耐火性能；钢材和其他金属材料的锈蚀等都属于化学作用。材料在各种化学作用下表现出的性质都是由其化学组成所决定的。

1.1.1.2 矿物组成

矿物组成是指构成材料的矿物的种类和数量。这里的矿物是指无机非金属材料中具有特定的晶体结构、特定的物理力学性能的组织结构。某些材料如天然石材、无机胶凝材料，其矿物组成是决定其性质的主要因素。例如，硅酸盐水泥中，熟料矿物硅酸三钙含量高，则其硬化速度较快，强度较高。

1.1.1.3 相组成

将材料中结构相近、性质相同的均匀部分称为相。自然界中的物质可分为气相、液相、固相三种形态。土木工程材料大多数为多相材料。例如，水泥混凝土是由集料颗粒（集料相）分散在水泥浆基体（基相）中所组成的多相材料。多相材料的性质与其构成材料的相组成和界面特性有密切关系。所谓界面是指多相材料中相与相之间的分界面。在实际材料中，界面往往是一个较薄区域，它的成分和结构与相内的部分是不一样的，具有界面特性形成"界面相"。因此，对于土木工程材料，可通过改变和控制其组成和界面特性，来改善和提高材料的技术性能。

1.1.2 材料的结构

材料的结构分为宏观结构、细观结构和微观结构，它是决定材料性质的重要因素之一。

1.1.2.1 宏观结构

材料的宏观结构是指可用肉眼能观察到的外部和内部的结构，其尺寸在 10^{-3} m 级以上。土木工程材料常见的结构形式有：致密结构、纤维结构、多孔结构、层状结构、散粒结构、纹理结构。

（1）致密结构　致密结构的材料内部基本上无孔隙，结构致密。这类材料的特点是强度和硬度较高，吸水性小，抗渗和抗冻性较好，耐磨性较好，绝热性差，如钢材、天然石材、玻璃钢等。

（2）纤维结构　所谓纤维，一般指其长度和直径相比大得多而直径很细小的材料。一般其直径为 $1\mu m$ 到几微米，而长度为 1mm 到 1km。纤维的粗细叫纤度，量测单位 D（登尼尔），长 9km 而重 1g 的纤维叫 1D 或 1 支。根据纤维的组成，可分为无机纤维和有机纤维；根据成因，可分为天然纤维和人造纤维。单纤维的抗拉强度比同一物质的其他形状材料的要大得多，如金属和陶瓷的晶须为针状结晶，可具有超高抗拉强度。玻璃是脆性材料，抗弯强度很小，但玻璃纤维却具有很大的柔性，可以产生很大的弯曲变形。纤维的伸长率、弹性模量、吸湿性等，依不同组成的材料有很大的不同，如无机纤维比有机纤维的弹性模量大，有细胞组织的动植物纤维和尼龙纤维的吸湿性大等等。

组合纤维结构材料如岩棉、矿棉、玻璃棉等，由于含大量空气，在干燥状态下质轻，隔热性和吸音性强。

（3）多孔结构　材料中含有几乎均匀分布的几微米到几毫米的独立孔或连续孔的结构称为多孔结构。广义地讲，具有较密实结构的砂浆、混凝土、黏土砖也是多孔结构，但此处特指天然或由人工发泡方法制成的含多量气泡的结构。可以按孔的形态、成因、孔壁性质来分类，常用的是按气孔形态分类（图 1-1）。

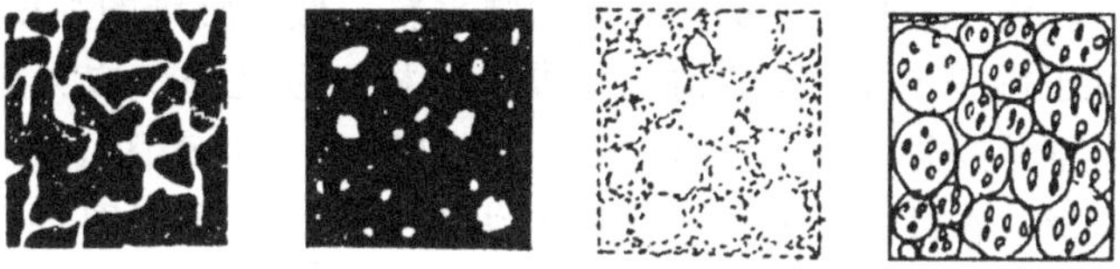

(a)　　　　(b)　　　　(c)　　　　(d)

图 1-1　多孔结构的不同类型

图 1-1(a) 为连续开放气孔的多孔结构，如木材；图 1-1(b) 为独立封闭气孔的多孔结构，这一类的结构极少，有的焙烧质量较好的陶粒内部可有此类孔；图 1-1(c) 为不完全封闭的独立气孔结构，如加气混凝土、泡沫混凝土，实际上是由大孔（气孔）和微孔（毛细孔以下）组成；图 1-1(d) 为独立气孔块的组合多孔结构，如陶粒混凝土中的陶粒为独立气孔块，而由陶粒组成的陶粒混凝土就成为此类结构。

（4）复合结构　由两种或两种以上不同结构的材料或不同组成的材料机械地组合在一起，发挥各自的优点而共同工作的材料即具有复合的结构。例如混凝土材料具有较高抗压强度，但抗拉强度很低，与钢筋组成钢筋混凝土构件后就可以使混凝土受压、钢筋承受拉而共同工作，这就是一种复合材料；又如用聚乙烯等高分子材料和硫酸钙或碳酸钙等无机盐混炼后成为人造木材，也是一种复合结构。复合结构的特点是，复合后各组分仍具有各自的化学性质和结构，但由于互相取长补短共同工作而组成整体，就具有新的物理力学特性。复合结构依复合方法的不同主要分为分散复合结构和层压复合结构。

① 分散复合结构。粒状、块状、纤维状等分散材料均匀分布在具有胶结能力的基材中的结构，为分散复合结构。如砂、石分散在水泥浆体中组成混凝土；纤维增强塑料由纤维均匀分布在树脂中。图 1-2 所示为几种典型的分散复合材料。

② 层压复合结构。用黏接或其他的方法把层状结构的材料积压在一起成为整体。可以有同种材料层压，如胶合板；异种材料交替层压，如玻璃钢。还可以将一种材料埋入另一种

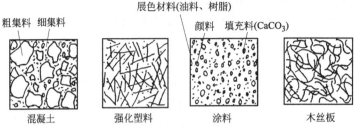

图 1-2　几种典型的分散复合结构

材料内，称为埋入层压，如珐琅、钢筋混凝土、镀膜材料等。层压结构可以得到均质的材料，并对材料进行改性。如用玻璃纤维制成玻璃纤维布，和环氧树脂交替层压后制成玻璃钢，就具有很好的耐热性和很高的机械强度，并有较高的抗冲击韧性。胶合板是将木材的边材和心材按木纹相垂直的方向交替层压制成，大大减少了因不同部位变形性质不同而造成的材料体积变化的方向性。将强度很低的纸做成蜂窝夹层板，就具有相当大的刚度和抗压强度，珐琅制品使金属变

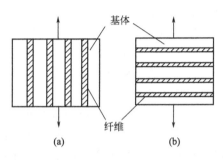

图 1-3　纤维方向不同时的力学性质变化

成耐腐蚀的材料等等。图 1-3 所示为单向纤维增强材料，假定纤维的强度和弹性模量比基材的大，当受力时，对于图 1-3(a) 的结构，纤维和基材一致变形，应力超过基材的强度时，应力重新分配，由纤维承受外力，变形不一致，直到断裂；对于图 1-3(b) 结构，受力时，纤维和基体不一致变形，在纤维和基材界面处产生应力集中。所以图 1-3(a) 结构的强度比图 1-3(b) 结构的强度高。

　　同样，组成的材料其结构不同时，可具有不同的物理力学性质。从宏观结构来看，如玻璃和玻璃纤维，碳和碳纤维，都在强度和韧性上有显著的差别；从亚微观尺度来看，孔结构不同的混凝土材料会具有不同的强度和渗透性、抗冻性等物理性质；从微观结构来看，同样由碳元素组成而具有不同微观结构的金刚石和石墨就具有截然不同的性质。

1.1.2.2　细观结构（亚微观结构）

　　细观结构是指用光学显微镜所能观察到的结构，是介于宏观和微观之的结构，其尺度范围在 $10^{-6} \sim 10^{-3}$ m，主要用于研究材料内部的晶粒、颗粒的大小和形态、晶界与界面、孔隙与微裂纹等。材料的细观结构，只能针对某种具体土木工程材料来进行分类研究，混凝土可分为基相、集料相、界面相；天然岩石可分为矿物、晶体颗粒、非晶体组成；钢铁可分为铁素体、渗碳体、珠光体；木材可分为木纤维、导管髓线、树脂道。

　　材料细观结构层次上的各种组织结构各异，其特征、数量、分布和界面性质对材料性能有重要影响。

1.1.2.3　微观结构

　　材料的微观结构是指用电子显微镜、扫描电子显微镜或 X 射线来分析研究材料的原子、分子层次的结构特征，其尺寸范围在 $10^{-10} \sim 10^{-6}$ m。材料的微观结构决定材料的许多物理性质、力学性质，如材料的强度、硬度、弹塑性、熔点、导电性、导热性等。

　　按材料组成质点的空间排列或联结方式，材料微观结构可分为晶体和非晶体。

　　（1）晶体　在空间上，质点（原子、离子、分子）按一定的规则在空间呈有规律排列的固体称为晶体。晶体具有一定的几何外形和固定的熔点和化学稳定性。根据组成晶体的质点

及化学键的不同，晶体可分为。

　　① 原子晶体。中性原子以共价键结合而形成的晶体，如金刚石。

　　② 离子晶体。正负离子以离子键结合而形成的晶体，如 NaCl。

　　③ 分子晶体。以分子间的范德华力即分子键结合而成的晶体，如有机化和物、层状结构材料滑石等。

　　④ 金属晶体。以金属阳离子为晶格，由自由电子与金属阳离子间的金属键结合而成的晶体，如钢铁材料。

　　从键的结合力来看，共价键和离子键最强，金属键较强，分子键最弱。例如，木材（由木质素纤维组成），在木质素纤维内部链状方向上的共价键（—C—C—）力要比纤维与纤维之间的分子键结合力大得多，所以木材强度具有方向性；石墨（化学元素是碳）是层状结构材料，同一层是共价键结合，层与层之间是分子键结合，所以石墨易被剥离成薄片；金刚石（化学元素也是碳）是以共价键结合的立体空间网架结构材料，因此，金刚石质地坚硬，强度高。

　　（2）非晶体

　　① 玻璃态。材料中的质点呈不规则形状排列，没有固定的熔点，没有固定的几何形状，破坏时无解理，具有较大的硬度。玻璃体的形成，主要是由于熔融物质急剧冷却达到凝固点时具有很大的黏度，来不及形成晶体结构就凝成固体。玻璃体是化学不稳定的结构，具有较大的内能，在一定的条件下可以具有一定的化学活性。例如玻璃状火山灰、粒化高炉矿渣、粉煤灰等。

　　② 无定形态。例如铝硅酸盐的黏土质矿物在分解温度（如高岭石在 600℃）下分解成无定形的 SiO_2 和 Al_2O_3。这时并未熔融，故生成物为密度较小的固体，不同于熔融态骤冷所形成的致密的玻璃体。

　　③ 凝胶。由粒径为 0.1～1μm 大小的固体粒子组成的分散体系称为胶体。液态胶体称为溶胶，固态的胶体称为凝胶。凝胶中含有数量不定的凝胶水，属于凝胶的一部分。因此凝胶既具有刚性，而在长期应力的作用下又有类似黏性流动的性质而产生较大的塑性变形。胶体粒子可能是无定形结构，也可能是具有胶体粒子大小而发育不完全的微晶。微晶组成的凝胶可以在高倍电子显微镜下看见其形貌，并在 X-射线衍射时出现宽而低的峰。但它不是晶体，不具备典型的晶体的特性。

　　因此，固体的晶态和非晶态并没有严格的界限。非晶体结构的材料可以由一些微晶或隐晶粒子组成近程有序、远程无序的结构。

1.2　材料的基本物理性质

1.2.1　密度、表观密度、体积密度和堆积密度

1.2.1.1　密度

　　密度是指材料在绝对密实状态下单位体积的质量。按式(1-1)计算：

$$\rho = m/V \tag{1-1}$$

式中　ρ——材料的密度，g/cm^3；

　　　　m——材料的质量（干燥至恒重），g；

　　　　V——材料在绝对密实状态下的体积，cm^3。

　　除了钢材、玻璃等少数材料外，绝大多数材料内部都有一些孔隙。在测定有孔隙材料

（如砖、石等）的密度时，应把材料磨成粒径小于 0.20mm 的细粉，干燥后，用李氏瓶测定其绝对密实体积。材料磨得越细，测得的密实体积数值就越精确。

另外，工程上还经常用到相对密度，是指材料的密度与 4℃纯水密度之比。

1.2.1.2 表观密度

表观密度是指单位体积（含材料实体及闭口孔隙体积）材料的干质量，也称视密度。按式(1-2) 计算：

$$\rho_0 = m/V_0 \tag{1-2}$$

式中　ρ_0——材料的表观密度，kg/m^3 或 g/cm^3；

　　　m——材料的质量，kg 或 g；

　　　V_0——材料在包含闭口孔隙条件下的体积，m^3 或 cm^3，采用排液置换法或水中称重法测量。

1.2.1.3 体积密度

体积密度是指材料在自然状态下单位体积（包括材料实体及其开口孔隙、闭口孔隙）的质量，俗称容重。体积密度可按式(1-3) 计算：

$$\rho' = m/V' \tag{1-3}$$

式中　ρ'——材料的体积密度，kg/m^3 或 g/cm^3；

　　　m——材料的质量，按有关标准规定，该质量是指自然状态下的气干质量，即将试件置于通风良好的室内存放 7d 后测得的质量，kg 或 g；

　　　V'——材料在自然状态下的体积，包括材料实体及内部孔隙（开口孔隙和闭口孔隙），m^3 或 cm^3。

对于规则形状材料的体积，可用量具测得。例如，加气混凝土砌块的体积是逐块量取长、宽、高三个方向的轴线尺寸，计算其体积。对于不规则形状材料的体积，可用排液法或封蜡排液法测得。

块状物质的固体体积 V、表观体积 V_0 和自然体积 V' 的关系如图 1-4 所示。

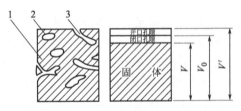

图 1-4 材料孔隙特征

1—固体；2—闭口孔隙；3—开口孔隙

1.2.1.4 堆积密度

堆积密度的指散粒状材料在自然堆积状态下单位堆积体积的质量，有干堆积密度及湿堆积密度之分。堆积密度可按式(1-4) 计算：

$$\rho_1 = m/V_1 \tag{1-4}$$

式中　ρ_1——材料的堆积密度，kg/m^3；

　　　m——材料的质量，kg；

　　　V_1——材料的堆积体积，m^3。

测定散粒材料的堆积密度时，材料的质量是指填充在一定容器内的材料质量，其堆积体积是指所用容器的体积。因此，材料的堆积体积包括材料绝对体积，内部所有孔体积和颗粒间的间隙体积。同一种材料堆积状态不同，堆积体积大小也不一样，松散堆积下的体积较大，密实堆积状态下的体积较小。按自然堆积体积计算的密度为松堆密度，以振实体积计算的则为紧堆密度。

对于同一种材料，由于材料内部存在孔隙和空隙，故一般密度＞表观密度＞体积密度＞堆积密度。

常用建筑材料的密度、表观密度和堆积密度如表 1-1 所示。

表 1-1 常用建筑材料的密度、表观密度与堆积密度

材　　　料	密度/(g/cm³)	表观密度/(kg/m³)	堆积密度/(kg/m³)
石灰石	2.60	1800～2600	—
花岗岩	2.60～2.80	2500～2700	—
碎石(石灰岩)	2.60	—	1400～1700
砂	2.60	—	1450～1650
黏土	2.60	—	1600～1800
普通黏土砖	2.50～2.80	1600～1800	—
水泥	3.10	—	1200～1300
普通混凝土	—	2100～2600	—
钢材	7.85	7850	—
木材	1.55	400～800	—
泡沫塑料	—	20～50	—

1.2.2 材料的孔隙率和空隙率

1.2.2.1 孔隙率与密实度

材料的孔隙率是指材料中的孔隙体积占材料自然状态下总体积的百分率，它以 P 表示。孔隙率按式(1-5)计算：

$$P = \frac{V'-V}{V'} \times 100\% = \left(1 - \frac{\rho'}{\rho}\right) \times 100\% \tag{1-5}$$

密实度是与孔隙率相对应的概念，指材料体积内被固体物质充实的程度，用符号 D 表示，按式(1-6)计算：

$$D = \frac{V}{V'} \times 100\% = \frac{\rho'}{\rho} \times 100\% \tag{1-6}$$

即

$$P + D = 1$$

孔隙率的大小直接反映了材料的致密程度，除孔隙率外，孔隙特征、孔径大小对材料的性能具有重要的影响作用。

材料的孔隙特征多种多样，如大小、形状、分布、连通性等。一般情况下，孔隙率大的材料宜选择作为保温隔热材料和吸声材料，同时还要考虑材料开口与闭口状态。开口孔隙是指材料内部孔隙不仅彼此互相贯通，并且与外界相连。开口孔除对吸声有利外，对材料强度、抗渗、抗冻和耐久性均不利。闭口孔隙是指材料内部孔隙彼此不通，而且与外界隔绝。微小而均匀的闭口孔隙可降低材料热导率，使材料具有轻质绝热性能，并可提高材料抗渗、抗冻和耐久性。由此可见，材料的孔隙率也可分为开口孔隙率 P_k 和闭口孔隙率 P_b，即

$$P_k = \frac{V_k}{V'} \times 100\% \tag{1-7}$$

$$P_b = P - P_k \tag{1-8}$$

式中　V_k——指开口孔的体积。

按照孔径大小将混凝土材料内部的孔隙分为气孔、毛细孔和凝胶孔三种。气孔是混凝土搅拌时引入的或人为引入的气泡而形成的孔，平均孔径达 $50～200\mu m$（也称大孔），最大甚至达到 1mm 以上，对材料的强度和抗渗性能有显著影响；毛细孔是硬化水泥浆体内没有被

固相填充的空间，低水灰比浆体中毛细孔孔径在 2～50nm，而高水灰比浆体中可达 3～5μm，毛细孔对于材料的吸水性、干缩性和抗冻性影响较大；凝胶孔是水泥水化产物 C—S—H 凝胶的层间孔，孔径范围为 2nm 以下，对材料的性能几乎没有任何影响。

1.2.2.2 材料的空隙率与填充率

材料空隙率是指散粒状材料在堆积体积状态下颗粒间空隙体积占堆积体积的百分率，它以符号 P' 表示。空隙率可按式(1-9) 计算：

$$P' = \frac{V_1 - V_0}{V_1} \times 100\% = \left(1 - \frac{\rho_1}{\rho_0} \right) \times 100\% \tag{1-9}$$

材料填充率是指在某种堆积体积中，被散粒状材料所填充的程度，用符号 D' 表示，按式(1-10) 计算：

$$D' = \frac{V_0}{V_1} \times 100\% = \frac{\rho_1}{\rho_0} \times 100\% \tag{1-10}$$

空隙率的大小反映了散粒材料的颗粒之间互相填充的程度。在配制混凝土、砂浆时，空隙率可作为控制集料的级配、计算配合比的依据，其基本思路是粗集料空隙被细集料填充，细集料的空隙被胶凝材料和水组成的浆体填充。

1.2.3 材料与水有关的性质

1.2.3.1 亲水性与憎水性

水与不同固体材料表面之间相互作用的情况是不同的。当水与材料接触时，在材料、水和空气三相交点处，沿水表面的切线与水和固体接触面所成的夹角 θ 称为润湿角（图 1-5）。θ 越小，浸润性越好。当润湿角 $\theta \leqslant 90°$ 时，水分子之间的内聚力小于水分子与材料分子间的相互吸引力，这种性质称为材料亲水性。具有这

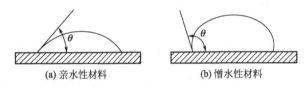

(a) 亲水性材料   (b) 憎水性材料

图 1-5 材料的润湿边角

种性质的材料称为亲水性材料 [图 1-5(a)]。当润湿角＞90°时，水分子之间的内聚力大于水分子与材料分子间的吸引力，则材料表面不会被水浸润，这种性质称为材料的憎水性。具有这种性质的材料称为憎水性材料 [图 1-5(b)]。建筑材料中水泥制品、玻璃、陶瓷、金属材料、石材等无机材料和部分木材等为亲水性材料；沥青、塑料、油漆、防水油膏等为憎水性材料。

1.2.3.2 材料的吸水性与吸湿性

（1）吸水性 材料的吸水性是指材料在水中吸收水分的性质。材料吸水饱和时的含水率称为材料的吸水率，吸水率有质量吸水率和体积吸水率两种表示方法。

① 质量吸水率。质量吸水率是指材料吸水饱和时，所吸收水分的质量占干燥材料质量的百分比，用式(1-11) 表示：

$$W_m = \frac{m_b - m_g}{m_g} \times 100\% \tag{1-11}$$

式中 W_m——质量吸水率，%；

m_g——材料在干燥状态下的质量，g；

m_b——材料在吸水饱和状态下的质量，g。

② 体积吸水率。体积吸水率是指材料吸水饱和时，所吸水分的体积占干燥材料体积的百分比，用式(1-12) 表示：

$$W_V = \frac{m_b - m_g}{V'_g} \cdot \frac{1}{\rho_w} \times 100\% \tag{1-12}$$

式中　W_V——体积吸水率，%；

　　　V'_g——干燥材料体积，cm^3；

　　　ρ_w——水的密度，g/cm^3。

材料吸水率的大小主要取决于材料的孔隙率及孔隙特征。具有细微而连通的孔隙且孔隙率大的材料吸水率较大；具有粗大孔隙的材料，虽然水分容易渗入，但仅能润湿孔壁表面而不易在孔内存留，因而其吸水率不高；密实材料以及仅有封闭孔隙的材料是不吸水的。

各种材料的吸水率相差很大，如花岗岩等致密岩石的吸水率仅为 0.5%～0.7%，普通混凝土为 2%～3%，黏土砖为 8%～20%，而木材或其他轻质材料吸水率可大于 100%。

材料含水后，自重增加，强度降低，保温性能下降，抗冻性能变差，有时还会发生明显的体积膨胀。

（2）吸湿性　吸湿性指材料在潮湿空气中吸收水分的性质，以含水率表示。吸湿作用一般是可逆的，也就是说材料既可吸收空气中的水分，又可向空气中释放水分。

含水率是指材料中所含水的质量与干燥状态下材料的质量之比。按式（1-13）计算：

$$W = \frac{m_1 - m_0}{m_0} \times 100\% \tag{1-13}$$

式中　W——材料的含水率，%；

　　　m_0——材料在干燥状态下的质量，g；

　　　m_1——材料含水状态下的质量，g。

材料的含水率受环境影响，随空气的温度和湿度的变化而变化。当材料中的湿度与空气湿度达到平衡时的含水率称为平衡含水率。

影响材料吸湿性的因素较多。除了上面提到的环境温度和湿度的影响外，材料的亲水性、孔隙率与孔隙特征等对吸湿性都有影响。亲水性材料比憎水性材料有更强的吸湿性，材料中孔对吸湿性的影响与其对吸水性的影响相似。

1.2.3.3　耐水性

材料的耐水性是指材料长期在水的作用下不破坏，而且强度也不显著降低的性质。水对材料的破坏是多方面的，如对材料的力学性质、光学性质、装饰性等都会产生破坏作用。材料耐水性用软化系数 K_R 表示，按式（1-14）计算：

$$K_R = f_b / f_g \tag{1-14}$$

式中　f_b——材料在吸水饱和状态下的抗压强度，MPa；

　　　f_g——材料在干燥状态下的抗压强度，MPa。

一般材料随着含水量的增加，会减弱其内部结合力，从而导致强度下降。如花岗岩长期浸泡在水中，强度将下降 3%。普通黏土砖和木材受影响更为显著。

软化系数的范围波动在 0～1 之间。通常将软化系数大于 0.85 的材料看作是耐水材料。软化系数的大小，有时成为选择材料的重要依据。受水浸泡或长期处于潮湿环境的重要建筑物或构筑物所用材料的软化系数不应低于 0.85。

1.2.3.4　抗渗性

抗渗性指材料抵抗压力水渗透的性质。材料的抗渗性常用渗透系数或抗渗等级来表示。渗透系数按式（1-15）计算：

$$K_S = \frac{Qd}{AtH} \tag{1-15}$$

式中　K_S——渗透系数，cm/h；

　　　Q——透水量，cm^3；

　　　d——试件厚度，cm；

　　　A——透水面积，cm^2；

　　　t——时间，h；

　　　H——水头高度（水压），cm。

渗透系数 K_S 的物理意义是：一定时间内，在一定的水压作用下，单位厚度的材料在单位截面面积上的透水量。渗透系数越小的材料表示其抗渗性越好。

材料抗渗性与材料的孔隙率、孔隙特征及亲水性、憎水性有密切关系。开口大孔、连通毛细孔，水易渗入，材料的抗渗性能差；闭口孔隙，水不易渗入，材料的抗渗性能良好；连通毛细孔，如材料属憎水性的，则水不易渗入，材料的抗渗性能较好。良好的抗渗性是材料满足使用性能和耐久性的重要因素。

对于地下建筑、屋面、外墙及水工构筑物等，因常受到水的作用，所以要求材料具有一定的抗渗性。对于专门用于防水的材料，则要求具有较高的抗渗性。材料抵抗其他液体渗透的性质，也属于抗渗性，如储油罐则要求材料具有良好的抗渗油性能。

1.2.3.5 抗冻性

材料在吸水后，如果在负温下受冻，水在材料毛细孔内结冰，体积膨胀约9％，冰的冻胀压力将造成材料的内应力，使材料遭到局部破坏。随着冻结和融化的循环进行，冰冻对材料的破坏作用逐步加剧，这种破坏称为冻融破坏。

抗冻性是指材料在吸水饱和状态下，能经受多次冻结和融化作用（冻融循环）而不破坏、强度又不显著降低的性质。

材料在冻融循环过程中，表面将出现裂纹、剥落等现象，造成质量损失、强度降低。这是由于材料内部孔隙中的水分结冰时体积增大对孔壁产生很大的压力，冰融化时压力又骤然消失所致。无论是冻结还是融化过程都会在材料冻融交界层间产生明显的压力差，并作用于孔壁使之损坏。

材料的抗冻性与其强度、孔隙率大小及特征、含水率等因素有关。材料强度越高，抗冻性越好；孔对抗冻性的影响与其对抗渗性的影响相似。当材料吸水后孔隙还有一定的空间，含水未达到饱和时，可缓解冰冻的破坏作用。

1.2.4 材料的热工性质

1.2.4.1 热容量和比热容

材料的热容量是指材料在温度变化时吸收和放出热量的能力，可用式(1-16)表示：

$$Q = mc(t_1 - t_2) \tag{1-16}$$

式中　Q——材料的热容量，kJ；

　　　m——材料的质量，kg；

　$t_1 - t_2$——材料受热或冷却前后的温度差，K；

　　　c——材料的比热容，kJ/(kg·K)。

材料比热容的物理意义是指质量为1kg的材料，在温度每改变1K时所吸收或放出的热量。用公式表示为：

$$c = \frac{Q}{m(t_1 - t_2)} \tag{1-17}$$

式中 c、Q、m、$t_1 - t_2$ 意义同前。

1.2.4.2　导热性

当材料两侧存在温度差时，热量将由温度高的一侧通过材料传递到温度低的一侧，材料的这种传导热量的能力，称为导热性。

材料的导热性可用导热系数（热导率）来表示。导热系数的物理意义是：厚度为 1m 的材料，当温度每改变 1K 时，在 1s 时间内通过 1m² 面积的热量。用公式表示为：

$$\lambda = \frac{Qa}{(t_1 - t_2)AZ} \tag{1-18}$$

式中　λ——材料的导热系数，W/(m·K)；

　　　Q——传导的热量，J；

　　　a——材料的厚度，m；

　　　A——材料传热的面积，m²；

　　　Z——传热时间，h；

　$t_1 - t_2$——材料两侧温度差，K。

材料的导热系数愈小，表示其绝热性能愈好。各种材料的导热系数差别很大，工程中通常把 $\lambda < 0.23\text{W}/(\text{m·K})$ 的材料称为绝热材料。

常用的土木工程材料热工性质指标见表 1-2。

表 1-2　常用土木工程材料的热工性质指标

材料名称	导热系数/[W/(m·K)]	比热容/[kJ/(kg·K)]
钢	55	0.46
铜	370	0.38
花岗岩	2.90	0.80
普通混凝土	1.80	0.88
水泥砂浆	0.93	0.84
黏土砖	0.55	0.84
加气混凝土	0.16	—
松木	0.17~0.35	2.51
泡沫塑料	0.035	1.30
静止空气	0.025	1.00
水	0.60	4.19
冰	2.20	2.05

从表 1-2 可以看出，影响材料导热系数的因素有以下几点。

（1）材料组成　材料的导热系数由大到小为金属材料＞无机非金属材料＞有机材料。

（2）微观结构　相同组成的材料，结晶结构的导热系数最大，微晶结构次之，玻璃体结构最小，为了获取导热系数较低的材料，可通过改变其微观结构的方法来实现，如水淬矿渣即是一种较好的绝热材料。

（3）孔隙率和孔隙特征　材料的孔隙率越大，特别是封闭孔隙率越大，孔隙中空气呈静止状态，材料导热系数越小。

（4）含水率　由于水的导热系数远大于空气，所以材料含水率增加后其导热系数将明显增加，若受冻则导热能力更大。

1.2.4.3　材料的热阻

热阻是指热量通过材料层时所受到的阻力，即材料层厚度 δ 与材料的导热系数 λ 的比值。在同样的温度差条件下，热阻越大，通过材料层的热量越少。热阻或导热系数是评定材料绝热性能的主要指标。

导热系数是表示热量通过材料传递的速度，热容量或比热容表示材料内部储存热量的能力。对于建筑物围护结构所用材料，设计时应选择导热系数小而热容量较大的材料，来达到冬季保暖、夏季隔热的目的。

1.2.4.4 耐燃性

材料对火焰和高温的抵抗能力称为材料的耐燃性，是影响建筑物防火、建筑结构耐火等级的一项因素。由此出发，可把建筑材料分为三类。

（1）非燃烧材料　在空气中受到火烧或高温高热作用不起火、不碳化、不微燃的材料，如钢铁、砖、石等。用非燃材料制作的构件称非燃烧体。钢铁、铝、玻璃等材料受到火烧或高热作用会发生变形、熔融，所以虽然是非燃烧材料，但不是耐火的材料。

（2）难燃材料　在空气中受到火烧或高温高热作用时难起火、难微燃、难碳化，当火源移走后，已有的燃烧或微燃立即停止的材料，如经过防火处理的木材和刨花板。

（3）可燃材料　在空气中受到火烧或高温高热作用时立即起火或微燃，且火源移走后仍继续燃烧的材料，如木材。用这种材料制作的构件称为燃烧体，使用时应作防燃处理。

1.3　材料的基本力学性质

1.3.1　材料的强度和比强度

1.3.1.1　强度

强度指材料抵抗力破坏的能力。当材料承受外力作用时，内部就产生应力。外力逐渐增加，应力也相应加大。直到质点间作用力不再能够承受时，材料即发生破坏。此时极限应力值就是材料的强度。

根据外力作用方式的不同，材料强度有抗压强度、抗拉强度、抗弯强度及抗剪强度等（图1-6）。材料的抗压 [图1-6(a)]、抗拉 [图1-6(b)] 及抗剪 [图1-6(d)] 强度按式(1-19)计算：

$$f = P/F \tag{1-19}$$

式中　f——材料强度，MPa；

　　　P——破坏时最大荷载，N；

　　　F——受力截面面积，mm^2。

材料的抗弯强度与受力情况有关，当外力是作用于构件中央一点的集中荷载，且构件有两个支点 [图1-6(c)]，材料截面是矩形时，抗弯强度按式(1-20)计算：

$$f_m = \frac{3FL}{2bh^2} \tag{1-20}$$

式中　f_m——材料抗弯强度，MPa；

　　　F——材料所受的荷载，N；

　　　L——两支点间距离，mm；

　　　b——试件截面的宽度，mm；

　　　h——试件截面高度，mm。

有时抗弯强度试验的方法是在跨度的三分之一点上作用两个相等的集中荷载 [图1-6(c)]，这时材料的抗弯强度按式(1-21)计算：

$$f_{m}=\frac{FL}{bh^{2}} \tag{1-21}$$

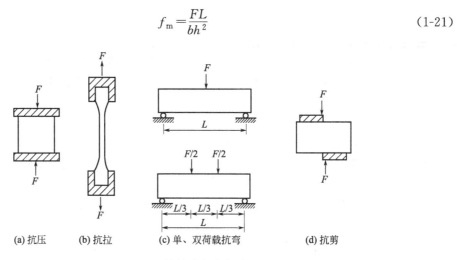

(a) 抗压　　(b) 抗拉　　(c) 单、双荷载抗弯　　(d) 抗剪

图 1-6　材料受力示意图

材料的强度与其组成和构造有关。不同种类的材料具有不同的抵抗外力作用的能力，即使是相同种类的材料，由于其内部构造不同，其强度也有很大差异。孔隙率越大，材料强度越低。

同种材料抵抗不同类型外力作用的能力也不同，如砖、石材、混凝土和铸铁等材料的抗压强度较高，而其抗拉及抗弯强度很低；钢材的抗拉、抗压强度都很高等。另外，试验条件等因素的不同会对材料强度值的测试结果产生较大影响。常用材料强度值见表 1-3。

表 1-3　常用材料的强度　　　　　　　　　　单位：MPa

材　　料	抗　　压	抗　　拉	抗　　弯
花岗岩	100～250	5～8	10～14
普通黏土砖	5～20	—	106～4
普通混凝土	5～60	1～9	—
松木（顺纹）	30～50	80～120	60～100
建筑钢材	240～1500	240～1500	—

大部分建筑材料是根据其强度的大小，将材料划分为若干等级，即材料的强度等级。将建筑材料分为若干强度等级，对掌握材料性质、合理选用材料、正确进行设计和控制工程质量都是非常重要的。对于混凝土、砌筑砂浆、普通砖、石材等脆性材料，由于主要用于抗压，因此以其抗压强度来划分等级，而建筑钢材主要用于抗拉，如低合金高强度合金钢，以其屈服点作为划分等级的依据。

1.3.1.2　比强度

比强度是按单位体积质量计算的材料强度，其值等于材料强度与其体积密度之比。它是评价材料是否轻质高强的指标。材料比强度越大，越轻质高强。这对于建筑物保证强度、减轻自重、向空间发展及节约材料有重要的实际意义。常用结构材料的比强度见表 1-4。

表 1-4　常用结构材料的比强度

材　　料	强度/MPa	体积密度/MPa	比强度
低碳钢	420	7850	0.054
普通混凝土（抗压）	40	2400	0.017
松木（顺纹抗拉）	100	500	0.200
玻璃钢（抗弯）	450	2000	0.225

1.3.2 弹性和塑性

弹性指材料在外力作用下产生变形，当外力取消后，能够完全恢复原来形状的性质。这种可完全恢复的变形称为弹性变形。弹性变形的变形量与对应的应力大小成正比，其比例系数用弹性模量 E 来表示，在材料的弹性范围内，弹性模量是不变的常数，按式(1-22) 计算：

$$E = \sigma/\varepsilon \tag{1-22}$$

式中　σ——材料所受的应力，MPa；

　　　ε——材料在应力 σ 作用下产生的应变，无量纲。

弹性模量是衡量材料抵抗变形能力的指标之一，弹性模量越大，材料在荷载作用下越不易变形。

塑性指在外力作用下材料产生变形，外力取消后，仍保持变形后的形状和尺寸，这种不能恢复的变形称为塑性变形。

完全的弹性材料是没有的，有的材料在受力不大的情况下，表现为弹性变形，但受力超过一定限度后，则表现为塑性变形，如钢材；有的材料在受力后，弹性变形及塑性变形同时产生，如果取消外力，则弹性变形部分可以恢复，而塑性变形部分则不能恢复，如混凝土。

1.3.3 脆性和韧性

脆性指材料在外力作用下，无明显塑性变形而突然破坏的性质，具有这种性质的材料称为脆性材料。

脆性材料的抗压强度比其抗拉强度往往要高很多倍，它对承受振动作用和抵抗冲击荷载是不利的。砖、石材、陶瓷、玻璃、混凝土、铸铁等都属于脆性材料。

韧性指在冲击或振动荷载作用下，能吸收大量能量并能承受较大的变形而不发生突然破坏的性质。材料的韧性是用冲击试验来检验的，因而又称为冲击韧性，它用材料受荷载达到破坏时所吸收的能量来表示。低碳钢、木材等属于韧性材料。用作路面、桥梁、吊车梁以及有抗震要求的结构都要考虑到材料的韧性。

1.3.4 硬度和耐磨性

硬度是指材料表面抵抗其他物体压入或刻划的能力。金属材料等的硬度常用压入法测定，如布氏硬度法，是以单位压痕面积上所受的压力来表示。陶瓷等材料常用刻划法测定。一般情况下，硬度大的材料强度高、耐磨性较强，但不易加工。工程有时用硬度来间接推算材料的强度，如回弹法用于测定混凝土表面硬度，间接推算混凝土强度。

耐磨性是材料表面抵抗磨损的能力。材料的耐磨性与材料的组成结构及强度、硬度有关。在土木工程中，道路路面、工业地面等受磨损的部位，选择材料需考虑其耐磨性。

1.4　材料的耐久性

材料在长期使用过程中，在环境因素作用下，能保持其原有性能而不变质、不破坏的性质，统称为耐久性，它是一种复杂的、综合的性质。影响材料耐久性的作用包括机械作用、物理作用、化学作用和生物作用。

机械作用包括持续荷载作用、交变荷载作用以及撞击引起材料疲劳、冲击、磨损、磨耗等。

物理作用包括干湿交替、温度变化、冻融循环等，这些变化会使材料体积产生膨胀或收缩，或导致内部裂缝的扩展，长久作用后会使材料产生破坏。

化学作用包括大气、土壤和水中酸、碱、盐以及其他有害物质对材料的侵蚀作用，使材料的组成成分发生质变而破坏，如钢材锈蚀等。

不同材料有不同的耐久性特点，如无机矿物材料（混凝土、石材等）要考虑抗冻、有害气体等作用；金属材料主要考虑其化学腐蚀作用；木材主要考虑生物作用带来的损坏。另外，不同工程环境对材料的耐久性也有不同的要求，如寒冷地区室外工程的混凝土应考虑其抗冻性；处于有压力水作用下的水工工程及地下工程所用的混凝土应有抗渗性要求。要根据材料所处的结构部位和使用环境等因素，综合考虑其耐久性，并根据各种材料的耐久性特点，合理地选用。

1.4.1　材料的耐久性与安全性

谈到建筑物的安全性，人们首先想到的是结构物的承载能力和整体牢固性，即强度。所以，长期以来人们主要依据结构物将要承受的各种荷载，包括静荷载、动荷载进行结构设计。但是，结构物是使用时间较长的产品，环境作用下的材料性能的劣化最终会影响结构物的安全性。耐久性是衡量材料乃至结构在长期使用条件下的安全性能。尤其对于水工、海洋工程、地下等比较苛刻条件下的结构物，耐久性比强度更为重要。很多工程实际表明，造成结构物破坏的原因是多方面的，仅仅由强度不足引起的破坏事例并不多见，而耐久性不良往往是引起结构物破坏最主要的原因。

1.4.2　材料的耐久性与可持续发展

土木工程材料在生产过程需要消耗大量自然资源，例如冶炼钢铁要采掘铁矿石，生产水泥要消耗石灰石和黏土类原材料，占混凝土体积大约 70％的砂石集料要开山与挖掘河床，严重破坏了自然景观与生态环境，烧制黏土砖要毁掉大片农田。与此同时，建筑材料的生产还要消耗大量能源，并产生废气、废渣，对环境构成污染。如冶炼 1t 钢折合耗标准煤 1.66t、耗水 $48.6m^3$；烧制 1t 水泥熟料耗标准煤 178kg，同时放出约 1t 二氧化碳气体；土木工程材料的运输和使用过程，也要消耗能源并污染环境。然而，土木工程材料的生产又可以消纳与利用许多工业废料，包括电厂的粉煤灰，冶炼铁、铝、铜排放的矿渣等；而且可以固化一些有毒或放射性的工业废料（核废料）。

因此，从人类社会可持续发展的前景出发，土木工程材料也要注意可持续发展的方向。近年来提出的发展"绿色建筑材料"或"生态建筑材料"正是上述出发点的集中体现。

近几十年来，我国许多设计和施工符合规范和现代技术水准的混凝土结构过早地劣化，劣化后工程的修补、加固或重建不仅需要大量资金而且再一次消耗自然资源和能源。所以，提高土木工程材料的耐久性是可持续发展的重要前提，这不仅需要材料研究者做系统深入的理论研究，而且工程设计人员、施工人员、材料生产者以及相关管理人员的共同努力才是提高材料耐久性的重要保证。也就是说，材料的可持续发展不仅与材料研究人员相关，而且涉及从工程设计、材料生产到使用的全过程，以及材料的再循环使用问题等。

思　考　题

1. 晶体与非晶体在性质上有何不同？
2. 当某材料的孔隙率增大且连通孔增多时，该材料的密度、表观密度、体积密度、强度、吸水率、抗冻性、导热性如何变化？
3. 材料的堆积密度、体积密度、表观密度和密度有什么区别？分别如何测定？
4. 某岩石的密度为 $2.66g/cm^3$，体积密度为 $2.59g/cm^3$，试计算该岩石的孔隙率。
5. 某材料的密度为 $2.7g/cm^3$，体积密度为 $1.4g/cm^3$，质量吸水率 17％，求其开口孔隙率、闭口孔隙率和体积吸水率。

6. 含水率为 2.1%的湿砂 1000g，有干砂和水各多少？

7. 某墙体材料进行抗压试验，受压面积为 115mm×120mm，气干、绝干、饱水情况下测得破坏荷载分别 196kN、209kN 和 182kN，此墙体材料是否宜于建造建筑物常与水接触的部位？

8. 某石子试样的绝干质量 260g。将该石子放入水中，在其吸水饱和后排开水的体积为 100cm³。取出该石子试样并擦干表面后，再次将其放入水中，此时排开水的体积为 130cm³，求该石子的体积密度，体积吸水率，质量吸水率，开口孔隙率和表观密度。

9. 如何区分亲水性材料与憎水性材料？材料的亲水性和憎水性有何工程意义？

第2章　无机胶凝材料

【本章提要】　胶凝材料按其化学成分可分为无机胶凝材料和有机胶凝材料两大类。本章主要学习石灰、石膏、菱苦土、水玻璃、水泥等的生产、凝结硬化特性、技术性质要求、应用等。本章的学习目标是熟悉和掌握各种无机胶凝材料的凝结硬化特性、技术性质要求等，在工程设计与施工中正确选择和合理使用各种无机胶凝材料。

工程中用来将砂、石子、砖、板等散粒状、片状或块状物料黏结为一个整体的材料，统称为胶凝材料。胶凝材料按其化学成分可分为无机胶凝材料和有机胶凝材料两大类，其中无机胶凝材料在建筑工程上应用更加广泛，用量也较大。无机胶凝材料按其硬化条件的不同又分为气硬性胶凝材料和水硬性胶凝材料两大类。气硬性胶凝材料是指只能在空气中硬化也只能在空气中保持或继续发展其强度的胶凝材料，如石膏、石灰、水玻璃和菱苦土等。水硬性胶凝材料是指不仅能在空气中硬化而且能更好地在水中硬化，并保持和继续发展其强度的胶凝材料，如各种水泥。气硬性胶凝材料一般只适用于地上或干燥环境，不适宜用于潮湿环境更不可用于水中；而水硬性胶凝材料则既适用于地上，也适用于地下和水中。

2.1　石　灰

石灰是建筑中使用最早的矿物胶凝材料之一。由于生产石灰的原料石灰石分布很广，生产工艺简单，成本低廉，因此至今仍被广泛应用于土木工程中。

2.1.1　生石灰的生产、分类与标记

2.1.1.1　生石灰的生产

（气硬性）生石灰由石灰石（包括钙质石灰石，镁质石灰石）焙烧而成，呈块状、粒状或粉状，化学成分主要为氧化钙，可和水发生放热反应生成消石灰。

生产石灰的原料是以碳酸钙为主要成分的天然岩石，如石灰石、白云石、白垩、贝壳等。除天然原材料以外，还可以利用化学工业副产品，如制取乙炔所产生的电石渣，其主要成分是氢氧化钙［$Ca(OH)_2$］，即消石灰（或称熟石灰）；或者用氨碱法制碱所得的残渣，其主要成分为碳酸钙（$CaCO_3$）。

当石灰石等原料在窑中经过高温煅烧，分解出二氧化碳（CO_2）后得到以氧化钙（CaO）为主要成分的块状生石灰。将块状生石灰粉碎、磨细制成的生石灰称为磨细生石灰粉或称建筑生石灰粉。

$$CaCO_3 \xrightarrow{900\sim1100℃} CaO + CO_2 \uparrow \qquad (2-1)$$

石灰的煅烧需要足够的温度和时间，在煅烧过程中，石灰石在 600℃ 左右开始分解，并随着温度的提高其分解速度也逐渐加快，当温度达到 900℃ 时最快。在实际生产中，为了提高生产效率，可采用更高的煅烧温度以加快石灰石分解的速度，但不得采用过高的温度，通常控制在 1000～1100℃。

由于石灰石原料的尺寸大或煅烧时窑中温度分布不匀等因素，石灰中常含有欠火石灰和

过火石灰。正常温度和煅烧时间所煅烧的石灰具有多孔结构，内部孔隙率大，表观密度较小，晶粒细小，与水反应迅速，这种石灰称为正火石灰。若煅烧温度低或时间短时，石灰石的表层部分可能为正火石灰，而内部会有未分解的石灰石核心，该核心称为欠火石灰，含有欠火石灰的石灰块与水反应时仅表面水化，而核心不能水化，使用时缺乏黏结力。若煅烧温度过高或高温持续时间过长，则会因高温烧结收缩而使石灰内部孔隙率减少，体积收缩，晶粒变得粗大，这种石灰称为过火石灰。过火石灰结构密实，表面常包覆一层熔融物，熟化很慢。通常要在正常的石灰浆体水化结束、硬化后才发生水化作用，产生热量并膨胀，使石灰硬化体因膨胀而引起崩裂或隆起而导致破坏。

2.1.1.2　生石灰的分类

按生石灰的加工情况分为建筑生石灰和建筑生石灰粉。

按生石灰的化学成分分为钙质石灰和镁质石灰两类，见表 2-1。

表 2-1　建筑生石灰按氧化镁含量的分类

品种名称	钙质石灰	镁质石灰
氧化镁含量/%	≤5%	>5%

根据化学成分的含量每类分成各个等级，见表 2-2。

表 2-2　建筑生石灰的等级

类　别	名　称	代　号
钙质石灰	钙质石灰 90	CL 90
	钙质石灰 85	CL 85
	钙质石灰 75	CL 75
镁质石灰	镁质石灰 85	ML 85
	镁质石灰 80	ML 80

2.1.1.3　生石灰的标记

生石灰的识别标志由产品名称、加工情况和产品依据标准编号组成。生石灰块在代号后加 Q，生石灰粉在代号后加 QP。示例：符号 JC/T 479—2013 的钙质生石灰粉 90 标记为：CL 90-QP JC/T 479—2013，其中 CL 为钙质石灰；90 为（CaO＋MgO）百分含量；QP 为粉状；JC/T 479—2013 为产品依据标准。

2.1.2　石灰的消化和硬化

2.1.2.1　生石灰的消化

生石灰遇水后会产生剧烈的物理化学变化，体积膨胀并产生大量的热量。为此，工程中通常不宜直接使用生石灰，而是提前进行消化处理，以消除这些不良现象。

石灰的消化是指生石灰加水后产生水化反应，并自动松散为粉末或浆体的过程。经过消化的石灰称为消化灰（也称熟石灰）。其反应式如下：

$$CaO + H_2O \longrightarrow Ca(OH)_2 + 65kJ/mol \tag{2-2}$$

生石灰的消化方法有人工消化和机械消化。人工消化常用于现场配制石灰膏、石灰浆或消石灰粉等，机械消化多用于生产成品消石灰粉。

生石灰水化时放出大量的热量，同时体积增大 1.0～2.5 倍。如果消化不充分，则在消石灰中残留有未消化的生石灰颗粒（主要是过火石灰），这种石灰浆在工程中凝结硬化后，未消化的生石灰还会继续水化，并伴随着体积膨胀，这种局部体积膨胀将会导致工程结构产生表面隆起、开裂、局部脱落或崩溃等破坏现象。因此，为了消除过火石灰的危害，保证生石灰得以充分消化，需将石灰浆置于消化池中两个星期以上，即所谓的陈伏。陈伏期间石灰浆表面应保持一层水分，隔绝空气，防止 $Ca(OH)_2$ 与 CO_2 发生碳化反应。

2.1.2.2 石灰浆的凝结硬化

含有水分的石灰浆在使用时会发生一系列物理化学变化，从而使其产生凝结与硬化。石灰浆体的硬化包括干燥结晶和碳化两个同时进行的过程。

干燥时，石灰浆体的多余水分蒸发或被砌体吸收而使石灰颗粒紧密接触，获得一定的强度，随着游离水蒸发，使 $Ca(OH)_2$ 逐步从饱和溶液中结晶析出，形成结晶结构网，使强度继续增加；在大气环境中，氢氧化钙在潮湿状态下会与空气中的二氧化碳反应生成碳酸钙，并释放出水分，即发生碳化。其反应方程式如下：

$$Ca(OH)_2 + CO_2 + nH_2O \longrightarrow CaCO_3 + (n+1)H_2O \qquad (2-3)$$

碳化作用生成的碳酸钙晶体相互交叉连生或与氢氧化钙共生，形成紧密交织的结晶网，使硬化石灰浆体的强度进一步提高。但是，由于空气中的二氧化碳含量很低，而表面形成的碳酸钙层结构较致密，二氧化碳不易深入内部，也会进一步阻碍水分的蒸发，因此，在自然状态下碳化干燥过程是十分缓慢的。

2.1.3 建筑生石灰的技术要求

根据我国建材行业标准《建筑生石灰》(JC/T 479—2013)，建筑生石灰的化学成分应符合表 2-3 的要求。

表 2-3　建筑生石灰的化学成分

名　　称	氧化钙+氧化镁 （CaO+MgO）	氧化镁（MgO）	二氧化碳（CO_2）	三氧化硫（SO_3）
CL 90-Q CL 90-QP	≥90	≤5	≤4	≤2
CL 85-Q CL 85-QP	≥85	≤5	≤7	≤2
CL 75-Q CL 75-QP	≥75	≤5	≤12	≤2
ML 85-Q ML 85-QP	≥85	>5	≤7	≤2
ML 80-Q ML 80-QP	≥80	>5	≤7	≤2

根据我国建材行业标准《建筑生石灰》(JC/T 479—2013)，建筑生石灰的物理性质应符合表 2-4 的要求。

表 2-4　建筑生石灰的物理性质

名　　称	产浆量/(dm³/10kg)	细　　度	
		0.2mm 筛余量/%	90μm 筛余量/%
CL 90-Q	≥26	—	—
CL 90-QP	—	≤2	≤7
CL 85-Q	≥26	—	—
CL 85-QP	—	≤2	≤7
CL 75-Q	≥26	—	—
CL 75-QP	—	≤2	≤7

续表

名　　称	产浆量/(dm³/10kg)	细　　度	
		0.2mm 筛余量/%	90μm 筛余量/%
ML 85-Q	—	—	—
Ml 85-QP	—	≤2	≤7
ML 80-Q	—	—	—
ML 80-QP	—	≤7	≤2

2.1.4　石灰的特性

（1）可塑性和保水性好　熟化生成的氢氧化钙颗粒极其细小，比表面积很大，使得氢氧化钙颗粒表面吸附有一层较厚的水膜，故石灰的保水性好。由于颗粒间的水膜较厚，颗粒间的滑移较易进行，故可塑性好。这一性质常被用来改善水泥砂浆的保水性，以克服水泥砂浆保水性差的缺点。

（2）凝结硬化缓慢　由于碳化作用主要发生在与空气接触的表层，且生成的碳酸钙硬壳较致密，阻碍了空气中的 CO_2 的渗入，也阻碍了内部水分向外蒸发，因此硬化缓慢。

（3）硬化时体积收缩大　由于游离水的大量蒸发，导致内部毛细管失水紧缩，引起体积收缩变形，使石灰硬化体易产生裂纹。故除调成石灰乳作薄层外，石灰浆不宜单独使用，要掺一定量的集料（如砂子等）或纤维材料（麻刀、纸筋等）。

（4）硬化强度低　生石灰消化时的理论用水量为生石灰质量的 32.13%，但为了使石灰浆具有一定的可塑性便于应用，同时考虑到一部分水分因消化时水化热大而被蒸发掉，故实际消化用水量很大，多余水分在硬化后蒸发，将留下大量孔隙，因而硬化石灰体密实度小、强度低。通常，配合比为 1∶3 的石灰砂浆的 28d 抗压强度只有 0.2～0.5MPa。所以用作砌体结构的胶凝材料时一般不单独使用石灰浆体，而是使用由水泥、石灰膏和砂子组成的混合砂浆。

（5）耐水性差　由于石灰浆体硬化慢、强度低，在石灰硬化体中，大部分仍是尚未碳化的 $Ca(OH)_2$，$Ca(OH)_2$ 能溶于水，这会使得硬化石灰体遇水后产生溃散，故石灰不易用于潮湿环境。

2.1.5　石灰的应用

（1）石灰乳涂料　石灰乳是石灰加大量水所得的稀浆，主要用于一般建筑的室内墙面和顶棚的粉刷。掺入各种耐碱材料，也可获得不同色彩的装饰效果。掺入聚乙烯醇、干酪素、氯化钙或明矾等添加料，可减少石灰乳涂层的粉化现象。

（2）配制砂浆　石灰膏或消石灰粉常与水泥一起配制成各种混合砂浆，用于墙体抹面或砌筑。

（3）拌制石灰土和石灰三合土　将消石灰粉与黏土拌合，称为石灰土（灰土），若再加入砂、碎石或炉渣等其他材料即成为三合土。石灰土或三合土广泛用于各种建筑物的基础处理、道路基层及广场地面的垫层，其抗压强度、耐水性和抗渗性比石灰或黏土高，这是因为其中的 $Ca(OH)_2$ 可与黏土中的部分活性氧化硅及氧化铝等产生化学反应，生成水化硅酸钙和水化铝酸钙矿物等不溶于水的矿物。这种反应通常较慢，且在很长时期内不断地在进行。

（4）生产硅酸盐制品　以石灰和砂或粒化高炉矿渣、粉煤灰、火山灰等硅质材料经加水拌合、成型、养护（常压或蒸汽）而制得的产品，统称为硅酸盐制品。它包括灰砂砖、粉煤灰砖、粉煤灰砌块、加气混凝土砌块等。

与普通混凝土相比，硅酸盐制品的特点是：孔隙率大，吸水率大，容重轻，强度低（≤20MPa），抗冻性差，导热系数小。所以它适用于一般工业与民用建筑的围护结构。

（5）生产碳化石灰制品　碳化石灰制品是利用石灰碳酸化所产生的强度而制成的块体材料。它通常是将磨细生石灰与纤维增强材料（如玻璃纤维）或集料（如炉渣、矿渣等）混合，加水搅拌成型，再用二氧化碳（石灰窑废气等）进行人工碳化制成的碳化砖、碳化石灰板等产品。它主要用于墙体砌筑、非承重的内隔墙、天花板等。

2.1.6　贮运注意事项

石灰贮存过程中应注意防潮和防碳化。生石灰应贮存在干燥的环境中，要注意防雨防潮，并不宜久存，一般粉状石灰的有效贮存期为一个月，否则胶凝性会明显降低，过期石灰应重新检验其有效成分含量。消石灰贮存时应包装严封，以隔绝空气，防止碳化；对石灰膏，应在其上层始终保留 2cm 以上的水层，以防止其碳化而失效。

2.2　石　膏

石膏是以硫酸钙（$CaSO_4$）为主要成分组成的气硬性胶凝材料，它是土木工程中应用历史悠久的胶凝材料之一。石膏不仅来源丰富，制作与使用工艺简单，而且具有许多优良的技术性能（如质轻、耐火、隔音、绝热等）。因此，它也是土木工程中极具发展前景的新型胶凝材料。

2.2.1　建筑石膏的生产

生产建筑石膏的原料有天然石膏和化工石膏两大类。天然石膏包括二水石膏（也称生石膏，分子式为 $CaSO_4 \cdot 2H_2O$）、无水石膏（也称硬石膏，分子式为 $CaSO_4$）和石膏矿石。石膏矿石是一种细分散的机械混合物，含有较多的杂质成分，$CaSO_4 \cdot 2H_2O$ 的含量为30%～60%。化工石膏是以硫酸钙为主要成分的工业副产品。常见的品种有生产磷酸的废渣磷石膏，生产氢氟酸的废渣氟石膏，对燃料（如煤、油等）燃烧后排放的废气进行脱硫净化处理所得到的脱硫石膏（又叫排烟脱硫石膏），以及沿海盐场制盐时的副产品盐石膏。这些化工石膏经适当处理后可代替天然石膏作为生产建筑石膏的原材料。

石膏胶凝材料的生产，通常是将原料（二水石膏）在不同压力和温度下煅烧、脱水，再经磨细制成的。同一种原料，因加热方式及温度不同，所得产品的结构、性质、用途也各不相同。

（1）建筑石膏　在常压下加热温度达到 107～170℃时，二水石膏脱水变成 β 型半水石膏，即建筑石膏，又称熟石膏。其反应式为：

$$CaSO_4 \cdot 2H_2O \xrightarrow{107\sim170℃} \beta\text{-}CaSO_4 \cdot \frac{1}{2}H_2O + 1\frac{1}{2}H_2O \tag{2-4}$$

（2）高强石膏　将二水石膏在压蒸条件下（0.13MPa，124℃）加热或置于某些盐溶液中沸煮，可以脱水形成 α 型半水石膏，即高强石膏。其反应式为：

$$CaSO_4 \cdot 2H_2O \xrightarrow{0.13MPa,124℃} \alpha\text{-}CaSO_4 \cdot \frac{1}{2}H_2O + 1\frac{1}{2}H_2O \tag{2-5}$$

与 β 型半水石膏相比，α 型半水石膏结晶颗粒粗大，微观结构紧密，水化反应速度很慢，水化后强度、密实度较高，因此称为高强石膏。

（3）可溶性硬石膏　加热温度在 170～200℃时石膏继续脱水生成可溶性硬石膏。与水调和后仍能很快凝结硬化。

当温度升高到 200～250℃时，石膏中残留很少的水，凝结硬化非常缓慢，但遇水后仍能生成半水石膏直至二水石膏。

（4）水溶性硬石膏　当加热温度高于 400℃时，完全失去水分，形成水溶性硬石膏（即死烧石膏）。它难溶于水，失去凝结硬化能力，但加入某些激发剂混合磨细后，则重新具有水化硬化能力，成为无水石膏水泥（或称硬石膏水泥）。常用的激发剂有：5％硫酸钠或硫酸氢钠与 1％的铁矾（或铜矾）的混合物，1％～5％的石灰，10％～15％的碱性粒化高炉矿渣等。

（5）高温煅烧石膏　将天然二水石膏或天然硬石膏在 800～1000℃下燃烧，使部分 $CaSO_4$ 分解成 CaO，磨细后可制成高温煅烧石膏。此时 CaO 起碱性激发剂的催化作用，凝结硬化后有较高的强度，耐磨性高，抗水性好，适宜作地板，故又称地板石膏。

2.2.2　建筑石膏的凝结与硬化

建筑石膏和高强石膏与水拌合后将重新水化生成二水石膏，先形成具有可塑性的浆体，该浆体会很快失去塑性而产生凝结，并硬化成为具有一定强度的硬化体。建筑石膏的凝结与硬化机理很复杂，但其硬化理论主要有两种：一是结晶理论（又称溶解析晶理论）；一是胶体理论（又称局部化学反应理论）。其中结晶理论是 1887 年由法国学者吕·查德里（Le Chatelier）提出来的，得到大多数学者的认同。在此过程中，浆体内部的化学反应主要是：

$$CaSO_4 \cdot \frac{1}{2}H_2O + 1\frac{1}{2}H_2O \longrightarrow CaSO_4 \cdot 2H_2O \qquad (2\text{-}6)$$

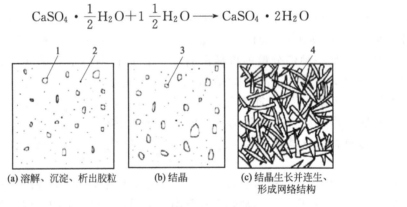

(a) 溶解、沉淀、析出胶粒　　(b) 结晶　　(c) 结晶生长并连生、形成网络结构

图 2-1　建筑石膏凝结硬化示意图

1—半水石膏；2—二水石膏胶体微粒；3—二水石膏晶体；4—交错的晶体

按照结晶理论，建筑石膏的凝结硬化过程可分为三个阶段，即水化作用的化学反应阶段、结晶作用的物理变化阶段和硬化作用的强度增强阶段，如图 2-1 所示。

其凝结硬化机理可表述为：半水石膏加水拌合后很快溶解于水，并生成不稳定的过饱和溶液；溶液中的半水石膏经过水化反应而转化为二水石膏。因为二水石膏比半水石膏的溶解度要低（20℃，以 $CaSO_4$ 计，二水石膏为 2.05g/L，α 型半水石膏为 7.06g/L，β 型半水石膏为 8.16g/L），所以二水石膏在溶液中处于高度过饱和状态，从而导致二水石膏晶体很快析出。二水石膏晶体的析出，破坏了原有半水石膏溶液的平衡状态，使半水石膏进一步溶解，如此不断地进行半水石膏的溶解和二水石膏的析晶，直到半水石膏全部水化为止。在石膏水化进行的同时，浆体中的自由水分也因水化和蒸发而逐渐减少，从而使得浆体逐渐变稠，结晶颗粒之间的距离减小，在范德华分子力等的作用下而形成凝聚结构。此外，由于二水石膏晶粒之间通过结晶接触点以化学键相互作用而形成结晶结构，浆体开始失去可塑性（达到初凝）。之后，浆体继续变稠，晶体生长，晶体之间的摩擦力、黏结力增加，并开始相互搭接交错，形成结晶结构网，并产生结构强度，浆体失去可塑性（即为终凝）。此后，晶体颗粒继续长大并交错共生，直至水分完全蒸发，结构强度得以充分增长，这个过程即为硬化过程。石膏浆体的凝结与硬化过程是交错进行的连续过程。

由于半水石膏完全水化的理论需水量是 18.6%，而实际用水量远大于此，通常普通建筑石膏（β 型半水石膏）水化时的用水量一般为 60%～80%。因此，未参与水化的多余水分蒸发后在石膏硬化体内会留下大量的孔隙，从而使其密实度和强度都大大降低，通常其强度只有 7.0～10.0MPa。

对于高强石膏（α 型半水石膏），由于其水化时的用水量较低（35%～45%），只是建筑石膏用水量的一半，因此其硬化体结构较密实，强度也较高（可达 24.0～40.0MPa）。

2.2.3　石膏的技术要求

建筑石膏为白色粉末，密度为 2.6～2.75g/cm³，堆积密度为 800～1100kg/m³。

为满足工程对建筑石膏的技术要求，国家标准《建筑石膏》（GB 9776—2008）对其按强度、细度、凝结时间等指标进行了限制，并根据这些指标将建筑石膏划分优等品、一等品与合格品，具体指标见表 2-5。

表 2-5　建筑石膏的技术指标（GB 9776—2008）

等　级	细度(0.2mm 方孔筛筛余)/%	凝结时间/min		2h 强度/MPa	
		初凝	终凝	抗折	抗压
3.0				≥3.0	≥6.0
2.0	≤10	≥3	≤30	≥2.0	≥4.0
1.6				≥1.6	≥3.0

建筑石膏易吸湿受潮，会影响其以后使用时的凝结硬化性能和强度，长期储存也会降低强度，因此建筑石膏粉在运输、贮存时必须防潮，存放时间不宜过长，一般不得超过三个月，若超过三个月，应重新检验并确定其等级。

2.2.4　建筑石膏的特性

（1）凝结硬化快　建筑石膏水化迅速，常温下完全水化所需时间仅为 7～12min，浆体凝结硬化很快。为了满足施工操作的要求，在使用石膏浆体时可掺加适量缓凝剂。常用缓凝剂有 0.1%～0.5% 硼砂、0.1%～0.2% 的动物胶（经石灰处理过）、1% 亚硫酸盐酒精废液等。

（2）孔隙率大，表观密度小，保温、吸声性能好　因建筑石膏在水化时的用水量要比水化所需水量多 1～2 倍，多余水分蒸发后，会形成大量孔隙，其孔隙率可高达 50%～60%。因此，建筑石膏制品的表观密度较小（400～900kg/m³），导热系数较小 [0.121～0.205W/(m·K)]，具有较好的绝热性和吸音性。但较高的孔隙率也使得石膏制品的强度较低，为提高其强度，可掺入适量纤维或其他增强材料。

（3）硬化时体积微膨胀 石灰和水泥等胶凝材料硬化时往往产生收缩，而建筑石膏却略有膨胀（膨胀率为 0.05%～0.15%）。这种微膨胀性，不仅避免了干缩开裂，还可消除浆体内部的应力集中，使建筑石膏硬化体具有良好的可加工性，可采用锯、钉、刨、钻、粘等施工工艺，还能使石膏制品表面光滑饱满，棱角清晰，从而可制成图案花形复杂的装饰构件、形状各异的模型或雕塑。

（4）防火性能良好 当石膏制品遇火时，其中的各种水分会逐渐蒸发（即二水石膏结晶水的脱水蒸发）、它们会在制品表面形成水蒸气幕，可有效阻止火焰的蔓延。通常制品的厚度越大，其防火性越好。但建筑石膏不宜长期在 65℃ 以上的高温部位使用，以免二水石膏缓慢脱水分解而降低强度。

（5）具有一定调湿作用 由于石膏制品内部的大量毛细孔隙对空气中水分具有较强的吸附能力，在干燥时又可释放水分。因此，当它用于室内工程中时，对室内空气具有一定调节湿度的作用。

（6）装饰性好 石膏硬化后，可产生洁白、细腻和平滑的外观，加入颜料后还可形成各种丰富的色彩，而且其色泽也很稳定。当制成不同的形状时，制成各种典雅美观的建筑装饰制品。

（7）耐水性和抗冻性差 建筑石膏吸湿、吸水性大，故在潮湿环境中，建筑石膏晶体粒子间黏合力会被削弱，导致强度下降，其软化系数仅为 0.2～0.45。在水中还会因二水石膏溶解而引起溃散，故耐水性差。另外，建筑石膏中的水分受冻结冰后会产生破裂，故抗冻性差。为提高石膏制品的强度与耐水性，可加入适量的水硬性材料（如水泥等）、活性混合材料（如粉煤灰、磨细矿渣等）及有机防水材料等。

2.2.5 建筑石膏的应用

2.2.5.1 粉刷石膏

粉刷石膏是由建筑石膏或由建筑石膏与无水石膏（$CaSO_4$ Ⅱ）二者混合后，再掺入外加剂、填料等制成的气硬性胶凝材料。按其用途不同可分为面层粉刷石膏（M）、底层粉刷石膏（D）和保温层粉刷石膏（W）三类。

2.2.5.2 石膏砂浆

将建筑石膏加水、砂拌合成石膏砂浆，用于室内抹灰或作为涂料的打底层。石膏砂浆具有隔热保温性能，热容量大，因此能够调节室内的温度和湿度，给人以舒适感。用石膏砂浆抹灰后的墙面不仅光滑、细腻、洁白美观，而且还具有调湿功能效果和施工后表面光滑细腻的效果等特点。

2.2.5.3 石膏砌块

石膏砌块是利用石膏为主要原料制作的实心、空心或夹芯的砌块。空心石膏砌块有单排孔和双排孔之分，夹芯石膏砌块主要以聚苯乙烯泡沫塑料等轻质材料为芯层材料，以减轻其质量和提高其绝热性能。

2.2.5.4 石膏装饰制品

以建筑石膏为主要原料，掺加少量纤维、外加剂（发泡剂、缓凝剂、胶料等）和适量轻质填料，加水拌合而成的料浆，将其注入造型各异的金属或玻璃模具中，就可以得到不同花样形状的石膏装饰制品。主要的品种有装饰板、装饰吸声板、装饰角线、花饰、装饰浮雕壁画、挂饰及建筑艺术造型等。石膏装饰制品具有色彩鲜艳、品种多样、造型美观、施工简单等优点，是墙面和顶棚的常用装饰制品。

2.3　菱　苦　土

菱苦土是一种白色或浅黄色的粉末，其主要成分是氧化镁（MgO）。用菱苦土与氯化镁溶液可以配制镁质胶凝材料，又称氯氧镁水泥。

2.3.1　菱苦土的生产

生产菱苦土原料是天然菱镁矿（$MgCO_3$），也可用蛇纹石（$3MgO \cdot 2SiO_2 \cdot 2H_2O$）、冶炼轻质镁合金的熔渣或海水为原料来提炼菱苦土。

菱苦土的生产工艺与石灰相近，主要是煅烧，主要化学反应为 $MgCO_3$ 的分解，其反应方程式如下：

$$MgCO_3 \xrightarrow{750 \sim 850℃} MgO + CO_2 \qquad (2\text{-}7)$$

菱镁矿一般在 400℃ 开始分解，600~650℃ 分解反应剧烈进行，实际煅烧温度为 750~850℃，磨细后得到菱苦土粉末。煅烧温度对 MgO 的结构及水化反应活性影响很大。例如，在 450~700℃ 下煅烧并磨细到一定细度后的产品，在常温下数分钟内可完全水化。而在 1300℃ 下煅烧所得的 MgO，成为死烧的 MgO，几乎丧失胶凝性能。

在建筑材料行业标准《镁质胶凝材料用原料》（JC/T 449—2008）中，按照氧化镁的物理化学性能，将其分为 I 级品、II 级品、III 级品，其物理化学性能指标见表 2-6。

表 2-6　轻烧氧化镁的物理化学性能

指　　标		级　　别		
		I 级	II 级	III 级
氧化镁/活性氧化镁（MgO）/%	≥	90/70	80/55	70/40
游离氧化钙（CaO）/%	≤	1.5	2.0	2.0
烧失量/%	≥	6	8	12
细度（80μm 筛析法）/%	≤	10	10	10
抗折强度/MPa　≥	1d	5.0	4.0	3.0
	3d	7.0	6.0	5.0
抗压强度/MPa　≥	1d	25	20.0	15.0
	3d	30	25.0	20.0
凝结时间	初凝/min　≥	40	40	40
	终凝/h　≤	7	7	7
安定性		合格	合格	合格

2.3.2　菱苦土的胶凝机理

菱苦土加水拌合，MgO 立即水化生成 $Mg(OH)_2$，其反应式如下：

$$MgO + H_2O \longrightarrow Mg(OH_2) \qquad (2\text{-}8)$$

在常温下，水化产物 $Mg(OH)_2$ 的浓度可达 0.8~1.0g/L，而 $Mg(OH)_2$ 在常温下的平衡溶解浓度为 0.01g/L，所以溶液中的 $Mg(OH)_2$ 的相对饱和度很大，这就会产生结晶压力使硬化过程中形成的结晶结构网破坏。因此菱苦土不能直接与水调和。通常用氯化亚铁（$FeCl_2$）、氯化镁（$MgCl_2 \cdot 6H_2O$）、硫酸镁（$MgSO_4 \cdot 7H_2O$）或硫酸亚铁（$FeSO_4 \cdot$

H_2O）等盐类的水溶液来调制，以降低体系的过饱和度，加速 MgO 的溶解。最常用的是采用氯化镁溶液与菱苦土拌和成浆体，形成氯氧镁水泥，硬化后的强度可高达 $40 \sim 60 MPa$，主要水化产物是氯氧化镁 $xMgO \cdot yMgCl_2 \cdot zH_2O$ 和氢氧化镁，化学反应方程式如下：

$$xMgO + yMgCl_2 + zH_2O \longrightarrow xMgO \cdot yMgCl_2 \cdot zH_2O \qquad (2\text{-}9)$$

氯氧化镁在水中的溶解度比氢氧化镁高，可降低溶液的过饱和度，促进水化反应不断进行，当生成的氯氧化镁达到饱和时，水化产物不再溶解，而是直接以胶体状态析出形成凝胶体，通过再结晶逐渐长大成细小的晶粒，使浆体凝结硬化，产生强度。若提高温度，可以使硬化加快。

用 $MgCl_2$ 溶液作调和剂，硬化浆体强度提高，但其吸湿性大，耐水性差，遇水或吸湿后易产生翘曲变形，表面泛霜返卤，强度大大降低，因此菱苦土制品不宜用于潮湿环境。可加入硫酸亚铁增加氯氧镁水泥的抗水性。

氯氧镁水泥水化后体积略有膨胀，使制品无收缩，镁质胶凝材料碱性较弱，对有机物无腐蚀性，但对铝、铁等金属有腐蚀作用，因此使用中菱苦土不能与金属直接接触。

2.3.3 菱苦土的应用

菱苦土与硅酸盐类水泥、石灰等胶凝材料相比，本身碱性较弱，所以对有机材料纤维没有腐蚀作用。因此建筑工程中常将菱苦土与刨花、木丝、亚麻皮或其他植物纤维拌合，经压制、硬化可制成刨花板、木丝板等，用作内墙、隔墙、天花板等。目前主要用于机械设备的包装构件，可节省大量木材。

菱苦土与木屑、颜料等配制而成的板材铺设于地面，即为菱苦土地板。这种地板保温性好、无噪声、不起灰、弹性好、防火、耐磨，是民用建筑和纺织车间的地板材料。如加入不同的颜料，可拼装成色泽鲜明、图案美丽的地面。但菱苦土地面不适用于经常受潮、遇水和遭受酸类侵蚀的地方。菱苦土在运输和贮存过程中应注意防潮。

2.4 水 玻 璃

2.4.1 水玻璃的组成

水玻璃俗称泡花碱，其化学通式是 $R_2O \cdot nSiO_2$，其中 R 为碱金属 K 或 Na，n 称为水玻璃的模数。固体水玻璃是一种无色、天蓝色或黄绿色的微小颗粒，高温高压溶解后是无色或略带色的透明或半透明黏稠液体，由不同比例的碱金属氧化物和二氧化硅化合而成的一种可溶于水的硅酸盐。建筑常用硅酸钠（$Na_2O \cdot nSiO_2$）水溶液，又称钠水玻璃。要求高时也使用硅酸钾（$K_2O \cdot nSiO_2$）的水溶液，又称钾水玻璃。

质量好的水玻璃溶液为淡黄色的透明溶液，若制备过程中引入含铁杂质，则会呈黄绿色或灰黑色。

2.4.2 水玻璃的生产

水玻璃的生产方法有湿法和干法两种。湿法生产是将石英砂和氢氧化钠水溶液在压蒸锅（$0.2 \sim 0.3 MPa$）内用蒸汽加热溶解而制成水玻璃溶液。干法是将石英砂和碳酸钠磨细拌匀，在熔炉中于 $1300 \sim 1400 ℃$ 温度下熔融，熔融的水玻璃冷却后得到固态水玻璃，然后在 $0.3 \sim 0.8 MPa$ 的蒸压釜内加热溶解成胶状玻璃溶液。

水玻璃的模数一般在 $1.5 \sim 3.5$ 之间，水玻璃的模数愈大，愈难溶于水。模数为 1 时，能在常温水中溶解，模数增大，只能在热水中溶解；当模数大于 3 时，要在 4 个大气压

（0.4MPa）以上的蒸汽中才能溶解。但水玻璃的模数愈大，胶体组分愈多，其水溶液的黏结能力愈大。当模数相同时，水玻璃溶液的密度愈大，则浓度愈稠、黏性愈大、黏结能力愈好。但是 n 太大，因黏度太大而不利于施工操作，难以保证施工质量。工程中常用的水玻璃模数为 2.6～2.8，其密度为 1.3～1.4g/cm³。

2.4.3　水玻璃的硬化

水玻璃在空气中吸收二氧化碳，析出无定形二氧化硅凝胶（简称硅胶），凝胶因干燥而逐渐硬化。其反应式为：

$$Na_2O \cdot nSiO_2 + CO_2 + mH_2O = Na_2CO_3 + nSiO_2 \cdot mH_2O \tag{2-10}$$

由于空气中 CO_2 含量低，上述硬化过程非常缓慢，为加速硬化，可掺入适量的固化剂（促硬剂）氟硅酸钠，以加速二氧化硅凝胶的析出和硬化。反应式为：

$$2(Na_2O \cdot nSiO_2) + Na_2SiF_6 + mH_2O \longrightarrow 6NaF + (2n+1)SiO_2 \cdot mH_2O \tag{2-11}$$

氟硅酸钠的适宜掺量为水玻璃重量的 12%～15%。掺量太少，硬化慢，且硬化不充分，强度和耐水性均较差。掺量太多，凝结过速，造成施工困难，且强度和抗渗性均降低。氟硅酸钠有一定的毒性，操作时应注意安全。

2.4.4　水玻璃的特性

（1）黏结力强、强度较高　水玻璃在硬化后，其主要成分为二氧化硅凝胶和氟化硅，因而具有较高的黏结力和强度。用水玻璃配制的混凝土的抗压强度可达 15～40MPa。

（2）耐酸性好　由于水玻璃硬化后的主要成分为二氧化硅，它可以抵抗除氢氟酸、过热磷酸以外的几乎所有的无机和有机酸。可用于配制水玻璃耐酸混凝土、耐酸砂浆、耐酸胶泥等。

（3）耐热性好　硬化后形成的二氧化硅网状骨架，在高温下强度下降不大。可用于配制水玻璃耐热混凝土、耐热砂浆、耐热胶泥等。

（4）耐碱性和耐水性差　水玻璃在加入氟硅酸钠后仍不能完全硬化，仍然有一定量的水玻璃（$Na_2O \cdot nSiO_2$）。由于 SiO_2 和 $Na_2O \cdot nSiO_2$ 均可溶于碱，且 $Na_2O \cdot nSiO_2$ 可溶于水，所以水玻璃硬化后不耐碱、不耐水。为提高耐水性，常采用中等浓度的酸对已硬化的水玻璃进行酸洗处理。

2.4.5　水玻璃的应用

2.4.5.1　涂刷或浸渍材料

在天然石材、黏土砖、混凝土和硅酸盐制品表面，涂刷一层水玻璃，可提高材料的密实度、强度、抗渗性、抗冻性及耐水性等。

因为水玻璃与空气中的二氧化碳反应生成硅酸凝胶，同时水玻璃也与材料中的氢氧化钙反应生成硅酸钙凝胶，两者填充在材料的孔隙中，使材料致密。但水玻璃不能用来涂刷和浸渍石膏制品，因为硅酸钠会与硫酸钙反应生成硫酸钠，在制品孔隙中结晶，体积膨胀，导致制品的破坏。

2.4.5.2　加固土壤

将水玻璃和氯化钙溶液交替压入到土壤中，生成的硅酸凝胶和硅酸钙凝胶可使土壤固结，从而避免了由于地下水渗透引起的土壤下沉。

2.4.5.3　配制速凝防水剂

将水玻璃加入两种、三种或四种矾，即可配制二矾、三矾、四矾速凝防水剂。其中以蓝矾、明矾、红矾和紫矾各 1 份，溶于 60 份 100℃ 的水中，降温至 50℃，投入到 400 份水玻璃溶液中搅拌均匀而成的防水剂称为四矾防水剂。其特点是凝结迅速，不超过 1min，适用于与水泥浆调和，局部堵塞缝隙、漏洞等。

2.4.5.4 配制耐酸胶泥、砂浆、混凝土

以水玻璃为原料加入固化剂和一定级配的耐酸粉料和耐酸粗细集料可制成防腐工程的耐酸胶泥、砂浆、混凝土。水玻璃混凝土具有耐酸、耐热性能好、整体性强、强度高的特点，而且原料广泛，施工方便，成本较低，使用效果好。它适用于耐酸地坪、墙裙、踢脚板、设备基础以及耐酸池（槽、罐）等设备的外壳或内衬。

2.4.5.5 配制耐火材料

水玻璃硬化后形成 SiO_2 非晶态空间网状结构，具有良好的耐火性。因此，用水玻璃与促硬剂和耐热集料可以配制耐热砂浆、耐热混凝土，用于高炉基础、热工设备基础及维护结构等耐热工程。

2.5　水　泥

水泥是水硬性胶凝材料的总称，是土木工程中最常用的矿物胶凝材料。粉末状的水泥与水混合后，经过一系列物理化学过程，能够在空气中或水中凝结硬化，由可塑性浆体逐渐变成坚硬的石状体，并可将砂石等散状材料胶结成整体。1824 年英国人 J. 阿斯普丁（J. Aspdin）用石灰石和黏土的人工混合物烧成一种水硬性的胶凝材料，它在凝结硬固后的颜色、外观和当时英国用于建筑的优质波特兰石头相似，故称之为波特兰水泥。由此，J. 阿斯普丁取得了生产硅酸盐水泥的专利权，并于 1825 年在英国建厂生产。首批大规模使用的实例是 1825—1843 年修建的泰晤士河底隧道。

我国 1876 年建立了第一个水泥厂——唐山启新洋灰公司。自 1985 年以来，我国水泥产量位居世界第一。九五、十五期间（1995—2005 年），国家集中科研力量研制了一批低能耗、高性能的绿色水泥，并利用部分生活垃圾、工业废料作为原料、燃料烧制水泥。

水泥是目前土木工程建设中最重要的材料之一，它在各种工业与民用建筑、道路与桥梁、水利与水电、海洋与港口、矿山及国防等工程中广泛应用。用于制作各种混凝土与钢筋混凝土构筑物和建筑物，并可用于配制各种砂浆及其他各种胶结材料等。为满足土木工程建设发展的需要，水泥品种越来越多，产量和应用量也不断增加。

土木工程中应用的水泥有上百个品种，按其化学成分可分为硅酸盐系水泥、铝酸盐系水泥、硫铝酸盐系水泥、铁铝酸盐系水泥等不同的系列，其中以硅酸盐系水泥的应用最为广泛，约占水泥总产量的 90%。按其应用范围又可以分为通用（常用）水泥、专用水泥、特性水泥等。

通用水泥是指一般土木工程中大量用的若干水泥品种，主要包括硅酸盐系中的硅酸盐水泥、普通硅酸盐水泥、矿渣硅酸盐水泥、火山灰硅酸盐水泥、粉煤灰硅酸盐水泥和复合硅酸盐水泥等六大水泥品种。专用水泥，是指专门用途的水泥，如砌筑水泥、油井水泥、道路水泥等。特性水泥则是指某种性能比较突出的水泥，如快硬水泥、白色水泥、膨胀水泥、低热及中热水泥等。

按照我国标准，硅酸盐水泥是一种不掺（或掺很少）混合材料的水泥，因此本章在讨论水泥的性质及应用时，将以硅酸盐水泥为基础进行。

2.5.1 硅酸盐水泥

根据《通用硅酸盐水泥》（GB 175—2007），通用硅酸盐水泥是以硅酸盐水泥熟料和适

量的石膏及规定的混合材料制成的水硬性胶凝材料。本标准规定的通用硅酸盐水泥按混合材料的品种和掺量分为硅酸盐水泥、普通硅酸盐水泥、矿渣硅酸盐水泥、火山灰质硅酸盐水泥、粉煤灰硅酸盐水泥和复合硅酸盐水泥。各品种的组分应符合表 2-7 的规定。

表 2-7　各品种水泥的组分比例　　　　　　　单位：%

品种	代号	组分				
		熟料＋石膏	粒化高炉矿渣	火山灰质混合材料	粉煤灰	石灰石
硅酸盐水泥	P·I	100	—	—	—	—
	P·II	≥95	≤5	—	—	—
		≥95	—	—	—	≤5
普通硅酸盐水泥	P·O	≥80 且<95	>5 且≤20①			—
矿渣硅酸盐水泥	P·S·A	≥50 且<80	>20 且≤50②	—	—	—
	P·S·B	≥30 且<50	>50 且≤70②	—	—	—
火山灰质硅酸盐水泥	P·P	≥60 且<80	—	>20 且≤40③	—	—
粉煤灰硅酸盐水泥	P·F	≥60 且<80	—	—	>20 且≤40④	—
复合硅酸盐水泥	P·C	≥50 且<80	>20 且≤50⑤			

注：① 本组分材料为符合《通用硅酸盐水泥》（GB 175—2007）5.2.3 的活性混合材料，其中允许用不超过水泥质量 8%且符合 GB 175 第 5.2.4 条的非活性混合材料或不超过水泥质量 5%且符合 GB 175 第 5.2.5 条的窑灰代替。
② 本组分材料为符合 GB/T 203 或 GB/T 18046 的活性混合材料，其中允许用不超过水泥质量 8%且符合 GB 175 第 5.2.3 条的活性混合材料或符合 GB 175 第 5.2.4 条的非活性混合材料或符合 GB 175 第 5.2.5 条的窑灰中的任一种材料代替。
③ 本组分材料为符合 GB/T 2847 的活性混合材料。
④ 本组分材料为符合 GB/T 1596 的活性混合材料。
⑤ 本组分材料为由两种（含）以上符合 GB 175 第 5.2.3 条的活性混合材料或/和符合 GB 175 第 5.2.4 条的非活性混合材料组成，其中允许用不超过水泥质量 8%且符合 GB 175 第 5.2.5 条的窑灰代替。掺矿渣时混合材料掺量不得与矿渣硅酸盐水泥重复。

由上表可知，硅酸盐水泥中熟料和石膏的总量在 95%以上，因此，硅酸盐水泥的物理化学及力学性能接近于熟料的性能。本节将以硅酸盐水泥为重点进行阐述。

2.5.1.1　硅酸盐水泥的生产

硅酸盐水泥的原料主要有石灰质原料和黏土质原料。石灰质原料主要提供 CaO，常用石灰石、白垩、石灰质凝灰岩等。黏土质原料主要提供 SiO_2、Al_2O_3 及少量的 Fe_2O_3，可以采用黏土、黄土、部分工业废渣等。如果所选用的石灰质原料和黏土质原料按一定比例配合不能满足化学组成要求时，则要掺加相应的校正原料，校正原料有铁质校正原料和硅质校正原料。铁质校正原料主要补充 Fe_2O_3，它可采用铁矿粉、黄铁矿渣、硫酸渣等；硅质校正原料主要补充 SiO_2，它可采用砂岩、粉砂岩等。此外，常常加入少量的矿化剂、晶种等，以改善生料的易烧性。

硅酸盐系水泥的生产过程是两磨一烧的过程，如图 2-2 所示，它的生产工艺流程为：

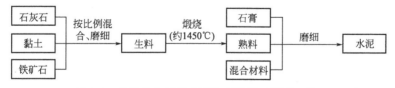

图 2-2　硅酸盐水泥的主要生产流程（两磨一烧）

生料在煅烧过程中发生了一系列物理化学变化。主要包括以下几个过程：生料的干燥与脱水、碳酸盐分解、固相反应、烧成阶段、熟料的冷却。这些过程的反应温度、速度及生成的产物不仅与生料的化学成分及熟料的矿物组成有关，也受到其他因素如生料细度、生料均匀性、传热方式等的影响。简述如下。

① 生料入窑后，在预热过程中，自由水逐渐蒸发而干燥，当温度升高到 500～800℃时，

黏土中的高岭石、伊利石等矿物脱水并分解成为无定形态的 SiO_2 和 Al_2O_3。当温度达到 $800 \sim$ 1000℃时，碳酸钙分解出 CaO 并与黏土等分解出的 SiO_2、Al_2O_3 及 Fe_2O_3 发生固相反应。

② 物料加热到最低共熔温度（物料在加热过程中，开始出现液相的温度称为最低共熔温度）时，物料中开始出现液相，液相主要由 C_3A 和 C_4AF 所组成，还有 MgO、Na_2O、K_2O 等其他组成，在液相的作用下进行熟料烧成。

③ 液相出现后，C_2S 和 CaO 都开始溶于其中，在液相中 C_2S 吸收游离氧化钙（CaO）形成 C_3S，其反应式如下：

$$C_2S(液) + CaO(液) \xrightarrow{1350 \sim 1450℃} C_3S(固) \tag{2-12}$$

④ 熟料的烧结包含三个过程：C_2S 和 CaO 逐步溶解于液相中并扩散；C_3S 晶核的形成；C_3S 晶核的发育和长大。即随着温度的升高和时间延长，液相量增加，液相黏度降低，CaO 和 C_2S 不断溶解、扩散，C_3S 晶核不断形成，并逐渐发育、长大，最终形成几十微米大小、发育良好的阿利特晶体。与此同时，晶体不断重排、收缩、密实化，物料逐渐由疏松状态转变为色泽灰黑、结构致密的熟料。这个过程称为熟料的烧结过程。大量 C_3S 的生成是在液相出现之后，普通硅酸盐水泥组成一般在 1300℃ 左右时就开始出现液相，而 C_3S 形成最快速度约在 1350℃，一般在 1450℃ 下 C_3S 绝大部分生成，所以熟料

图 2-3 熟料的亚微观结构
（200×，1%硝酸酒精浸蚀）

烧成温度可写成 1350 ～ 1450℃ 或 1450℃。图 2-3 为 1450℃ 下煅烧熟料的亚微观结构。

⑤ 熟料烧成后，由水泥熟料冷却机将回转窑卸出的高温熟料冷却到下游输送带、贮存库和水泥磨所能承受的温度，同时回收高温熟料的余热，提高系统的热效率和熟料质量。

2.5.1.2 硅酸盐水泥熟料的矿物组成

硅酸盐系列的水泥，其生料的化学成分 95% 以上是 CaO、SiO_2、Al_2O_3 及 Fe_2O_3 等四种氧化物，还含有部分 MgO、SO_2、TiO_2、P_2O_5、K_2O、Na_2O 等氧化物。如前所述，生料经高温煅烧生成熟料，其矿物成分主要是硅酸三钙、硅酸二钙、铝酸三钙和铁铝酸四钙等化合物。这四种矿物成分的含量及其特性见表 2-8。

表 2-8 硅酸盐水泥熟料的矿物组成及特性

矿物成分	缩写符号	含量/%	凝结硬化速度	强度大小及发展速度	水化热	抗腐蚀性	干缩
硅酸三钙	C_3S	50～70	快	早期强度高	大	中	中
硅酸二钙	C_2S	18～30	慢	高	最小	最大	小
铝酸三钙	C_3A	5～12	最快	低	最大	小	最大
铁铝酸四钙	C_4AF	10～18	中	中	中	大	小

改变熟料中矿物成分的比例，水泥的性质将会发生变化。如提高硅酸三钙和适量提高铝酸三钙的含量，可配制成快硬水泥；降低硅酸三钙和铝酸三钙的含量，提高硅酸二钙的含量，可配制成低水化热水泥。

2.5.1.3 硅酸盐水泥的水化及硬化

熟料经高温烧成后快速冷却，使其保留了介稳状态的高温型晶体结构，另外，微量元素的掺杂使晶格排列的规律性受到某种程度的影响，晶体结构发育不完善，含有大量的缺陷，

因此水泥熟料矿物具有水化活性。

硅酸盐水泥加水拌合后，最初是具有可塑性的浆体，然后逐渐变稠失去可塑性，这一过程称为凝结。失去可塑性后，强度逐渐增大，变成坚固的水泥石，这一过程称为硬化。此外，硬化后的水泥石，其表层水化形成的氢氧化钙与空气中的二氧化碳作用生成碳酸钙薄层，这一过程称为碳化。硅酸盐水泥的凝结硬化是一系列同时交错进行的、复杂的物理化学变化过程。

（1）熟料矿物的水化

熟料中四大矿物发生水化反应时，形成水化产物并放出大量的热，其反应式如下：

硅酸三钙

$$2(3CaO \cdot SiO_2)+6H_2O =\!=\!= 3CaO \cdot 2SiO_2 \cdot 3H_2O+3Ca(OH)_2 \tag{2-13}$$

硅酸二钙

$$2(2CaO \cdot SiO_2)+4H_2O =\!=\!= 3CaO \cdot 2SiO_2 \cdot 3H_2O+Ca(OH)_2 \tag{2-14}$$

铝酸三钙

$$3CaO \cdot Al_2O_3+6H_2O =\!=\!= 3CaO \cdot Al_2O_3 \cdot 6H_2O \tag{2-15}$$

铁铝酸四钙

$$4CaO \cdot Al_2O_3 \cdot Fe_2O_3+7H_2O =\!=\!= 3CaO \cdot Al_2O_3 \cdot 6H_2O+CaO \cdot Fe_2O_3 \cdot H_2O \tag{2-16}$$

水泥是多相、多矿物的集合体，且各矿物成分中均固溶一些氧化物杂质，各矿物成分的水化反应并非如反应方程式所示那样简单，而是一个复杂的过程，所生成的水化产物也并非单一组成的物质。例如硅酸钙的水化产物水化硅酸钙（$C_3S_2H_3$），并非完全是由相同的分子$3CaO \cdot 2SiO_2 \cdot 3H_2O$ 所组成，而是由一系列的 CaO/SiO_2（钙硅比）不同的 $xCaO \cdot ySiO_2 \cdot zH_2O$ 分子所组成的硅酸钙产物，总体上平均钙硅比值大致为 1.5，所以用平均分子式 $3CaO \cdot 2SiO_2 \cdot 3H_2O$ 来表示，称为水化硅酸钙凝胶，有时也用 C-S-H 凝胶来表示。

正常煅烧的硅酸盐水泥熟料经磨细后与水拌合时，由于铝酸三钙的剧烈水化，会使浆体迅速产生凝结，这在使用时便无法正常施工；因此，在水泥生产时必须加入适量的石膏缓凝剂，使水泥的凝结时间满足工程施工的要求。水泥中适量的石膏与水化铝酸三钙反应生成高硫型水化硫铝酸钙，又称钙矾石或 AFt，其反应式如下：

$$3(CaSO_4 \cdot 2H_2O)+3CaO \cdot Al_2O_3 \cdot 6H_2O+20H_2O \longrightarrow 3CaO \cdot Al_2O_3 \cdot 3CaSO_4 \cdot 32H_2O \tag{2-17}$$

石膏完全消耗后，一部分钙矾石将转变为低硫型水化硫酸铝钙晶体（即：单硫型水化硫铝酸钙，$3CaO \cdot Al_2O_3 \cdot CaSO_4 \cdot 12H_2O$，简式 AFm），水化硫铝酸钙是难溶于水的针状晶体，它沉淀在熟料颗粒的周围，阻碍了水分的进入，因此起到了延缓水泥凝结的作用。

图 2-4 为硅酸盐水泥在水化过程中的放热曲线，据此可将水泥的水化过程简单地划分为三个阶段。

① 钙矾石形成期。C_3A 率先水化，在石膏存在的条件下，迅速形成钙矾石，这是导致第一放热峰的主要因素。

② C_3S 水化期。C_3S 开始迅速水化，大量放热，形成第二个放热峰。有时会有第三放热峰或在第二放热峰上出现一个"峰肩"，一般认为是由于钙矾石转化成单硫型水化硫铝（铁）酸钙而引起的。当然，C_2S 和铁相亦以不同程度参与了这两个阶

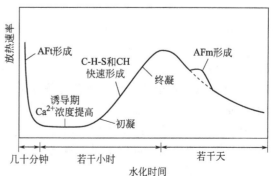

图 2-4　硅酸盐水泥的水化放热曲线

段的反应，生成相应的水化产物。

③ 结构形成和发展期。放热速率很低并趋于稳定，随着各种水化产物的增多，填入原先由水所占据的空间，再逐渐连接并相互交织，发展成硬化的浆体结构。

硅酸盐水泥与水反应后，生成的主要水化产物有：水化硅酸钙凝胶、水化铁酸钙凝胶、氢氧化钙晶体、水化铝酸钙晶体、水化硫铝酸钙晶体。在完全水化的水泥中，水化硅酸钙凝胶约占70%，氢氧化钙约占20%，钙矾石和单硫型水化硫铝酸钙约占7%。

图2-5 水化24h的水泥结构

随着水化产物的不断增加，水泥颗粒之间的毛细孔不断被填实，加之水化产物中的氢氧化钙晶体、水化铝酸钙晶体不断贯穿于水化硅酸钙等凝胶体之中，逐渐形成了具有一定强度的水泥石，从而进入了硬化阶段。水化产物的进一步增加，水分的不断丧失，使水泥石的强度不断发展。水泥熟料水化产物的微观结构见图2-5，结构中的空隙为不断长大的 C-S-H 相（长≤600nm）和钙矾石（长≤2.5μm）所填充。

随着水泥水化的不断进行，水泥浆结构内部孔隙不断被新生水化物填充和加固的过程，称为水泥的"凝结"。随后产生明显的强度并逐渐变成坚硬的人造石——水泥石，这一过程称为水泥的"硬化"。

实际上，水泥的水化过程很慢，较粗水泥颗粒的内部很难完全水化。因此，硬化后的水泥石是由晶体、胶体、未完全水化颗粒、游离水及气孔等组成的不均质体。

（2）影响水泥凝结硬化的主要因素

① 矿物组成。不同矿物成分和水起反应时所表现出来的特点是不同的，如 C_3A 水化速率最快，放热量最大而强度不高；C_2S 水化速率最慢，放热量最少，早期强度低，后期强度增长迅速等。因此，改变水泥的矿物组成，其凝结硬化情况将产生明显变化。水泥的矿物组成是影响水泥凝结硬化的最重要的因素。

② 水泥浆的水灰比。水灰比是指水泥浆中水与水泥的质量之比。当水泥浆中加水较多时，水灰比较大，此时水泥的初期水化反应得以充分进行；但是水泥颗粒间原来被水隔开的距离较远，颗粒间相互连接形成骨架结构所需的凝结时间长，所以水泥浆凝结较慢。水灰比较大时，多余的水分蒸发后形成的孔隙较多，造成水泥石的强度较低，因此水泥浆的水灰比过大时，会明显降低水泥石的强度。

③ 石膏掺量。石膏起缓凝作用的机理可解释为：水泥水化时，石膏能很快与铝酸三钙作用生成水化硫铝酸钙（钙矾石），钙矾石很难溶解于水，它沉淀在水泥颗粒表面上形成保护膜，从而阻碍了铝酸三钙的水化反应，控制了水泥的水化反应速度，延缓了凝结时间。

④ 水泥的细度。在矿物组成相同的条件下，水泥磨得愈细，水泥颗粒平均粒径小，比表面积大，水化时与水的接触面大，水化速度快，相应地水泥凝结硬化速度就快，早期强度就高。

⑤ 环境温度和湿度。在适当温度条件下，水泥的水化、凝结和硬化速度较快。反应产物增长较快，凝结硬化加速，水化热较多。相反，温度降低，则水化反应减慢，强度增长变缓。但高温养护往往导致水泥后期强度增长缓慢，甚至下降。当环境湿度十分干燥时，水泥中的水分将很快蒸发，以致水泥不能充分水化，硬化也将停止；反之，水泥的水化将得以充分进行，强度正常增长。

⑥ 龄期（时间）。水泥的凝结硬化是随时间延长而渐进的过程，只要温度、湿度适宜，

水泥强度的增长可持续若干年。

2.5.1.4　水泥的技术性质

国家标准《通用硅酸盐水泥》（GB 175—2007）对水泥的物理、化学性能指标做了明确规定。水泥的化学性能指标规定了不溶物、烧失量、三氧化硫、氧化镁和氯离子的最高限量。水泥的物理性能指标如下。

（1）细度（选择性指标）　细度是指水泥颗粒的粗细程度。颗粒越小，遇水后水泥与水的接触面积越大，因此水化速度快，凝结硬化快，早期强度高，会影响水泥的水化速度和早期强度发展。一般认为粒径小于 $40\mu m$ 的水泥颗粒才具有较高的活性。

硅酸盐水泥和普通硅酸盐水泥以比表面积表示，不小于 $300m^2/kg$；矿渣硅酸盐水泥、火山灰质硅酸盐水泥、粉煤灰硅酸盐水泥和复合硅酸盐水泥以筛余表示，$80\mu m$ 方孔筛筛余不大于 10% 或 $45\mu m$ 方孔筛筛余不大于 30%。

（2）凝结时间　为保证水泥浆在工程施工中有足够的时间处于塑性状态便于操作使用，国家标准规定了水泥的最短初凝时间；为使已形成工程结构形状的水泥浆尽早具备强度以便能够承受荷载，国家标准规定水泥的终凝时间不得迟于规定的时间。硅酸盐水泥初凝不小于 45min，终凝不大于 390min；普通硅酸盐水泥、矿渣硅酸盐水泥、火山灰质硅酸盐水泥、粉煤灰硅酸盐水泥和复合硅酸盐水泥初凝不小于 45min，终凝不大于 600min。

（3）安定性　水泥的体积安定性是表征水泥硬化过程中体积变化均匀性的物理性能。水泥在凝结硬化过程中，一般都会发生体积变化，如果这种体积变化是均匀的，一般不会对工程结构造成危害；当水泥中含有游离 CaO、MgO 及过量的三氧化硫时，这些物质会在水泥硬化一段时间后，开始发生体积膨胀性反应，产生不均匀的局部体积膨胀，造成内部破坏应力，导致工程结构的强度降低和开裂，甚至局部崩溃。国家标准要求沸煮法（检验游离 CuO 含量）合格。沸煮可加速氧化钙的熟化，故用沸煮法检验水泥的体积安定性。测试方法有试饼法和雷氏法，本书试验部分介绍了这两种方法，有争议时以雷氏法为准。

（4）标准稠度用水量　标准稠度用水量指水泥浆体达到规定的标准稠度时的用水量占水泥质量的百分比。水泥浆的标准稠度采用维卡仪通过试验测定。

测定水泥的凝结时间和安定性等性质时需要拌制标准稠度的水泥浆。一般硅酸盐水泥的标准稠度用水量为 $26\%\sim30\%$。

（5）强度及强度等级　水泥的强度是评价水泥质量的重要指标，是划分水泥强度等级的依据。水泥强度测定使用的细集料采用统一监制的标准砂。按照水泥：水：标准砂＝1：0.5：3（质量比）的比例制成胶砂并制作试件，试件尺寸为 40mm×40mm×160mm，以 28d 龄期的抗折、抗压强度作为确定水泥强度等级的主要依据。

不同品种不同强度等级的通用硅酸盐水泥，在不同龄期的强度应符合表 2-9 的规定。

2.5.1.5　水泥石的腐蚀及防止

硅酸盐水泥硬化后，在通常的使用条件下，一般有较好的耐久性。但是，在环境介质的作用下，会产生很多化学、物理和物理化学变化而被逐渐侵蚀，侵蚀严重时会降低水泥石的强度，甚至会崩溃破坏。

对于水泥耐久性有害的环境介质主要为：淡水、酸和酸性水、硫酸盐溶液和碱溶液等。影响侵蚀过程的因素很多，除了水泥品种和熟料矿物组成以外，还与硬化浆体或混凝土的密实度、抗渗性以及侵蚀介质的压力、流速、温度的变化等多种因素有关，而且又往往有数种侵蚀作用同时并存，互相影响。因此，必须针对侵蚀的具体情况加以综合分析，才能制订出切合实际的防护措施。

表 2-9 通用水泥各龄期的强度要求 (GB 175—2007)

品 种	强度等级	抗压强度/MPa		抗折强度/MPa	
		3d	28d	3d	28d
硅酸盐水泥	42.5	≥17.0	≥42.5	≥3.5	≥6.5
	42.5R	≥22.0		≥4.0	
	52.5	≥23.0	≥52.5	≥4.0	≥7.0
	52.5R	≥27.0		≥5.0	
	62.5	≥28.0	≥62.5	≥5.0	≥8.0
	62.5R	≥32.0		≥5.5	
普通硅酸盐水泥	42.5	≥17.0	≥42.5	≥3.5	≥6.5
	42.5R	≥22.0		≥4.0	
	52.5	≥23.0	≥52.5	≥4.0	≥7.0
	52.5R	≥27.0		≥5.0	
矿渣硅酸盐水泥 火山灰硅酸盐水泥 粉煤灰硅酸盐水泥 复合硅酸盐水泥	32.5	≥10.0	≥32.5	≥2.5	≥5.5
	32.5R	≥15.0		≥3.5	
	42.5	≥15.0	≥42.5	≥3.5	≥6.5
	42.5R	≥19.0		≥4.0	
	52.5	≥21.0	≥52.5	≥4.0	≥7.0
	52.5R	≥23.0		≥4.5	

引起水泥石腐蚀的原因很多，作用机理也很复杂，但主要是下面几种典型的腐蚀。

(1) 软水侵蚀　水泥石长期接触软水时，会使水泥石中的氢氧化钙不断溶出，当水泥石中游离的氢氧化钙减少到一定程度时，水泥石中的其他含钙矿物也可能分解和溶出，从而导致水泥石结构的强度降低，甚至破坏。当水泥石处于软水环境时，特别是处于流动的软水环境中时，水泥被软水侵蚀的速度更快。

(2) 硫酸盐的腐蚀　含硫酸盐的海水、湖水、地下水及某些工业污水长期与水泥石接触时，其中的硫酸盐会与水泥石中的氢氧化钙反应生成石膏，石膏再与水泥石中的水化铝酸钙反应生成钙矾石，产生 1.5 倍的体积膨胀，这种膨胀必然导致脆性水泥石结构的开裂，甚至崩溃。由于钙矾石为微观针状晶体，人们常称其为水泥杆菌。

$$Ca(OH)_2 + SO_4^{2-} \longrightarrow CaSO_4 \cdot 2H_2O \tag{2-18}$$

$$3(CaSO_4 \cdot 2H_2O) + 3CaO \cdot Al_2O_3 \cdot 6H_2O + 19H_2O = 3CaO \cdot Al_2O_3 \cdot 3CaSO_4 \cdot 31H_2O \tag{2-19}$$

当水中硫酸盐浓度较高时，硫酸盐和硫酸钙还会在孔隙中直接结成晶体，体积膨胀，引起盐结晶膨胀应力，导致水泥石破坏。

(3) 镁盐的腐蚀　在海水及地下水中，常含有大量的镁盐，主要是硫酸镁和氯化镁。它们与水泥中的氢氧化钙发生反应：

$$MgSO_4 + Ca(OH)_2 + 2H_2O \longrightarrow CaSO_4 \cdot 2H_2O + Mg(OH)_2 \tag{2-20}$$

所生成的氢氧化镁松软而无胶凝能力，二水石膏则引起硫酸盐腐蚀作用。因此，硫酸镁对水泥石起镁盐和硫酸盐的双重腐蚀作用。

(4) 一般酸的腐蚀　工程结构处于酸性介质中时，酸性介质易与水泥石中的氢氧化钙反应，其反应产物能溶于水中而流失或发生体积膨胀造成结构物的局部被胀裂，破坏了水泥石的结构，其基本化学反应式为：

$$Ca(OH)_2 + 2H^+ \longrightarrow Ca^{2+} + 2H_2O \qquad (2-21)$$

（5）碳酸的腐蚀　雨水及地下水中常溶有较多的二氧化碳，形成碳酸。碳酸水先与水泥石中的氢氧化钙反应，中和后使水泥石碳化，形成碳酸钙，碳酸钙再与碳酸反应生成可溶性的碳酸氢钙，并随水流失，从而破坏了水泥石的结构。其腐蚀反应过程为：

$$Ca(OH)_2 + CO_2 + H_2O \Longrightarrow CaCO_3 + 2H_2O \qquad (2-22)$$

$$CO_2 + H_2O + CaCO_3 \Longrightarrow Ca(HCO_3)_2 \qquad (2-23)$$

此外，有些其他物质也能腐蚀水泥石，如强碱、糖类、脂肪等。

从上述分析可知，引起水泥腐蚀的基本原因是，水泥石中存在有引起腐蚀的组成成分氢氧化钙和水化铝酸钙以及水泥石周围存在着能使其发生腐蚀作用的介质。同时，水泥石本身不密实，有很多毛细孔通道，侵蚀性介质也容易进入其内部，加剧腐蚀作用。总之，水泥的腐蚀是一个极为复杂的物理化学作用过程。所以，它受腐蚀时，往往是几种因素同时存在，彼此相互影响。

（6）水泥石腐蚀的预防　根据水泥石腐蚀的原因，可以从以下几方面防止水泥石发生腐蚀。

① 根据工程的环境特点，合理选择水泥品种。如处于软水环境的工程，常选用掺混合材料的矿渣水泥、火山灰水泥或粉煤灰水泥，因为这些水泥的水泥石中氢氧化钙含量低，对软水侵蚀的抵抗能力强。

② 提高混凝土的密实度。采取措施减少水泥石结构的孔隙率，特别是提高表面的密实度，阻塞腐蚀介质渗入水泥石的通道。

③ 在水泥石结构的表面设置保护层，隔绝腐蚀介质与水泥石的联系。如采用涂料、贴面等致密的耐腐蚀层覆盖水泥石，能够有效地保护水泥石不被腐蚀。

2.5.1.6　硅酸盐水泥的特性和应用

（1）水化凝结硬化快，强度高，尤其早期强度高　适合用于预制混凝土工程、现浇混凝土工程、冬季施工的混凝土工程及其他早期强度要求高的混凝土工程中。

（2）水化热大　水泥水化过程中放出的热量称为水化热。水泥的水化热，大部分在水化初期（7d）内放出，以后逐渐减少。水泥的水化热对于大体积混凝土工程不利，因为水化热积聚在内部不易发散，致使内外产生很大的温度差，引起内应力，使混凝土产生裂缝。因此，对于大体积混凝土工程，应采用低热水泥，若是用水化热较高的水泥施工时，应采取必要的降温措施。

（3）耐腐蚀性差　因水化后氢氧化钙和水化铝酸钙的含量较多。

（4）抗冻性好，干缩小　硅酸盐水泥不含或少含混合材料，同样强度所需水灰比较小，因此可获得较高的密实度，抗冻性好，干缩小。适用于严寒地区遭受反复冻融的混凝土工程及其他抗冻性要求高的工程中。

（5）耐热性差　水泥石中的水化产物在高温下会产生脱水和分解，其结构会发生破坏。其中的氢氧化钙在高温下分解成氧化钙，若再吸湿或长期放置时氧化钙又会重新熟化，体积膨胀，使水泥石破坏。因此，硅酸盐水泥不耐热，不得用于耐热混凝土工程。

2.5.2　掺混合材料的水泥

掺混合材料的水泥以硅酸盐水泥熟料和适量的石膏及规定的混合材料制成的水硬性胶凝材料。

混合材料是在磨制水泥时，为改善水泥性能、调节水泥标号、增加水泥产量、降低能耗而掺入水泥中的人造或天然矿物材料。这些矿物材料也可以根据要求在配制混凝土时加入，用在混凝土中时，常称为"掺合料"。目前所用的混合材料中，大部分是工业废渣，因此，水泥中掺加混合材料又是废渣综合利用的重要途径，有利于环境保护。我国目前所生产的水泥中，大多数为掺混合材料的水泥，所用混合材料的数量约占水泥产量的 1/3～1/4。

2.5.2.1 混合材料的分类

水泥工业所使用的混合材料品种很多，通常按照它的性质分为活性和非活性两大类。凡是天然的或人工的矿物质材料经磨成细粉，加水后本身不硬化（或有潜在水硬活性），但与激发剂混合并加水拌合后，既能在空气中硬化又能在水中硬化者，称为活性混合材料。不具备这些性质的物料为非活性混合材料。

按照成分和特性的不同，活性混合材料可分为各种工业炉渣（粒化高炉矿渣、钢渣、化铁炉渣、磷渣等）、火山灰质混合材料和粉煤灰三大类，它们的活性指标均应符合有关的国家标准或专业标准。常用的激发剂有两类，碱性激发剂（硅酸盐水泥熟料和石灰）；硫酸盐激发剂（各类天然石膏或以 $CaSO_4$ 为主要成分的化工副产品，如氟石膏、磷石膏等）。

非活性混合材料是指活性指标达不到活性混合材料要求的矿渣、火山灰材料、粉煤灰以及石灰石、砂岩、生页岩等材料。一般对非活性混合材的要求是对水泥性能无害。非活性混合材仅起填充作用，可以调节水泥标号、增加水泥产量、降低水化热。

（1）粒化高炉矿渣　高炉矿渣是冶炼生铁的废渣。高炉炼铁时，除了铁矿石和燃料（焦炭）之外，为了降低冶炼温度，还要加入相当数量的石灰石和白云石作为熔剂。它们在高炉内分解所得的氧化钙、氧化镁和铁矿石中的废石及焦炭中的灰分相熔化，从排渣口排出后，经急冷水淬处理便成粒状颗粒，即得到粒化高炉矿渣。

矿渣含有 SiO_2、Al_2O_3、CaO、MgO 等氧化物，其中前三者占 90％以上。由于是在短时间内温度急剧下降，粒化高炉矿渣的内部玻璃体含量在 80％以上，具有大量的化学潜能。

一般说来，矿渣熔融温度越高，冷却速度越快，则矿渣玻璃体含量越高，活性就越好，质量越高。因此，为获得活性高的矿渣，就必须把熔渣温度迅速急冷到 800℃ 以下，我国多用水淬法。在烘干矿渣时，必须避免温度过高，以防止粒化矿渣产生"反玻璃化现象"（900℃ 左右玻璃体转变的晶体称为反玻璃化）而结晶，失去它的活性。

（2）火山灰质混合材　凡以 SiO_2、Al_2O_3 为主要成分的矿物质原料，磨成细粉拌水后本身并不硬化，但与石灰混合，加水拌和成胶泥状后，既能在空气中硬化又能在水中硬化者，称为火山质混合材。火山灰质混合材按其成因可分为天然的和人工的两大类。

天然的火山灰质混合材有：火山灰、凝灰岩、浮石、沸石岩、硅藻土和硅藻石。人工的主要是工业副产品或废渣，如烧页岩、烧煤矸石、烧黏土、煤渣、硅质渣。火山灰质混合材的化学成分以 SiO_2、Al_2O_3 为主，其含量占 70％，而 CaO 较低，多在 5％以下。其矿物组成随其成因变化较大，天然火山灰的玻璃体含量一般在 40％～50％，比表面积大，表面能大，参加化学反应的作用面积也大。但同时也易吸附水，在拌制水泥混凝土时需水量大，需水量大会造成混凝土干缩性大的缺点。

（3）粉煤灰　粉煤灰是火力发电厂煤粉锅炉收尘器所捕集的烟气中的微细粉尘，又称为飞灰。它的粒径一般为 0.001～0.05mm。粉煤灰是有一定活性的火山灰质混合材。粉煤灰的活性来源，从物理相结构上看，主要来自低铁玻璃体，含量越高，活性也越高，其玻璃体含量为 50％～70％。粉煤灰的化学成分是 SiO_2、Al_2O_3、CaO、Fe_2O_3 和未燃的炭。粉煤灰中 SiO_2、Al_2O_3 的总量一般在 70％以上，含量越高，活性也越高。粉煤灰所含颗粒多为实心或空心球体，表面比较致密，球形玻璃体含量越高，在浆体拌合时可以有效减少内摩擦力，标准稠度需水量低，活性也高。

由于粉煤灰经高温熔融，结构非常致密，因此水化速度比较慢。粉煤灰颗粒经过一年时间大约只有 1/3 已水化，而矿渣颗粒水化 1/3 只需 90d。在 28d 以前，粉煤灰活性发挥稍低于沸石、页岩渣等火山灰材料，但三个月以后的长龄期，与一般火山灰材料相当。

2.5.2.2　掺混合材的硅酸盐水泥的水化硬化

掺混合材的硅酸盐水泥的水化硬化过程较硅酸盐水泥复杂，这些水泥的水化硬化过程也不完全相同。一般认为，硅酸盐熟料首先与水作用，生成水化硅酸钙、水化铝酸钙、水化铁酸钙和氢氧化钙等。然后，生成的氢氧化钙再与活性混合材（火山灰）中的活性组分 SiO_2、Al_2O_3 反应或作为碱性激发剂，解离玻璃体结构，使玻璃体中 Ca^{2+}、AlO_4^{5-}、Al^{3+}、SiO_4^{4+} 离子进入溶液，生成低碱度的水化硅酸钙、水化铝酸钙。反应式如下：

$$xCa(OH)_2 + SiO_2 + mH_2O \longrightarrow xCa(OH)_2 \cdot SiO_2 \cdot nH_2O \qquad (2-24)$$

$$yCa(OH)_2 + Al_2O_3 + mH_2O \longrightarrow xCa(OH)_2 \cdot Al_2O_3 \cdot nH_2O \qquad (2-25)$$

在有石膏存在时，还生成水化硫铝（铁）酸钙。由于这些水泥中熟料含量相对减少，又有相当多的混合材与氢氧化钙作用，故与硅酸盐水泥相比，水化产物的碱度即钙硅比等一般要低些，其凝胶主要为 C-S-H(I)。另外，氢氧化钙含量也相对减少。当混合材掺量较多时，水化后期可能不存在氢氧化钙。

火山灰质硅酸盐水泥最终水化产物是 C-S-H (Ⅱ) 为主的水化硅酸钙凝胶，其次是水化铝酸钙与水化铁酸钙形成的固溶体，以及水化硫铝酸钙。粉煤灰水泥的水化硬化过程与火山灰水泥相似。只不过粉煤灰的球形玻璃体比较稳定，表面又相当致密，水化速度慢。水泥水化 7d 后的粉煤灰颗粒表

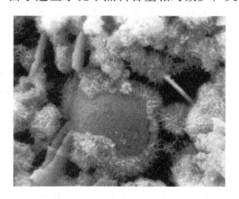

图 2-6　粉煤灰水泥水化 28d

面几乎没有变化，直至 28d 才能见到表面开始初步水化，略有凝胶状水化物出现（微观结构见图 2-6），水化 90d 后，粉煤灰颗粒表面才开始生长大量水化硅酸钙凝胶。

2.5.2.3　掺混合材硅酸盐水泥的性能和用途

Ⅰ型硅酸盐水泥不掺混合材料，Ⅱ型硅酸盐水泥仅掺小于 5％ 的混合材料，故其水化硬化为硅酸盐水泥熟料并加少量石膏与水发生的水化反应。普通硅酸盐水泥的混合材料掺量相对较少，影响不大，故总体性能与硅酸盐水泥相近。

矿渣硅酸盐水泥、火山灰质硅酸盐水泥、粉煤灰硅酸盐水泥，由于掺混合材料均较多，具有以下共同特点。

（1）凝结硬化慢，早期强度低，后期强度高　由各种混合材的活性以及相应的掺混合材的硅酸盐水泥的水化硬化过程可知，此类水泥中熟料含量较少，故其早期（3d、7d）强度偏低，特别是粉煤灰硅酸盐水泥。由于矿渣中大量活性物质的存在，后期强度发展速率较快，28d 后的强度与硅酸盐水泥和普通硅酸盐水泥基本相同，也可能高于硅酸盐水泥，如图2-7 所示。

（2）水化热低　在掺加混合材的水泥中，由于熟料用量减少，使水化时发热量高的 C_3S 和 C_3A 含量相对减少，故其水化热较低，宜用于大体积混凝土工程中。

（3）硬化时对湿热敏感性强　这三种水泥在常温下水化缓慢，且二次反应对环境的温湿

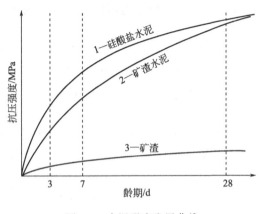

图 2-7　水泥强度发展曲线

度条件较敏感，故为保证其强度的稳步增长，所需的养护时间应较长。宜采用蒸汽养护或压蒸养护等措施，显著加快硬化速度，且不影响其后期强度的增长。

（4）抗腐蚀性强　由于这三种水泥水化时析出的氢氧化钙较少，而且在二次反应过程中又消耗掉大量的氢氧化钙，水泥石中剩余的氢氧化钙就更少了，所以矿渣水泥抵抗软水、海水和硫酸盐腐蚀的能力较强。因此，适宜用于水工和海港工程。

（5）抗碳化能力较差　由于水泥石中的氢氧化钙碱度较低，表层的碳化作用进行得较快。这对钢筋混凝土极为不利，会导致钢筋的锈蚀。

（6）抗冻性差　由于这三种水泥的混合材含量较高，水泥的需水量增加，水分蒸发后会造成毛细孔通道粗大和增多，对抗冻不利，不宜用于严寒地区水位经常变动的部位。

掺混合材硅酸盐水泥又因混合材的种类不同，具有各自的特性。

矿渣水泥耐热性较强。由于矿渣本身耐热，以及矿渣水泥的水化产物中 $Ca(OH)_2$ 含量少，所以耐热性能较强，故较其他品种水泥更适用于轧钢、锻造、热处理、铸造等高温车间以及高炉基础及温度达 300～400℃ 的热气体通道等耐热工程。矿渣水泥的泌水性大。

火山灰水泥具有较高的抗渗性和耐水性。火山灰比表面积大，因此，标准稠度用水量大。此外，由于火山灰质混合材料在石灰溶液中会产生膨胀现象，使硬化结构较为密实，故抗渗性较高，耐水性好。它在硬化过程中的干缩现象较矿渣水泥还要显著，因此使用时须特别注意加强养护。对于处在干热环境中施工的工程，不宜使用火山灰水泥。

粉煤灰水泥主要特点是干缩性比较小，甚至比硅酸盐水泥及普通硅酸盐水泥还小，因而抗裂性较好。同时，配制的混凝土和易性较好。

复合硅酸盐水泥中含有两种或两种以上的混合材料，其特性主要取决于混合材的种类、掺量及相对比例。根据当地混合材料的资源和水泥性能的要求掺入两种或更多种混合材料，可克服掺单一种类混合材料时水泥性能在某一方面的不足之处。例如，矿渣水泥保水性明显较差，泌水量大，与粉煤灰混合掺入可弥补这方面的不足，获得性能更理想的水泥。

通用硅酸盐水泥是土建工程中用量最大的水泥品种，不同品种的通用硅酸盐水泥的适用条件和选用原则可参见表 2-10。

表 2-10　通用硅酸盐水泥的选用原则

混凝土工程特点或所处的环境条件		优先选用	可以使用	不宜使用
普通混凝土	1. 在普通气候环境中的混凝土	普通水泥	矿渣水泥、火山灰水泥 粉煤灰水泥、复合水泥	
	2. 在干燥环境中的混凝土	普通水泥	矿渣水泥 复合水泥	粉煤灰水泥 火山灰水泥
	3. 在高湿环境中或永远处在水下的混凝土	矿渣水泥	普通水泥、火山灰水泥 粉煤灰水泥、复合水泥	
	4. 厚大体积的混凝土	矿渣水泥、火山灰水泥 粉煤灰水泥、复合水泥	普通水泥	硅酸盐水泥 快硬硅酸盐水泥

续表

混凝土工程特点或所处的环境条件		优先选用	可以使用	不宜使用
有特殊要求的混凝土	1. 要求快硬的混凝土	快硬硅酸盐水泥硅酸盐水泥	普通水泥	矿渣水泥、火山灰水泥粉煤灰水泥、复合水泥
	2. 高强的混凝土	硅酸盐水泥	普通水泥矿渣水泥	火山灰水泥粉煤灰水泥
	3. 严寒地区的露天混凝土和处在水位升降范围内的混凝土	普通水泥	矿渣水泥复合水泥	火山灰水泥粉煤灰水泥
	4. 严寒地区处在水位升降范围内的混凝土	普通水泥		火山灰水泥矿渣水泥粉煤灰水泥
	5. 有抗渗要求的混凝土	普通水泥火山灰水泥		矿渣水泥
	6. 有耐磨性要求的混凝土	硅酸盐水泥普通水泥	矿渣水泥	火山灰水泥粉煤灰水泥

需要说明的是，其使用范围并非是绝对的。如在混凝土中掺入一定量的矿物掺合料，硅酸盐水泥同样可应用于大体积混凝土结构。

2.5.3 其他品种水泥

除通用硅酸盐水泥外，工程上还有以下几种水泥。

2.5.3.1 铝酸盐水泥

铝酸盐水泥又称矾土水泥，是以铝矾土和石灰石为原料，经高温煅烧得到以铝酸钙为主要成分的熟料，经磨细制成的水硬性胶凝材料，代号为 CA。它是一种快硬、高强、耐腐蚀、耐热的水泥。

（1）矿物组成 高铝水泥的主要矿物成分是铝酸一钙（$CaO \cdot Al_2O_3$，简式为 CA）、二铝酸一钙（$CaO \cdot 2Al_2O_3$，简式为 CA_2）以及少量的硅酸二钙和其他铝酸盐。

铝酸一钙具有很高的水硬活性，是高铝水泥强度的主要来源。其特点是凝结慢，而硬化迅速，但其含量过多时，水泥强度的发展主要集中在早期，后期强度增长不显著。

二铝酸一钙在氧化钙含量低的高铝水泥中含量较多，其水化硬化较慢，所以其早期强度较低，但后期强度较高。因此，当其含量过多时，将影响高铝水泥的快硬性能。

（2）铝酸盐水泥的水化和硬化 铝酸一钙是高铝水泥的主要矿物。高铝水泥的水化和硬化，主要指的就是铝酸一钙的水化及其水化物的结晶情况。由于 CA 结构中 Ca、Al 的配位极不规则，水化极快。一般认为其水化产物与温度关系极大。

当温度为 15～20℃时：

$$CA + 10H \longrightarrow CAH_{10} \tag{2-26}$$

当温度为 20～30℃时：

$$(2m+n)CA + (10n+11m)H \longrightarrow nCAH_{10} + mC_2AH_8 + mAH_3 \tag{2-27}$$

m 与 n 之比随温度提高而增加。

当温度 >30℃时：

$$3CA + 12H \longrightarrow C_3AH_6 + 2AH_3 \tag{2-28}$$

CA_2 的水化与 CA 基本相似，但水化速率极慢。铝酸盐水泥的水化产物主要是 CAH_{10}、C_2AH_8 和铝胶（AH_3）。

高铝水泥的硬化过程，与硅酸盐水泥基本相同。CAH_{10}、C_2AH_8 都属于六方晶系，所形成的片状与针状晶体相互交叉搭接，形成坚固的骨架结构，氢氧化铝凝胶填充期间，结合水量大，因此空隙率低，结构致密，使水泥获得较高的机械强度。CAH_{10}、C_2AH_8 是亚稳态的，当温度高于30℃时，会逐渐转化为 C_3AH_6。转化过程随温度升高而加速，转化结果使水泥石内析出大量的游离水，增大了孔隙的体积，导致强度下降。

（3）铝酸盐的技术要求　按照国家标准《铝酸盐水泥》（GB 201—2000），铝酸盐水泥按 Al_2O_3 的含量分为四类：CA-50，CA-60，CA-70，CA-80，具体化学成分要求见表 2-11。

表 2-11　铝酸盐水泥的化学成分

类型	Al_2O_3	SiO_2	Fe_2O_3	$R_2O(Na_2O+0.658K_2O)$	S(全硫)	Cl
CA-50	≥50，<60	≤8.0	≤2.5			
CA-60	≥60，<68	≤5.0	≤2.0	≤0.4	≤0.1	≤0.1
CA-70	≥68，<77	≤1.0	≤0.7			
CA-80	≥77	≤0.5	≤0.5			

对铝酸盐水泥的技术要求，标准规定如下。

① 细度。在 0.08mm 的方孔筛的筛余量不得超过 10%。

② 凝结时间。CA-50、CA-70、CA-80 初凝不得早于 30min，终凝不得迟于 6h；而对于 CA-60，标准要求初凝不得早于 60min，终凝不得迟于 18h。

③ 强度。各类型铝酸盐水泥不同龄期强度不得低于表 2-12 所列数值。

表 2-12　铝酸盐水泥的强度要求

类型	抗压强度/MPa				抗折强度/MPa			
	6h	2d	3d	28d	6h	2d	3d	28d
CA-50	20	40	50	—	3.0	5.5	6.5	—
CA-60	—	20	45	85	—	2.5	5.0	10.0
CA-70	—	30	40			5.0	6.0	
CA-80	—	25	30			4.0	5.0	

（4）铝酸盐水泥的性质及应用　铝酸盐水泥主要特性如下。

① 快凝早强，1d 强度可达最高强度的 80% 以上，后期强度增长不显著。

② 水化热大，且放热集中，1d 内即可放出水化热总量的 70%～80%。

③ 抗硫酸盐性能很强，但抗碱性很差。

④ 耐热性好：高铝水泥混凝土在 1300℃ 还能保持约 53% 的强度。

⑤ 长期强度略有降低的趋势。

铝酸盐水泥在工程中的主要用途如下。

① 配制耐热混凝土或不定形耐火材料，如高温窑炉炉衬工程。

② 配制膨胀水泥、自应力水泥、化学建材的添加料等。

③ 用于抢建、抢修和冬季施工的工程，例如军事筑路、桥梁、隧道的抢修堵洞等。

④ 用于硫酸盐侵蚀的部位，如用于工业烟囱的内衬。

在施工过程中，不经过实验，高铝水泥不得与硅酸盐水泥或石灰相混，以免引起闪凝和强度下降。

2.5.3.2 快硬型水泥

现代建筑工程技术的日益发展，在很多情况下都要求水泥的硬化速度快，早期强度高，最好凝结时间还能任意调节。例如紧急抢修工程和快速施工，常要求 1d 强度达到同标号普通水泥混凝土 28d 强度的 60%～70%，3d 强度要达到 100%，有时要求特快硬、超早强，在几小时内就能达到较高强度。按照我国的水泥命名原则，快硬水泥的标号以 3d 强度计，而特快硬水泥的标号则以小时（不超过 24h）强度计，按其主要矿物组成则可分为硅酸盐型、铝酸盐型、硫铝酸盐型和氟铝酸盐型等。

（1）快硬硅酸盐水泥　凡以硅酸盐水泥熟料和适量石膏磨细制成的，以 3d 抗压强度表示标号的水硬性胶凝材料，称为快硬硅酸盐水泥（简称快硬水泥）。

快硬水泥生产方法与硅酸盐水泥基本相同，只是 C_3S 和 C_3A 含量较高，也可只提高 C_3S 含量而不提高 C_3A 含量。C_3S 含量在 50%～60%，C_3A 含量在 8%～14%。

强度等级以 3d 抗压强度表示。分为三个等级，要求各龄期的强度不得低于表 2-13 所示。

表 2-13　快硬水泥强度指标

强度等级	抗压强度/MPa			抗折强度/MPa		
	1d	3d	28d	1d	3d	28d
32.5	15.0	32.5	52.5	3.5	5.0	7.2
37.5	17.0	37.5	57.5	4.0	6.0	7.6
42.5	19.0	42.5	62.5	4.5	6.4	8.0

供需双方参考指标除强度外，快硬水泥的品质指标与硅酸盐水泥略有区别，如 SO_3 最大含量为 4.0%；细度为 0.08mm，方孔筛筛余不得超过 10%；凝结时间规定初凝不得早于 45min，终凝不得迟于 10h。为保证熟料煅烧良好，生料要求均匀、比表面积大。

快硬水泥水化放热速率快，水化热较高，早期强度高，但早期干缩率较大。水泥石较致密，不透水性和抗冻性均优于普通水泥。主要用于抢修工程、军事工程、预应力钢筋混凝土构件，适用于配制干硬混凝土，水灰比可控制在 0.40 以下。

（2）快硬硫铝酸盐水泥　以铝质原料（如矾土）、石灰质原料（如石灰石）和石膏，经适当配合后，在 1250～1350℃ 下温度煅烧成含有适量无水硫铝酸钙的熟料，再掺适量石膏共同磨细所得的水硬性胶凝材料，就是快硬硫铝酸盐水泥。

快硬硫铝酸盐水泥的主要矿物为无水硫铝酸钙（含量 55%～75%）和硅酸二钙（含量为 15%～30%）和铁铝酸四钙（含量 3%～6%）。

快硬硫铝酸盐水泥水化过程主要是无水硫铝酸钙和石膏形成钙矾石和 $Al(OH)_3$ 凝胶，钙矾石在较短的时间内形成骨架，而铝胶不断填补空隙，使水泥石很快结构致密。另外，较低温度烧成的 C_2S 水化较快，生成 C-S-H 凝胶填充在水化硫铝酸钙之间，使水泥后期强度增大。改变水泥中石膏掺入量，可制得快硬不收缩、微膨胀、膨胀和自应力水泥，快硬硫铝酸盐水泥凝结较快，初凝与终凝时间间隔较短，初凝一般在 8～60min，终凝在 10～90min。加入柠檬酸、糖蜜、亚甲基二萘二磺酸钠等可减缓水泥凝结速度。

快硬硫铝酸盐水泥早期度高，长期强度稳定，低温硬化性能好，在 5℃ 仍能正常硬化。水泥石致密、抗硫酸盐性能良好，抗冻性和抗渗性好，可用于抢修工程、冬季施工工程、地下工程，以及配制膨胀水泥和自应力水泥。

2.5.3.3 膨胀水泥和自应力水泥

通常硅酸盐水泥在空气中硬化时会产生不同程度的收缩，其收缩率约为 0.20%～

0.35％，从而导致水泥混凝土构件内部产生裂缝，有损混凝土的整体性，其强度、抗渗性和抗冻性均下降，还会引起钢筋锈蚀，耐久性下降。然而，膨胀水泥在硬化过程中不仅不收缩反而有一定数量的膨胀，可以克服或改善普通混凝土的上述缺点。

在浇筑装配式构件接头或建筑物之间的连接处以及堵塞孔洞、修补缝隙时，由于水泥的收缩，也达不到预期的效果，而用膨胀水泥可克服这些缺点。膨胀水泥是在硬化初期体积均匀膨胀的水泥。当用膨胀水泥制造混凝土时，由于水泥石膨胀，使与之黏结的钢筋一起膨胀，钢筋受拉而伸长，混凝土则因钢筋的限制而受到相应的压应力。之后混凝土收缩时，不能使膨胀抵消，因而还有一定剩余膨胀，不但能减轻开裂，还能抵消外界施加的拉应力。这种水泥水化本身预先产生的压应力，称为"自应力"，并以"自应力值"（MPa）表示混凝土所产生的压力大小。根据膨胀值的大小和用途不同，膨胀水泥可分为补偿收缩作用的膨胀水泥和自应力水泥。自应力值小于 2.0MPa 时（通常约为 0.5MPa），为膨胀水泥；自应力值大于或等于 2.0MPa 时，称为自应力水泥。前者所产生的压应力大致抵消干缩所引起的拉压力，膨胀值不是很大；后者膨胀值大，抵消干缩后仍能使混凝土具有较大的自应力值。

使水泥产生膨胀的反应主要有三种：CaO 水化生成 $Ca(OH)_2$，MgO 水化生成 $Mg(OH)_2$ 以及形成钙矾石，因为前两种反应产生的膨胀不易控制，目前广泛使用的是以钙矾石为膨胀组分的各种膨胀水泥。根据膨胀水泥的基本组成，可分为以下四个品种。

① 硅酸盐膨胀水泥：以硅酸盐水泥为主，外加高铝水泥和石膏配制而成。

② 铝酸盐膨胀水泥：以高铝水泥为主，外加石膏配制而成。

③ 硫铝酸盐膨胀水泥：以无水硫铝酸钙和硅酸二钙为主要成分，外加石膏配制而成。

④ 铁铝酸钙膨胀水泥：以铁相、无水硫铝酸钙和硅酸二钙为主要成分，外加石膏配制而成。

以上四种水泥的膨胀都源于水泥石中的钙矾石的膨胀。通过调整各种组成的配合比例，就可得到不同膨胀值的膨胀水泥。

膨胀水泥适用于配制收缩补偿混凝土，构件的接缝和管道接头，混凝土结构的加固和修补，防渗堵漏工程，机器底座及地脚螺栓的固定等。

2.5.3.4 道路硅酸盐水泥

混凝土路面经受高速车辆的摩擦、载重车辆的冲击、起卸货物的骤然负荷，路面与路基的温度差和湿度差所产生的膨胀应力，还有冬季结冰的冻融、夏季的雨淋日晒等恶劣的自然环境，因此对水泥混凝土路面要求耐磨性好、收缩小、抗冻性好、抗冲击性好，有高的抗折强度，还要求有良好的耐久性。

据此，道路水泥主要是依靠改变矿物组成、粉磨细度、石膏掺入量和掺外加剂来获得上述特性。对道路水泥熟料的矿物要求是：①抗折强度高，要求熟料中的 C_3S 含量高；②耐磨性好，C_4AF 的耐磨性最好，抗裂性好，因此要求 C_4AF 含量高；③胀缩性小，C_3A 收缩最大，因此应减少 C_3A 含量。

综合以上要求，制造道路水泥应以高 C_4AF 和 C_3S 水泥为宜。国家标准《道路硅酸盐水泥》（GB 13693—2005）规定：凡由纯硅酸盐水泥熟料，0～10％活性混合材和适量石膏磨细制成的水硬性胶凝材料，称为道路水泥。

道路水泥的比表面积为 300～450m^2/kg；初凝时间不早于 1.5h，终凝不迟于 10h；28d 干缩率不大于 0.10％，磨耗量不大于 3.00kg/m^2。道路水泥分为 32.5、42.5、52.5 三个等级，要求各龄期的强度不得低于表 2-14 所示。

表 2-14　道路硅酸盐水泥的等级与各龄期强度

强度等级	抗折强度/MPa		抗压强度/MPa	
	3d	28d	3d	28d
32.5	3.5	6.5	16.0	32.5
42.5	4.0	7.0	21.0	42.5
52.5	5.0	7.5	26.0	52.5

掺入钢渣、矿渣等可提高道路混凝土的耐磨性。适当增加水泥中石膏掺入量，可提高强度和减少收缩。道路水泥适用于修筑道路路面和飞机场地面，也可用于一般土建工程。

2.5.3.5　装饰硅酸盐水泥

（1）白色硅酸盐水泥　凡以适当成分的生料烧至部分熔融，获得以硅酸钙为主要成分、氧化铁含量很少的白色硅酸盐水泥熟料，加入适量石膏，磨细制成的水硬性胶凝材料，称为白色硅酸盐水泥（简称白水泥）。白水泥中的 Fe_2O_3 含量一般小于 0.5%，并尽可能除掉其他着色氧化物（MnO、TiO_2 等）。

白水泥的技术性质应满足国家标准《白色硅酸盐水泥》（GB 2015—2005）的规定，细度为 0.08mm 方孔筛筛余不大 10%；初凝不得早于 45min，终凝不得迟于 10h；安定性要求沸煮法合格；水泥中 SO_3 含量不得超过 3.5%。并要求水泥的白度不小于 87。白水泥分为 32.5、42.5、52.5 三个等级，要求各龄期的强度不得低于表 2-15 所示。

表 2-15　白色硅酸盐水泥各标号、各龄期强度值（GB 2015—2005）

强度等级	抗折强度/MPa		抗压强度/MPa	
	3d	28d	3d	28d
32.5	3.0	6.0	12.0	32.5
42.5	3.5	6.5	17.0	42.5
52.5	4.0	7.0	22.0	52.5

（2）彩色硅酸盐水泥　生产彩色硅酸盐水泥方法有两大类。一类是在白水泥生料中加入少量金属氧化物着色剂直接烧成熟料，可制得彩色水泥。例如，加入 Cr_2O_3 可得绿色水泥；加 CoO 在还原火焰中可得浅蓝色水泥，在氧化焰中可得玫瑰红色水泥；加 Mn_2O_3 在还原火焰中烧得淡黄色水泥，在氧化焰中可得浅紫色水泥。颜色的深浅随着色剂的掺量而变化。

另一类是将白水泥熟料或硅酸盐水泥熟料、适量石膏和碱性着色物质共同磨细制成彩色水泥。所用颜料要求耐碱而又不对水泥性能起破坏作用。常用的颜料有氧化铁（红、黄、褐红）、二氧化锰（黑、褐色）、氧化铬（绿色）、群青蓝（蓝色）和炭黑（黑色）。制造红、褐、黑等较深颜色彩色水泥时，可用一般硅酸盐水泥熟料来磨制。

在铝酸盐或硫铝酸盐生料中掺入各种着色剂可烧制得彩色铝酸盐或硫酸盐水泥熟料。然后磨制成彩色水泥，这样制得的水泥色泽鲜，早期强度高。由于两种水泥水化时几乎不析出 $Ca(OH)_2$，不会出现彩色硅酸盐水泥的"褪色"现象。

白色和彩色硅酸盐水泥在装饰工程中，常用于配制各类彩色水泥浆、砂浆和混凝土，用于制造各种水磨石、水刷石、斩假石等饰面、雕塑和装饰部件等制品。

2.5.4　无机胶凝材料的新发展

2.5.4.1　高性能水泥的发展

水泥并不是一个最终产品，水泥是配制混凝土（包括砂浆）的一个原材料。目前，混凝土要向高性能混凝土发展,水泥的性能必须与之相适应。高性能水泥还没有统一的性能指标,但经研究和实践表明,高性能水泥除具有现有水泥的一切性能指标外,还应具有较低的含碱量、较低的标准稠度需水量、较高的早期抗裂性(1d强度不能太高)、较高的后期强度增进率、与外加剂有很好的相容性等,生产高性能水泥的主要措施有,生产优质的水泥熟料、先进的粉磨工艺以保证合理的水泥(包括水泥熟料、石膏和混合材料)颗粒级配和粒形。

2.5.4.2 新型无机胶凝材料——地质聚合物水泥

地质聚合物水泥是近年发展起来的新型无机胶凝材料。地质聚合物是以偏高岭土(由高岭石经较低温度煅烧,转变为无定形结构、具有较高火山灰活性得的物质)或矿渣、粉煤灰等为主要原料,经碱性激活剂(主要为一定模数的水玻璃)及促进剂的作用,无定形或玻璃体结构的硅铝氧化物经历一个由解聚到再聚合的过程,形成类似地壳中一些天然矿物的铝硅酸盐网络状结构的物质。一般条件下,地质聚合物聚合反应后生成无定形的硅铝酸盐化合物;在较高温度下,可生成类沸石型的微晶体结构,如方钠石、方沸石等,形成独特的笼形结构。

地质聚合物水泥主要性能优点:较高的抗压强度,抗压强度可达到 $60 \sim 90MPa$;较强的耐腐蚀性,可抵抗碱、盐、稀酸、浓酸等腐蚀性介质的侵蚀;良好的耐火性,可耐 $1000℃$ 高温;能有效固定几乎所有有毒离子,有利于处理和利用各种工业废弃物;在潮湿环境下,体积收缩较小。缺点:在空气中体积收缩较大,有盐结晶析出;与普通水泥相比,成本较高。

思 考 题

1. 何谓胶凝材料?气硬性胶凝材料?水硬性胶凝材料?

2. 生石灰使用前为什么要进行陈伏?

3. 建筑石膏有哪些特性?

4. 何谓水玻璃?水玻璃模数?模数值的大小对水玻璃的性质有何影响?

5. 硅酸盐水泥的主要矿物组成是什么?它们单独与水作用时的特性如何?

6. 制造硅酸盐水泥时为什么必须掺入适量的石膏?石膏掺得太少或过多时,将产生什么情况?

7. 硅酸盐水泥腐蚀的类型有哪些?腐蚀后水泥石破坏的形式有哪几种?

8. 何谓活性混合材料和非活性混合材料?它们加入硅酸盐水泥中各起什么作用?硅酸盐水泥常掺入哪几种活性混合材料?

9. 活性混合材料产生水硬性的条件是什么?

10. 某工地材料仓库存有白色胶凝材料 3 桶,原分别标明为磨细生石灰、建筑石膏和白水泥,后因保管不善,标签脱落,可用什么简易方法来加以辨认?

11. 在下列混凝土工程中,试分别选用合适的水泥品种,并说明选用的理由。

(1)早期强度要求高、抗冻性好的混凝土;

(2)抗软水和硫酸盐腐蚀较强、耐热的混凝土;

(3)抗淡水侵蚀强、抗渗性高的混凝土;

(4)大体积混凝土;

(5)水中、地下的建筑物。

12. 铝酸盐水泥的特性如何?在使用中应注意哪些问题?

第3章　混凝土与砂浆

【本章提要】　本章主要介绍普通混凝土的原材料选用、主要性能（包括和易性、力学性能、变形性能以及耐久性）等方面内容，还介绍混凝土的质量波动特征与质量控制、《普通混凝土配合比设计规程》（JGJ 55—2011）中的配合比设计方法与步骤。简要介绍了特种混凝土，如高性能混凝土、纤维混凝土等。本章的学习目标是熟悉和掌握普通混凝土的性能特点与工程应用特点，在工程设计与施工中正确选择原材料、合理确定配合比和评价混凝土性能。

3.1　混凝土的特点及分类

凡由胶凝材料、集料和水等按适当比例配合拌制的混合物，再经浇筑成型硬化后得到的人造石材，统称为混凝土。所用胶凝材料的范围很广泛，例如石灰、石膏、沥青以及聚合物、硫黄等。本章内容只涉及以水泥为胶凝材料的现代土木建筑工程中最为广泛应用的一类建筑材料，水泥混凝土，简称混凝土（以其他胶凝材料制备的混凝土，通常冠有胶凝材料的名称，如硫黄混凝土、聚合物混凝土等）。水泥混凝土是目前用量最大的土木工程结构材料。

3.1.1　混凝土的特点

水泥混凝土的主要优点：

（1）耐水性能好，用途广泛；

（2）主要组成材料——集料和胶凝材料水泥的原料来源丰富，可就地取材，经济；

（3）易成型为形状与尺寸变化范围很大的构件；

（4）生产耗能比钢材低，可大量利用工业废料；

（5）与钢筋有牢固的黏结力，且能保护钢筋不锈蚀，作为钢筋混凝土、预应力混凝土使用；

（6）具有较高的抗压强度；

（7）耐久性好，维护和保养费用低。

水泥混凝土的主要缺点：

（1）自重大，比强度小；

（2）抗拉强度低，一般抗拉强度仅为抗压强度的 1/10～1/20，因此受拉时易产生脆裂；

（3）生产周期长，施工过程质量难以控制。

3.1.2　混凝土的分类

（1）按强度等级高低分类　按照《混凝土结构设计规范》（GB 50010—2010）规定，普通混凝土划分为十四个等级，即：C15、C20、C25、C30、C35、C40、C45、C50、C55、C60、C65、C70、C75、C80，一般将≥C60 的混凝土称为高强混凝土。

（2）按材料组分分类　传统混凝土的组成材料为水泥、水、砂和石等四组分；现代混凝土，组成材料为水泥、矿物掺料、外加剂、水、砂和石等六组分。

（3）按表观密度的大小分类　干表观密度小于 1950kg/m³ 的称为轻混凝土，多采用陶粒等轻质多孔的集料或掺入加气剂、泡沫剂等形成多孔结构的混凝土，常用于轻质结构、保温隔热工程；干表观密度在 1950～2600kg/m³ 的是普通混凝土，用天然（或人工）砂、石作集料配制的，为土木工程中最常用的混凝土；干表观密度大于 2600kg/m³ 的称为重混凝土，是用重晶石或钢球或铁矿石和钡水泥等配制的，其表观密度可达 3200～3400kg/m³，重混凝土能防射线、防辐射，故又称为防辐射混凝土。

（4）按用途不同分类　如水工混凝土、海工混凝土、道路混凝土、防水混凝土、耐酸混凝土、耐热混凝土等。

（5）按施工方法不同分类　如喷射混凝土、泵送混凝土、碾压混凝土、水下不分散混凝土等。

3.2　混凝土的结构

普通混凝土主要由水泥、砂、石子及水四种基本材料所组成。各种材料的作用如下：砂子填充石子空隙；水泥和水形成水泥浆而填充砂、石的空隙，并包裹在砂、石表面，凝固前起填充、润滑作用，使混凝土具有和易性，在凝固后硬化水泥浆体（即水泥石）起黏结作用，将砂、石紧紧黏结在一起形成一个整体，使混凝土具有强度。粗、细集料一般不与水泥起化学反应，主要起骨架作用，抑制水泥石的体积收缩。

根据材料科学的基本理论，按照"结构决定性能"的原理，在学习混凝土材料各种性能前，应对其结构有所了解，并了解其结构-性能的关系。混凝土的结构主要包括三个相——集料、硬化水泥浆体以及二者之间的过渡区，见图3-1。

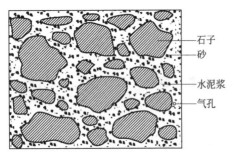

图 3-1　传统混凝土的结构图

石子
砂
水泥浆
气孔

3.2.1　集料

集料相主要影响混凝土的表观密度、弹性模量和尺寸稳定性等性质。集料本身的表观密度和强度在很大程度上决定混凝土的这些性质。集料其他一些物理特性，包括孔隙率、孔径大小及其分布对混凝土的性质也有很大影响，而集料的化学或矿物组成对混凝土结构的影响要小得多。此外，粗集料的粒形和构造也影响混凝土的性能，例如碎石表面粗糙，而天然卵石（砾石）则正好相反——表面光滑、棱角少；碎石的生产过程可能会形成许多针片状颗粒，这会增加混凝土拌合时的需水量且不易成型密实，降低硬化混凝土的强度和耐久性。

由于集料的强度通常比其他两相的强度高出许多，因此集料强度的波动对普通混凝土强度没有直接的影响。但是它们的粒径和形状间接地影响混凝土强度；当集料的最大粒径越大、针片状颗粒越多时，其表面积存的水膜越厚，过渡区相就越薄弱，因此对混凝土性能的影响就更加显著。

3.2.2　硬化水泥浆体

硬化水泥浆相本身也是不匀质的。有的地方看上去和集料相一样致密，而有的地方又呈现多孔状态。当水泥与水拌合后，水泥颗粒容易形成絮凝状态，即许多颗粒粘在一起形成黏度很大的胶团，它们把一部分水束缚在胶团内，使水分在浆体里分布不均匀，因此也就影响水泥浆硬化后的均匀性。硬化水泥浆体里存在多种形态的固体、孔隙和水。

3.2.2.1　硬化水泥浆中的固体

（1）水化硅酸钙　用 C-S-H 表示。硅酸钙水化生成 C-S-H 的过程中其固相体积膨胀（但水泥水化产物总体积与反应物总体积相比是减少的），有很强的填充颗粒间隙的能力。C-S-H 的比表面积达 $100\sim700m^2/g$，约为未水化水泥颗粒的 1000 倍，巨大的表面积能使它成为决定水泥黏结能力（即胶凝作用）的主要成分。C-S-H 占水化完全的硬化水泥浆体体积的 50%～60%，呈层状结构，层与层之间有大量孔隙。

（2）氢氧化钙　占固相体积的 20%～25%，呈片状结晶，表面积小，是形成黏结强度的薄弱环节。由于溶解度较大，易受酸性介质的腐蚀，影响耐久性。

（3）水化硫铝酸钙　占固相体积的 15%～20%。初期形成的水化硫铝酸钙结晶——钙矾石，后期会转化为单硫型水化硫铝酸钙。

（4）未水化水泥颗粒　较大的水泥颗粒即使在遇水产生水化很长时间后，仍存在未水化的内核，周围则被水化生成物所包裹。

3.2.2.2　硬化水泥浆体里的孔隙

（1）C-S-H 层间孔　大约占 C-S-H 固相体积的 28%，不影响硬化水泥浆体的强度和渗透性，但在干燥环境中失去孔里的水分时，会引起体积变化。

（2）毛细孔　硬化水泥浆体内没有被固相填充的空间，其孔径与所占体积取决于水泥颗粒未水化前的间距大小［与水和水泥的质量比——水灰比（表示为 W/C）有关］以及水泥的水化程度。水灰比小的浆体中，毛细孔孔径在 $10\sim50nm$，而在水灰比高的浆体中可达 $3\sim5\mu m$。孔径分布比总孔隙率对其特性的影响更大；毛细孔径大于 50nm 不利于强度和渗透性，而小于 50nm 则影响体积变化。毛细孔形状不规则。

（3）气孔　通常呈圆形。混凝土在搅拌时会带入一些气泡，大的直径可达 3mm；也可人为地引入大量小气泡，硬化后形成的孔径平均为 $50\sim200\mu m$，两种孔都要比毛细孔大得多，因此会影响强度和抗渗透性能。

3.2.2.3　硬化水泥浆体中的水

硬化水泥浆体里的孔隙中通常有水存在，当环境湿度下降时会逐步失去。除自由出入的水汽外，根据失水的难易程度，可以大致划分成以下四种类型，见图 3-2。

（1）毛细孔水　存在于 5nm 以上的孔中，通常分两类：孔径大于 50nm 中的水视为自由水，失去时不会造成任何体积变化；孔径小于 50nm 细孔中的水受表面张力影响，失去时产生体积收缩。

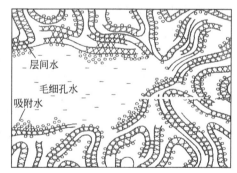

图 3-2　硬化水泥浆体孔中水的存在形式

（2）吸附水　在引力作用下，物理吸附于硬化水泥浆体固相的表面水。当相对湿度下降至 30%时，大部分吸附水失去，是浆体产生收缩的主要原因之一。

（3）层间水　在 C-S-H 层间通过氢键牢固地与其键合，只有在非常干燥时（相对湿度<11%）才会失去，使结构明显地产生收缩。

（4）化学结合水　水化产物结构的一部分，干燥时不会失去，只有高温下才分解释放。

3.2.2.4　硬化水泥浆体的强度

硬化水泥浆体的强度主要来源于水化物层间的范德华引力——两固体表面之间的黏附力

都可以归因为这类物理键。黏附作用大小取决于其表面积大小及性质，如上所述，由于水泥水化生成物中，主要是 C-S-H、水化硫铝酸钙的微小结晶拥有巨大的表面积，因此范德华力虽然量级很小，但巨大表面积上产生的黏附力作用之和就很可观了，它们不仅彼此黏结牢固，而且与表面积很小的氢氧化钙、未水化水泥颗粒以及粗、细集料间的黏结也可以很牢固。

多孔材料通常孔隙率越大，强度就越低。但硬化水泥浆体中 C-S-H 的层间和范德华引力作用范围内的细小孔隙，可以认为对强度无害。因为在加载时，应力集中与随后的断裂是大毛细孔和微裂缝的存在所引起。

3.2.2.5 硬化水泥浆体的尺寸稳定性

饱和的硬化水泥浆体，在置于 100% 相对湿度下不会发生尺寸变化。当湿度低于 100% 时，自由水很快蒸发，但并不伴随着收缩，因为自由水和水化产物间不存在任何化学键。当大部分自由水失去以后，继续干燥会致使吸附水、层间水等受束缚水蒸发，出现明显的收缩。产生收缩的原因，通常用水与毛细孔壁或水化物层间存在作用力，失水后则受到压应力来解释。

3.2.2.6 硬化水泥浆体的耐久性

许多人认为硬化水泥浆体的水密性（不透水性）是它耐久性好坏的决定因素。在选择原材料，以及在从事耐久性问题研究时，一直是以硬化水泥浆体的孔隙率大小和孔径、孔分布作为选择与评价依据。事实上，随着水泥水化的进程，其体内空间不断为水化产物所填充，大孔逐渐减少，毛细孔隙率也下降，孔与孔之间从连通发展到不连通，因此其渗透系数呈指数减小。试验结果表明：完全水化的水泥浆体渗透率相当于其水化初期时的 10^{-6} 数量级。美国 Powers 的研究则表明：水灰比为 0.6 的水泥浆体经完全水化，可以像致密的岩石一样不透水。另一方面，即使所用集料非常致密，混凝土的渗透性也要比相应的水泥浆体低一个数量级。这说明混凝土体的渗透性并不直接取决于硬化水泥浆体的渗透性，那么更主要的影响来自哪里呢？只能来自过渡区。

3.2.3 过渡区

过渡区的结构示意图如图 3-3 所示，虽然它与硬化水泥浆体的组成成分一样，但与其结构和性质存在很大差异，因此要作为单独一相来分析。

刚浇筑成型的混凝土在其凝固硬化之前，集料颗粒受重力作用向下沉降，含有大量水分的稀水泥浆则由于密度小的原因向上迁移，它们之间的相对运动使集料颗粒的周壁形成一层稀浆膜，待混凝土硬化后，这里就形成了过渡区。过渡区微结构的特点为：①富集大晶粒的氢氧化钙和钙矾石；②孔隙率大，大孔径的孔多；③存在大量原生微裂缝，即混凝土未承载之前出现的裂缝。

虽然过渡区只是集料颗粒外周的一薄层，但是如果将粗细集料合起来统计，过渡区的体积可达硬化水泥浆体的 1/3～1/2，是相当可观的。

在硬化水泥浆体中，水化产物和集料颗粒间的黏结力也源于范德华引力，由于过渡区结构的上述特点，使这里成为硬化混凝土中最薄弱的环节。大颗粒氢氧化钙结晶黏结力差，是由于其表面积小，

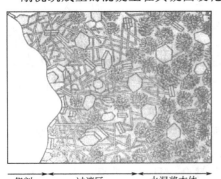

集料　　过渡区　　水泥浆本体

水化硅酸钙　　氢氧化钙　　钙矾石

图 3-3　混凝土过渡区结构示意图

导致相应的范德华引力微弱。孔隙率大，使混凝土承受荷载的面积减小。过渡区存在着大量微裂缝，其数量多少取决于许多参数，包括集料的最大粒径与级配、水灰比与水泥用量、混凝土浇筑后的密实程度等。

因为过渡区的影响，使混凝土在比其他两个主要相能够承受的应力低得多的时候就被破坏。由于过渡区大量孔隙和微裂缝存在，所以虽然硬化水泥浆体和集料两相的刚性很大，但受它们之间传递应力作用的过渡区影响，混凝土的刚性和弹性模量明显地减小。

过渡区的特性对混凝土的耐久性影响也很显著。因为硬化水泥浆体和集料两相在弹性模量、线胀系数等参数上的差异，在反复的荷载、冷热循环与干湿循环作用下，过渡区作为薄弱环节，在较低的拉应力作用下其裂缝就会逐渐扩展，使外界水分和侵蚀性离子易于进入，对混凝土及钢筋产生侵蚀作用。

3.3　混凝土的组成材料

普通混凝土主要由水泥、砂、石子及水四种基本材料所组成。为改善混凝土的某些性能还常加入适量的外加剂和掺合料。混凝土的性能由其结构决定，而其结构在很大程度是由原材料的性质及相对含量所决定，为此，必须首先了解其组成材料的性质、作用及技术要求，合理选择原材料，才能保证混凝土的质量。

3.3.1　水泥

水泥在混凝土中起胶结作用，是最主要的材料。正确、合理地选择水泥的品种和强度等级是保证混凝土质量的重要因素。配制混凝土时一般用硅酸盐水泥、普通硅酸盐水泥、矿渣硅酸盐水泥、火山灰质硅酸盐水泥、粉煤灰硅酸盐水泥和复合硅酸盐水泥。水泥质量应符合国家现行标准和规范的要求。对于某个工程具体选用哪种水泥品种，应当根据工程性质、特点、环境及施工条件，结合各种水泥的特性，合理选择。常用水泥品种的选择详见第 2 章。每个工程所用水泥品种以 1～2 种为宜，重要工程常常是指定生产厂家，生产适合本工程的专用水泥。

水泥强度等级的选择应当与混凝土的设计强度等级相适应。原则上是配制混凝土的强度越高，选择的水泥强度等级就越高，反之亦然。通常以水泥强度等级为混凝土强度等级的 1.5～2 倍为宜，对于高强度混凝土可取 0.9～1.5 倍。

3.3.2　细集料（俗称砂）

粒径为小于 4.75mm 的集料称为细集料，简称砂。混凝土用砂按产源分为天然砂和人工砂两类。天然砂是自然生成的，经人工开采和筛分的粒径小于 4.75mm 的岩石颗粒，包括河砂、山砂、淡化海砂，但不包括软质、风化岩石的颗粒，其中以河砂品质最好，应用最多。人工砂是由岩石破碎、筛选所得，也称机制砂。根据国家规范《建设用砂》（GB/T 14684—2011）规定，砂的技术要求包括：粗细程度和颗粒级配，含泥量、石粉含量和泥块含量，有害物限量，坚固性，表观密度、松散堆积密度、空隙率，碱-集料反应，含水率和饱和面干吸水率。根据技术要求从高到低，把砂分为Ⅰ、Ⅱ、Ⅲ类。

3.3.2.1　砂的粗细程度和颗粒级配

（1）粗细程度　砂的粗细程度是指不同粒径的砂粒混在一起后的平均粗细程度，常用细度模数（M_x）表示。细度模数可通过砂的筛分析试验确定。筛分析试验是用一套孔径（方孔筛）依次为 4.75mm、2.36mm、1.18mm、0.60mm、0.30mm、0.15mm 的标准筛，筛分前将砂样烘干至恒重，筛除大于 9.50mm 的颗粒。称取筛除大于 9.50mm 的颗粒的烘干砂500g，放入最大孔径 4.75mm 的标准套筛中，从大到小依次筛分，并称量各孔径筛上的筛余量和计算出各孔径筛上的分计和累计筛余百分数，见表 3-1 所示。

表 3-1　砂的筛余量、分计筛余及累计筛余

方筛孔径/mm	筛余量/g	分计筛余/%	累计筛余/%
4.75	m_1	a_1	$A_1 = a_1$
2.36	m_2	a_2	$A_2 = a_1 + a_2$
1.18	m_3	a_3	$A_3 = a_1 + a_2 + a_3$
0.60	m_4	a_4	$A_4 = a_1 + a_2 + a_3 + a_4$
0.30	m_5	a_5	$A_5 = a_1 + a_2 + a_3 + a_4 + a_5$
0.15	m_6	a_6	$A_6 = a_1 + a_2 + a_3 + a_4 + a_5 + a_6$

注：分计筛余百分率，各号筛上的筛余量除以试样总量的百分率；累计筛余百分率，该号筛上的筛余量与大于该号筛的筛余量的总和除以试样总量的百分率。

砂的细度模数按式(3-1) 计算。即

$$M_x = \frac{(A_2 + A_3 + A_4 + A_5 + A_6) - 5A_1}{100 - A_1} \tag{3-1}$$

式中　　　　　　　　　M_x——砂的细度模数；

A_1、A_2、A_3、A_4、A_5、A_6——分别为孔径 4.75mm、2.36mm、1.18mm、0.60mm、0.30mm、0.15mm 筛的累计筛余百分数。

砂的细度模数愈大，表示砂愈粗。根据其大小，可将砂分为粗砂、中砂、细砂及特细砂，其细度模数分别为：粗砂，3.1～3.7；中砂，2.3～3.0；细砂，1.6～2.2；特细砂<1.6。

(2) 颗粒级配　砂子颗粒大小搭配的比例关系叫颗粒级配，如图 3-4 所示。常用级配区表示。

对于细度模数为 1.6～3.7 的砂，按 0.60mm 筛孔的筛上累计筛余百分数分为三个区间，见表 3-2。级配较好的砂，各筛上累计筛余百分数应处在同一区间之内（除 4.75mm 及 0.60mm 筛号外，允许稍有超出界限，但各筛超出的总量不应大于 5%）。砂的颗粒级配区见表3-2。

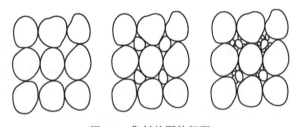

图 3-4　集料的颗粒级配

用表 3-2 中数据可做成筛分曲线如图 3-5 所示。通过观察砂的筛分曲线是否完全落在三个级配区的任一个区内，即可判断砂级配的合格性。同时也可根据筛分曲线偏向情况大致判断砂的粗细程度，当筛分曲线偏向右下方时，表示砂较粗，筛分曲线偏向左上方时，表示砂较细。即Ⅰ区为粗砂区，Ⅱ区为中砂区，Ⅲ区为细砂区。

表 3-2　砂的颗粒级配

砂的分类	天然砂			机制砂		
级配区	Ⅰ区	Ⅱ区	Ⅲ区	Ⅰ区	Ⅱ区	Ⅲ区
方孔筛/mm	累计筛余/%					
4.75	10～0	10～0	10～0	10～0	10～0	10～0
2.36	35～5	25～0	15～0	35～5	25～0	15～0
1.18	65～35	50～10	25～0	65～35	50～10	25～0
0.60	85～71	70～41	40～16	85～71	70～41	40～16
0.30	95～80	92～70	85～55	95～80	92～70	85～55
0.15	100～90	100～90	100～90	97～85	94～80	94～75

从图 3-4 的砂子颗粒级配示意图可看出：当砂子由较多的粗颗粒、适当的中等颗粒及少量的细颗粒组成时，细颗粒填充在粗、中颗粒间，使其空隙率及总表面积都较小，即构成良好的级配。使用较好级配的砂子，不仅节约水泥，而且还可以提高混凝土的强度及密实性。砂的粗细反映砂粒比表面积的大小。在配合比相同的情况下，若砂子过粗，比表面积小，且由于缺少某些细小颗粒的配搭，拌出的混凝土黏聚性差，易于分离、泌水；若砂子过细，比表面积较大，包裹砂粒需较多的水泥浆，且混凝土强度也较低。因

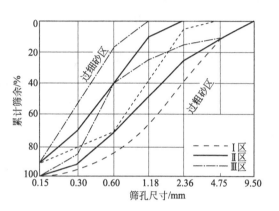

图 3-5　砂的级配区曲线

此，混凝土用砂以Ⅱ区中砂为适宜。当采用Ⅰ区砂时，应适当提高砂率，并保证足够的水泥用量，以保证混凝土的和易性，当采用Ⅲ区砂时，宜适当降低砂率，以保证混凝土的强度。

天然砂一般都具有较好的级配，故只要其细度模数适当，均可用于拌制一般强度等级的混凝土。人工砂内粗颗粒一般含量较多，当将细度模数控制在理想范围（中砂）时，若小于 0.075mm 的石粉含量过少，往往使新拌混凝土的黏聚性较差；但若石粉含量过多，又会使混凝土用水量增大并影响混凝土强度及耐久性，故其石粉含量一般控制在一定范围。

3.3.2.2　砂的含泥量、石粉含量和泥块含量

砂中的含泥量是指粒径小于 $75\mu m$ 的颗粒含量，主要是黏土、淤泥（对于天然砂），对混凝土性能有害。石粉含量是指粒径小于 $75\mu m$ 的颗粒含量，主要是岩石细颗粒（对于机制砂），在一定含量范围内，对混凝土性能有益。砂中泥块是指粒径大于 1.18mm，经水浸手捏小于 0.60mm 的颗粒含量。黏土、淤泥黏附在砂粒表面，阻碍砂与水泥石的黏结，且增大干缩率，所以，砂中含泥量增加，会降低混凝土强度、增加干缩、降低抗渗性和抗冻性。当黏土以泥块存在时，危害性更大。

对于天然砂，其含泥量和泥块含量应符合表 3-3 的规定。

表 3-3　天然砂的含泥量和泥块含量

项目	Ⅰ类	Ⅱ类	Ⅲ类
含泥量(按质量计)/%	≤1.0	≤3.0	≤5.0
泥块含量(按质量计)/%	0	≤1.0	≤2.0

对于机制砂,其石粉含量和泥块含量应符合表 3-4 的规定。

表 3-4　机制砂的石粉含量和泥块含量

				指　标		
项目				Ⅰ类	Ⅱ类	Ⅲ类
1	亚甲蓝试验	MB 值≤1.4 或合格	石粉含量(按质量计)/%	≤10.0		
2			泥块含量(按质量计)/%	0	≤1.0	≤2.0
3		MB 值>1.4 或不合格	石粉含量(按质量计)/%	≤1.0	≤3.0	≤5.0
4			泥块含量(按质量计)/%	0	≤1.0	≤2.0

3.3.2.3　砂中有害物质

砂中的云母、轻物质、有机物、硫化物及硫酸盐、氯化物等有害物质,会降低水泥石黏结力或腐蚀水泥石。因此,砂中有害物质将直接影响混凝土的强度和耐久性。为保证混凝土质量,砂中有害物质的含量应符合表 3-5 的规定。

表 3-5　砂中有害物质限量

类别	Ⅰ类	Ⅱ类	Ⅲ类
云母(按质量计)/%	≤1.0	≤2.0	≤2.0
轻物质(按质量计)/%	≤1.0	≤1.0	≤1.0
有机物(比色法)	合格	合格	合格
硫化物及硫酸盐(按 SO_3 质量计)/%	≤0.5	≤0.5	≤0.5
氯化物(以氯离子质量计)/%	≤0.01	≤0.02	≤0.06

3.3.2.4　砂的坚固性

(1)天然砂　采用硫酸钠溶液法进行试验,砂样经 5 次循环后其质量损失应符合表 3-6 的规定。

表 3-6　砂的坚固性指标

类别	Ⅰ类	Ⅱ类	Ⅲ类
质量损失/%	≤8	≤8	≤10

(2)机制砂　采用压碎指标法进行试验,其压碎指标应符合表 3-7 的规定。

表 3-7　砂的压碎指标

类别	Ⅰ类	Ⅱ类	Ⅲ类
单级最大压碎指标/%	≤20	≤25	≤30

3.3.2.5　砂的表观密度、松散堆积密度、空隙率

砂的表观密度、松散堆积密度、空隙率应符合如下规定:表观密度不小于 $2500kg/m^3$,松散堆积密度不小于 $1400kg/m^3$,空隙率不大于 44%。

3.3.2.6　碱-集料反应

碱-集料反应是指水泥、外加剂及环境中的碱与集料中活性矿物(如活性 SiO_2)在潮湿环境下缓慢发生反应,反应产物吸水膨胀、干燥收缩,这一过程反复进行而导致混凝土开裂破坏的反应。若经碱-集料反应试验后,由砂配制的试件无裂缝、酥裂、胶体外溢等现象,

在规定试验龄期的膨胀率小于 0.10%，认
为集料无碱-集料反应。

3.3.2.7　砂的含水状态

砂的含水状态可分为干燥状态、气干状
态、饱和面干状态和湿润状态四种，如图
3-6所示。

干燥状态：含水率等于或接近于零；气

图 3-6　砂的含水状态

干状态：含水率与大气湿度相平衡；饱和面干状态：砂表面干燥而内部孔隙含水达饱和；湿
润状态：砂不仅内部孔隙充满水，而且表面还附有一层表面水。砂子含水量的大小，可用含
水率表示。砂的颗粒越密实，吸水率越小，品质也就越好。一般石英砂的吸水率在 2%
以下。

饱和面干砂既不从新拌混凝土中吸取水分，也不带入水分。我国水工混凝土工程多按饱
和面干状态的砂、石来设计混凝土配合比。

在工业及民用建筑工程中，习惯按干燥状态的砂（含水率小于 0.5%）及石子（含水率
小于 0.2%）来设计混凝土配合比。

3.3.3　粗集料（石子）

粒径大于 4.75mm 的集料叫粗集料，简称为石子。普通混凝土常用的粗集料有卵石和
碎石两种，根据国家规范《建设用卵石、碎石》（GB/T 14685—2011）规定，碎石和卵石的
技术要求包括：颗粒级配和最大粒径，含泥量和泥块含量，针片状颗粒含量，有害物限量，
坚固性，强度，表观密度、连续级配松散堆积空隙率，碱-集料反应，吸水率和含水率。根
据技术要求从高到低，碎石和卵石可分为 I、II、III 类。

3.3.3.1　石子的颗粒级配及最大粒径

石子的级配分为连续粒级和单粒粒级两种，石子的颗粒级配采用筛分析法试验。用来确
定粗集料粒径的方孔筛筛孔尺寸分别为 2.36mm、4.75mm、9.50mm、16.0mm、19.0mm、
26.5mm、31.5mm、37.5mm、53.0mm、63.0mm、75.0mm、90.0mm 共 12 个筛子，可按
需选用筛号进行筛分，然后计算出每个筛号的分计筛余百分率和累计筛余百分率（计算与砂
相同）。碎石和卵石的级配范围要求是相同的，应符合表 3-8 的规定。

表 3-8　卵石和碎石的颗粒级配规定

公称粒径/mm		累计筛余/%										
		方孔筛/mm										
		2.36	4.75	9.50	16.0	19.0	26.5	31.5	37.5	53.0	63.0	75.0	90
连续粒级	5～16	95～100	85～100	30～60	0～10	0							
	5～20	95～100	90～100	40～80	—	0～10	0						
	5～25	95～100	90～100	—	30～70	—	0～5	0					
	5～31.5	95～100	90～100	70～90	—	15～45	—	0～5	0				
	5～40	—	95～100	70～90	—	30～65	—	—	0～5	0			
单粒粒级	5～10	95～100	80～100	0～15	0								
	10～16		95～100	80～100	0～15								
	10～20		95～100	85～100		0～15	0						

续表

公称粒径/mm		累计筛余/%											
		方孔筛/mm											
		2.36	4.75	9.50	16.0	19.0	26.5	31.5	37.5	53.0	63.0	75.0	90
单粒粒级	16～25			95～100	55～70	25～40	0～10						
	16～31.5		95～100		85～100		0～10	0					
	20～40			95～100		80～100		0～10	0				
	40～80					95～100		70～100		30～60	0～10	0	

注：1. 公称粒径的上限为该粒级的最大粒径，单粒粒级一般要求用于组合具有要求级配的连续粒径，它也可与连续粒径级的碎石配成较大粒径的连续粒径。

2. 根据混凝土工程和资源的具体情况，进行综合技术分析后，在特殊情况，允许直接采用单粒级，但必须避免混凝土发生离析。

粗集料公称粒径的上限值，称为粗集料最大粒径。当粗集料最大粒径增大时，集料的总表面积减小，因此包裹粗集料表面所需的水泥浆数量相应减小，可节约水泥，所以在条件许可的情况下，粗集料最大粒径应尽量用得大些。在普通混凝土中，集料粒径大于40mm并没有好处，有可能造成混凝土强度下降。根据《混凝土结构工程施工质量验收规范》（GB 50204—2002）的规定，混凝土粗集料的最大粒径不得超过结构截面最小尺寸的1/4，同时不得大于钢筋间最小净距的3/4；对于混凝土实心板，集料的最大粒径不宜超过板厚1/2，且不得超过50mm；对于泵送混凝土，集料最大粒径与输送管内径之比，碎石不宜大于1：3，卵石不宜大于1：2.5。石子粒径过大，对运输和搅拌都不方便。

3.3.3.2　石子中含泥量和泥块含量

石子中含泥量是指粒径小于75μm的黏土颗粒含量；石子中泥块是指粒径大于4.75mm，经水浸手捏小于2.36mm的颗粒。石子中的泥和泥块均对混凝土性能有害。石子中含泥量和泥块含量应符合表3-9的规定。

表3-9　石子中含泥量和泥块含量的规定

类别	Ⅰ类	Ⅱ类	Ⅲ类
含泥量（按质量计）/%	≤0.5	≤1.0	≤1.5
泥块含量（按质量计）/%	0	≤0.2	≤0.5

3.3.3.3　针、片状颗粒含量

集料的颗粒形状近似球状或立方体形，且表面光滑时，表面积较小，对混凝土流动性有利，然而表面光滑的集料与水泥石黏结较差。砂的颗粒较小，一般较少考虑其形貌，可是石子就必须考虑其针、片状颗粒的含量。粗集料中凡颗粒长度大于该颗粒所属粒级平均粒径（该粒级上、下限粒径的平均值）的2.4倍者为针状颗粒；厚度小于平均粒径的0.4倍者为片状颗粒。针、片状颗粒使集料空隙率增大，新拌混凝土流动性变差，且受力后易于被折断，故它会使混凝土强度降低，其含量应不超过表3-10的限值。

表3-10　石子中针、片状颗粒含量限值

类别	Ⅰ类	Ⅱ类	Ⅲ类
针、片状颗粒总含量（按质量计）/%	≤5	≤10	≤15

3.3.3.4　有害物质

粗集料中的有害物质主要有：黏土、淤泥及细屑、硫化物及硫酸盐、有机物质等。它们对混凝土的危害作用和在细集料中时相同，程度更甚。石子中有害物质限量应符合表 3-11 的规定。

表 3-11　石子中有害物质限量

类别	Ⅰ类	Ⅱ类	Ⅲ类
有机物	合格	合格	合格
硫化物及硫酸盐（按 SO_3 质量计）/%	≤0.5	≤1.0	≤1.0

3.3.3.5　石子的坚固性

有抗冻、耐磨、抗冲击性能要求的混凝土所用粗集料，要求测定其坚固性，集料的坚固性反应集料在环境因素、外力等作用下抵抗破碎的能力。石子的坚固性采用硫酸钠溶液法进行试验，石子经 5 次循环后其质量损失应符合表 3-12 的规定。

表 3-12　石子的坚固性指标

类别	Ⅰ类	Ⅱ类	Ⅲ类
质量损失/%	≤5	≤8	≤12

3.3.3.6　石子的强度

（1）岩石抗压强度　为了保证混凝土的强度，要求粗集料质地致密、具有足够的强度。粗集料的强度可用岩石立方体强度或压碎指标两种方法进行检验。岩石立方体强度是将轧制碎石的岩石或卵石制 50mm×50mm×50mm 的立方体（或直径与高度均为 50mm 的圆柱体）试件，在吸水饱和状态下测定其极限抗压强度。一般要求极限强度与混凝土强度之比不小于 1.5，且要求火成岩（岩浆岩）的极限抗压强度不宜低于 80MPa，变质岩不宜低于 60MPa，沉积岩（水成岩）不宜低于 30MPa。

（2）压碎指标　压碎指标是衡量卵石和碎石强度的相对指标，压碎指标是取一定量气干状态的粒径为 9.50～19.0mm 的 3000g 集料装入规定的圆模内，在压力机上加荷载至 200kN，保持 5s，其压碎的细粒（粒径小于 2.36mm）占试样质量的百分数即为压碎指标。压碎指标越小，表示粗集料抵抗压脆裂的能力越强。卵石或碎石集料的压碎指标应符合表 3-13 的要求。

表 3-13　石子的压碎指标

类别	Ⅰ	Ⅱ	Ⅲ
碎石压碎指标/%	≤10	≤20	≤30
卵石压碎指标/%	≤12	≤14	≤16

3.3.3.7　表观密度、连续级配松散堆积空隙率

石子的表观密度不小于 $2600kg/m^3$；石子连续级配松散堆积空隙率应符合表 3-14 的规定。

表 3-14　石子的连续级配松散堆积空隙率

类别	Ⅰ类	Ⅱ类	Ⅲ类
空隙率/%	≤43	≤45	≤47

3.3.3.8　碱-集料反应

若经碱-集料反应试验后,由石子配制的试件无裂缝、酥裂、胶体外溢等现象,在规定试验龄期的膨胀率小于 0.10%,认为集料无碱-集料反应。

3.3.3.9　石子的含水状态和吸水率

石子的含水状态有四种状态(与砂相同)。

石子颗粒越密实、孔隙率越小,其吸水率就越小,品质也越好。吸水率大的石料,表明其内部孔隙多。吸水率过大,将降低混凝土的软化系数,也降低混凝土的抗冻性。普通混凝土石子的吸水率应符合表 3-15 的规定。

表 3-15　石子吸水率

类别	Ⅰ类	Ⅱ类	Ⅲ类
吸水率/%	≤1.0	≤2.0	≤2.0

3.3.4　混凝土拌合及养护用水

可饮用的水,均可用于拌制和养护混凝土。当采用其他水源时,水质应符合国家现行标准《混凝土用水标准》(JGJ 63—2006)的规定(见表 3-16),且要求有检查水质的检验报告。未经处理的工业废水、污水及沼泽水,不能使用。

表 3-16　混凝土用水中的物质含量限值

项目	预应力混凝土	钢筋混凝土	素混凝土
pH	>4	>4	>4
不溶物/(mg/L)	<2000	<2000	<5000
可溶物/(mg/L)	<2000	<5000	<10000
氯化物(以 Cl^- 计)/(mg/L)	<500	<1200	<3500
硫酸盐(以 SO_4^{2-} 计)/(mg/L)	<600	<2700	<2700
硫化物(以 S^{2-} 计)/(mg/L)	<100	—	—

在缺乏淡水地区,素混凝土允许用海水拌制,但有饰面要求的素混凝土不宜用海水拌制;由于海水对钢筋有锈蚀作用,故不得用海水拌制钢筋混凝土及预应力混凝土。

3.3.5　混凝土外加剂

混凝土外加剂是在拌制混凝土过程中掺入,用以改善混凝土性能的物质。外加剂掺量一般不大于水泥质量的 5%(特殊情况除外)。外加剂的掺量虽小,但其技术经济效果却显著,因此,外加剂已成为混凝土的重要组成部分,被称为混凝土的第五组分,越来越广泛地应用于混凝土中。混凝土外加剂按其主要功能分为四类。

① 改善混凝土拌合物流变性能的外加剂,包括各种减水剂、引气剂和泵送剂等。

② 调节混凝土凝结时间、硬化性能的外加剂,包括缓凝剂、早强剂和速凝剂等。

③ 改善混凝土耐久性的外加剂,包括引气剂、防水剂和阻锈剂等。

④ 改善混凝土其他性能的外加剂,如加气剂、膨胀剂、防冻剂、着色剂、防水剂等。

建筑工程上常用的外加剂有:减水剂、早强剂、缓凝剂、引气剂和复合型外加剂等。外加剂的掺入方法有三种。

① 先掺法。先将减水剂与水泥混合,然后再与集料和水一起搅拌。

② 后掺法。在混凝土拌合物送到浇筑地点后,才加入减水剂并再次搅拌均匀。

③ 同掺法。将减水剂先溶于水形成溶液后再加入拌合物中一起搅拌。

国家标准《混凝土外加剂》（GB 8076—2008）规定了混凝土外加剂的定义、技术要求等，该标准适用混凝土的外加剂共 9 种：普通减水剂、高效减水剂、缓凝高效减水剂、早强减水剂、缓凝减水剂、引气减水剂、早强剂、缓凝剂和引气剂。除了这 9 类外加剂以外，混凝土防冻剂和膨胀剂也已颁发了行业标准。

3.3.5.1　减水剂

减水剂是当前外加剂中品种最多、应用最广的一种混凝土外加剂。减水剂按其主要化学成分不同可分为木质素系减水剂、多环芳香族磺酸盐系减水剂、水溶性树脂磺酸盐系减水剂、聚羧酸系减水剂等，按其用途又分为普通减水剂、高效减水剂、早强减水剂、缓凝减水剂、缓凝高效减水剂和引气减水剂等。

（1）减水剂的机理和作用　减水剂尽管种类繁多，但都属于表面活性剂，其减水作用机理相似。表面活性剂有着特殊的分子结构，它是由亲水基团和憎水基团两部分组成（图 3-7）。

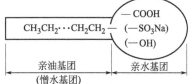

图 3-7　表面活性剂分子结构示意图

表面活性剂加入水中，其亲水基团会电离出离子，使表面活性剂分子带有电荷。电离出离子的亲水基团指向溶剂，憎水基团指向空气（或水泡）、固体（如水泥颗粒）或非极性液体（如油滴）并作定向排列，形成定向吸附膜而降低水的表面张力。这种表面活性作用是减水剂起减水增强作用的主要原因。

水泥加水后，由于水泥颗粒在水中的热运动，使水泥颗粒之间在分子力的作用下形成一些絮凝状结构。这种絮凝结构中包裹着一部分拌合水 [图 3-8(a)]，使混凝土拌合物的拌合水量相对减少，从而导致流动性下降。

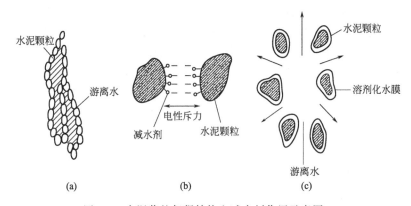

图 3-8　水泥浆的絮凝结构和减水剂作用示意图

水泥浆中加入表面活性剂（减水剂）后有三方面的作用。

首先，减水剂在水中电离出离子后，自身带有电荷，在电斥力作用下，使原来水泥的絮凝结构被打开 [图 3-8(b)]，把被束缚在絮凝结构中的游离水释放出来。

其次，减水剂分子中的憎水基团定向吸附于水泥颗粒表面，亲水基团指向水溶剂，在水泥颗粒表面形成一层稳定的溶剂化水膜 [图 3-8(c)]，阻止了水泥颗粒间的直接接触，并在颗粒间起润滑作用，提高拌合物的流动性。

此外，水泥颗粒在减水剂作用下充分分散，增大了水泥颗粒的水化面积使水化充分，从而也提高混凝土的强度。

（2）常用减水剂

① 木质素系减水剂。木质素系减水剂的主要品种是木质素磺酸钙（又称 M 型减水剂，俗称木钙粉）。M 型减水剂是由生产纸浆或纤维浆的废液，经发酵处理、脱糖、浓缩、喷雾干燥而成的棕色粉末。

M 型减水剂的掺量，一般为水泥质量的 0.2%～0.3%，当保持水泥用量和混凝土坍落度不变时，其减水率约为 10%，混凝土 28d 抗压强度提高 10%～20%；若保持混凝土的抗压强度和坍落度不变，则可节省水泥用量 10%左右；若保持混凝土配合比不变，则可提高混凝土的坍落度 80～100mm。

M 型减水剂除了减水之外，还有两个作用：一是缓凝作用，当掺量较大或在低温下缓凝作用更为显著。掺量过多除缓凝外，还会导致混凝土强度降低。二是引气作用，M 型减水剂除了减水外还有引气效果，掺用后可改善混凝土的抗渗性、抗冻性，改善混凝土拌合物的和易性，减少泌水性。

M 型减水剂可用于一般混凝土工程，尤其适用于大模板、大体积浇筑、滑模施工、泵送混凝土及夏季施工等。传统的 M 型减水剂不宜单独用于冬季施工，也不宜单独用于蒸养混凝土和预应力混凝土。

② 多环芳香族磺酸盐系减水剂（萘系）。这类减水剂的主要成分为萘或萘的同系物的磺酸盐与甲醛的缩合物，故又称萘系减水剂。萘系减水剂通常是由工业萘或煤焦油中的萘、蒽、甲基萘等馏分，经磺化、水解、缩合、中和、过滤、干燥而制成。

萘系减水剂的减水、增强效果显著，属高效减水剂。萘系减水剂的适宜掺量为水泥质量的 0.5%～1.0%，减水率为 10%～25%，混凝土 28d 强度提高 20%以上。在保持混凝土强度和坍落度相近时，则可节省水泥用量 10%～20%。掺用萘系减水剂后，混凝土的其他力学性能以及抗渗性、耐久性等均有所改善，且对钢筋无锈蚀作用。我国市场上这类减水剂的品牌很多，如 NNO、FDO、FDN 等。其中大部分品牌为非引气性减水剂。

萘系减水剂对不同品种水泥的适应性较强，适用于配制早强、高强及流态混凝土。

③ 水溶性树脂系减水剂。水溶性树脂系减水剂是普遍使用的高效减水剂，这类减水剂是以一些水溶性树脂（如三聚氰胺树脂、古马隆树脂）等为主要原料的减水剂。

树脂系减水剂是早强、非引气型高效减水剂，其减水及增强效果比萘系减水剂更好。树脂系减水剂的掺量约为水泥质量的 0.5%～2.0%，减水率为 20%～30%，混凝土 3d 强度提高 30%～100%，28d 强度提高 20%～30%。这种减水剂除具有显著的减水、增强效果外，还能提高混凝土的其他力学性能和混凝土的抗渗性、抗冻性，对混凝土的蒸养适应性也优于其他外加剂。树脂系减水剂适用于早强、高强、蒸养及流态混凝土。

④ 脂肪族高效减水剂。脂肪族高效减水剂是高分子磺化合成的羰基焦醛，憎水基主链为脂肪族烃类。本产品主要原料有 NaOH，浓硫酸，丙酮，甲醛等。脂肪族减水剂有粉剂和液体两种状态，对水泥适用性广，掺量约为水泥质量的 0.5%～1.0%，减水率为 20%～30%，对混凝土增强效果明显，坍落度损失小，低温无硫酸钠结晶现象，广泛用于配制泵送剂、缓凝、早强、防冻、引气等各类个性化减水剂，也可以与萘系减水剂、聚羧酸减水剂复合使用。

⑤ 聚羧酸系高效减水剂。聚羧酸系高效减水剂的掺量约为水泥质量的 0.2%～0.3%，减水率为 25%～35%，对混凝土早期增强效果显著，坍落度损失小，硬化混凝土收缩低。主要用于配制高性能混凝土。但目前国内聚羧酸系高效减水剂单价较高，对水泥适用性没有脂肪族和萘系减水剂广。

3.3.5.2　缓凝剂

缓凝剂是指延长混凝土凝结时间的外加剂。缓凝剂的主要种类有：

① 木质素磺酸盐类缓凝剂，掺量为水泥质量的 0.2%～0.3%，缓凝 2～3h；

② 糖蜜类缓凝剂（如糖蜜、蔗糖、葡萄糖），掺量为水泥质量的 0.1%～0.3%，缓凝 2～4h；

③ 羟基羧酸及其盐类缓凝剂（如酒石酸、柠檬酸等），掺量为水泥质量的 0.03%～0.10%，缓凝 4～10h。这类缓凝剂会增加混凝土的泌水率。

缓凝剂具有如下基本特征：延缓混凝土凝结时间，但掺量不宜过大，否则会引起混凝土强度下降；延缓水泥水化放热速度，有利于大体积混凝土施工；对不同水泥品种缓凝效果不相同，甚至会出现相反效果。因此，使用前应进行试验。

缓凝剂主要用于：高温季节施工、大体积混凝土工程、泵送与滑模方法施工以及较长时间停放或远距离运送的商品混凝土等。

3.3.5.3　早强剂

混凝土早强剂是指能提高混凝土早期强度，并且对后期强度无显著影响的外加剂。

混凝土早强剂分无机的（氯化钙、氯化钠，硫酸钠、硫酸钙等）、有机的（三乙醇胺、乙酸钠等）和无机-有机复合三大类。

混凝土早强剂的特性是能促进水泥的水化和硬化，提高早期强度，缩短养护周期，从而增加模板和场地的周转率，加快施工进度。早强剂特别适用于冬季施工（最低气温不低于 −5℃）和紧急抢修工程。

3.3.5.4　引气剂

混凝土引气剂是指能使混凝土在拌合过程中引入大量微小、封闭而稳定气泡的外加剂。引气剂与减水剂相似，都是表面活性剂。其作用机理是：含有引气剂的水溶液拌制混凝土时，由于引气剂能显著降低水的表面张力和界面能，使水溶液在搅拌过程中极易产生许多微小的封闭气泡。引气剂分子定向吸附在气泡表面，形成较为牢固的液膜，使气泡稳定而不易破裂。

引气剂的主要类型有：松香树脂类（松香热聚物、松香皂），烷基苯磺酸盐类（烷基苯磺酸钠、烷基磺酸钠），木质素磺酸盐类（木质素磺酸钙等），脂肪醇类（脂肪醇硫酸钠、高级脂肪醇衍生物），非离子型表面活性剂（烷基酚环氧乙烷缩合物）。

不同引气剂的适宜掺量和引气效果不同，并具有一定减水效果，如松香热聚物的适宜掺量为水泥质量的 0.005%～0.02%，引气量为 3%～5%，减水率为 8%。引气剂在混凝土中具有以下特性。

（1）改善混凝土拌合物的和易性　在拌合物中，微小而封闭的气泡可起滚珠作用（图3-9），减少固体颗粒间的摩擦阻力，使拌合物的流动性大大提高。若使流动性不变可减水 10% 左右。由于大量微小气泡的存在，使水分均匀地分布在气泡表面，从而使拌合物具有较好的保水性。

（2）提高混凝土的抗渗性、抗冻性　引气剂改善了拌合物的保水性，减少拌合物泌水，因此泌水通道的毛细管也相应减少。同时由于引入大量封闭的微孔，堵塞或割断了混凝土中毛细管渗水通道，改变了混凝土的孔结构，使混凝土抗渗性显著提高。气泡有

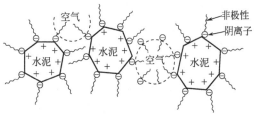

图 3-9　引气剂作用示意图

较大的弹性变形能力，对由于水结冰所产生的膨胀应力有一定的缓冲作用，因而混凝土的抗冻性得到提高，耐久性也随之提高。

（3）降低混凝土强度　当水灰比固定时，混凝土中空气量每增加 1％（体积），其抗压强度下降 3％～5％。因此，引气剂的掺量应严格控制，一般引气量以 3％～6％为宜。

（4）降低混凝土弹性模量　由于大量气泡的存在，使混凝土的弹性模量变形增大，弹性模量有所降低，这对提高混凝土的抗裂性是有利的。

（5）不宜使用的领域　不能用于预应力混凝土和蒸汽（或蒸压）养护混凝土。

3.3.5.5　防冻剂

《混凝土防冻剂》（JC 475—2004）规定，能使混凝土在负温下硬化，并在规定养护条件下达到预期性能的外加剂为混凝土防冻剂。该标准的规定温度分别为 $-5℃$、$-10℃$、$-15℃$。

防冻剂按其成分可分为强电解质无机盐类（氯盐类、氯盐阻锈剂、无氯盐类）、水溶性有机化合物类、有机化合物与无机盐复合类、复合型防冻剂。

需要指出的是，一些建筑单位在冬季混凝土施工过程中添加了尿素等氨类物质的防冻剂。这些氨类物质在使用过程中逐渐以氨气形式释放出来。当室内空气中含有 $0.3kg/m^3$ 浓度氨时会使人感觉有异味和不适；$0.6kg/m^3$ 时会引起眼结膜刺激等；浓度更高还会引起头晕、头痛、恶心、胸闷及肝脏等多系统的损害。

我国已制定了国家标准《混凝土外加剂中释放氨的限量》（GB 18588—2001）。标准规定，混凝土外加剂中释放的氨量必须小于或等于 0.10％（质量百分数）。该标准适用于各类具有室内使用功能的混凝土外加剂，而不适用于桥梁、公路及其他室外工程用混凝土外加剂。

3.3.6　混凝土掺合料

混凝土掺合料是指在配制混凝土拌合物过程中，直接加入的天然或人造的矿物细粉材料。用于混凝土中的掺合料可分为两大类。

非活性矿物掺合料。非活性矿物掺合料一般与水泥组分不起化学作用，或化学作用很小，如磨细石英砂、石灰石，或活性指标达不到要求的矿渣等材料。

活性矿物掺合料。活性矿物掺合料主要来自工业固体废渣，主要成分为活性 SiO_2 和活性 Al_2O_3，虽然本身在常温下不硬化或硬化速度很慢，但能与水泥水化生成的 $Ca(OH)_2$ 或兼有硫酸盐成分存在的液相条件下，可发生水化反应，生成具有水硬性的胶凝材料。所以，混凝土掺合料也被称为混凝土的辅助胶凝材料。

混凝土掺合料用于混凝土中不仅可以取代水泥，节约成本，而且可以改善混凝土拌合物和硬化混凝土的各项性能。目前，在调配混凝土性能，配制大体积混凝土、高强混凝土和高性能混凝土等方面，掺合料已成为不可缺少的组成材料（称为混凝土的第六成分）。另外，掺合料的应用，对改善环境，减少二次污染，推动可持续发展的绿色混凝土，具有十分重要意义。常用的混凝土掺合料有粉煤灰、粒化高炉矿渣、硅灰等。

3.3.6.1　粉煤灰

粉煤灰是由煅烧煤粉的锅炉烟气中收集到的细粉末，其颗粒多呈球形，表面光滑。粉煤灰按其钙含量分为高钙粉煤灰和低钙粉煤灰。

低钙粉煤灰来源比较广泛，是当前国内外用量最大、使用范围最广的混凝土掺合料。用其作混凝土掺合料有两方面的效果：节约水泥和提高混凝土的性能。国家标准《用于水泥和混凝土中的粉煤灰》（GB 1596—2005）规定，按煤种分为 F 类和 C 类。F 类粉煤灰是由无烟煤或烟煤煅烧收集的粉煤灰；C 类粉煤灰是由褐煤或次烟煤煅烧收集的粉煤灰，其氧化钙含量一般不大于 10%。拌制混凝土和砂浆用粉煤灰分为三个等级，其技术要求应符合表 3-17 的规定。

表 3-17　拌制混凝土和砂浆用粉煤灰技术要求

质量指标		等 级		
		Ⅰ	Ⅱ	Ⅲ
细度(45μm 方孔筛筛余)/%	≤	12.0	25.0	45.0
需水量比/%	≤	95	105	115
烧失量/%	≤	5.0	8.0	15.0
含水量/%	≤	1.0		
三氧化硫/%	≤	3.0		
游离氧化钙/%	≤	F 类粉煤灰 1.0；C 类粉煤灰 4.0		
安定性雷氏夹沸煮后增加距离/mm	≤	5.0		

该技术要求还规定：粉煤灰的放射性试验需合格；粉煤灰中的碱含量按 $Na_2O + 0.658K_2O$ 计算值表示，当粉煤灰用于活性集料混凝土，要限制掺合料的碱含量时，由买卖双方协商确定；均匀性以细度（0.045mm 方孔筛筛余）为考核依据，单一样品的细度不应超过前 10 个样品细度平均值的最大偏差，最大偏差范围由买卖双方协商确定。

粉煤灰掺合料可以改善混凝土拌合物的和易性、可泵性和抹面性；能降低混凝土硬化过程的水化热；能提高硬化混凝土的抗渗性、抗化学侵蚀性，抑制碱-集料反应等耐久性。粉煤灰取代部分水泥后，虽然粉煤灰混凝土的早期强度有所下降，但 28d 后的长期强度可赶上，甚至超过不掺粉煤灰的混凝土。

目前，粉煤灰混凝土已被广泛应用于土木工程及预制混凝土制品和构件等方面。如泵送混凝土、大体积混凝土、抗渗混凝土、抗硫酸盐和抗软水侵蚀混凝土、轻集料混凝土、地下工程和水下工程混凝土、碾压混凝土、钢筋混凝土预制管桩等。

3.3.6.2　矿渣微粉

粒化高炉矿渣粉（简称矿渣粉）是指符合《用于水泥中的粒化高炉矿渣》（GB/T 203—2008）标准规定的粒化高炉矿渣经干燥、粉磨（或添加少量石膏一起粉磨）达到相当细度且符合相应活性指数的粉体。矿渣粉磨时允许加入助磨剂，加入量不得大于矿渣粉质量的 1%。国家标准《用于水泥和混凝土中的粒化高炉矿渣粉》（GB/T 18046—2008）作出的技术要求见表 3-18。

表 3-18　用于水泥和混凝土中的粒化高炉矿渣粉技术要求

项　目			级　别		
			S105	S95	S75
密度/(g/cm³)		≥	2.8		
比表面积/(m²/kg)		≥	500	400	300
活性指数/% ≥	7d		95	75	55
	28d		105	95	75
流动度比/%		≥	95		
含水量(质量分数)/%		≤	1.0		

项　目		级　别		
		S105	S95	S75
三氧化硫(质量分数)/%	≤		4.0	
氯离子(质量分数)/%	≤		0.06	
烧失量(质量分数)/%	≤		3.0	
玻璃体含量(质量分数)/%	≥		85	
放射性			合格	

　　矿渣微粉可以等量取代水泥,并降低水化热、提高抗渗性和耐蚀性、抑制碱-集料反应和提高长期强度等,可用于钢筋混凝土和预应力钢筋混凝土工程。大掺量粒化高炉矿渣粉混凝土特别适用于大体积混凝土、地下和水下混凝土、耐硫酸混凝土等。还可用于高强混凝土、高性能混凝土和预拌混凝土等。

3.3.6.3　硅灰

　　硅灰又称硅粉或硅烟灰,是从生产硅铁合金或硅钢等所排放的烟气中收集到的颗粒极细的烟尘,颜色呈浅灰到深灰。硅灰的颗粒是极细的玻璃球体,主要成分为无定形 SiO_2。

　　常用硅灰的技术指标见表 3-19。

表 3-19　硅灰的技术指标

技术要求	烧失量/%	SiO_2/%	比表面积/(m²/kg)	粒径范围/μm	活性指数(28d)/%
指标	≤6	≥85	≥150000	0.1~1.0	≥85

　　硅灰有很高的火山灰活性,它可配制高强、超高强混凝土,其掺量一般为水泥用量的5%~10%,在配制超高强混凝土时,掺量可达 20%~30%。

　　由于硅灰具有高比表面积,因而其需水量很大,将其作为混凝土掺合料须配以减水剂才能保证混凝土的和易性。硅灰用作混凝土掺合料有以下几方面作用:配制高强、超高强混凝土;改善混凝土的孔结构,提高混凝土的抗渗性和抗冻性;抑制碱-集料反应。

3.4　混凝土拌合物的性能

　　混凝土的各组分材料按一定的比例配合,经搅拌均匀后、未凝结硬化之前,称为混凝土拌合物或新拌混凝土。混凝土拌合物应便于施工,以保证能获得良好质量的混凝土。混凝土拌合物的性能主要考虑其和易性及凝结时间等。

3.4.1　和易性

3.4.1.1　和易性的概念

　　和易性是指混凝土拌合物易于施工操作(搅拌、运输、浇灌、捣实)并能获得质量均匀、成型密实的混凝土性能。和易性是一项综合的技术性质,包括流动性、黏聚性和保水性三方面的含义。

　　(1) 流动性　流动性是指混凝土拌合物在本身自重或施工机械振捣的作用下,能产生流动,并均匀密实地填满模板的性能。流动性好的混凝土操作方便,易于捣实、成型。

　　(2) 黏聚性　黏聚性是指混凝土拌合物在施工过程中,其组成材料之间具有一定的黏聚力,不致产生分层和离析的现象。在外力作用下,混凝土拌合物各组成材料的沉降不相同,如配合比例不当，黏聚性差，则施工中易发生分层（即混凝土拌合物各组分出现层状分离现象）、离析（即混凝土拌合物内某些组分分离、析出现象）等情况，致使混凝土硬化后产生"蜂窝"、"麻面"等缺陷，影响混凝土强度和耐久性。

（3）保水性　保水性是指混凝土拌合物在施工过程中，具有一定的保水能力，不致产生严重的泌水现象（指混凝土拌合物中部分水从水泥浆中泌出的现象）。保水性不良的混凝土，易出现泌水，水分泌出后会形成连通孔隙，影响混凝土的密实性；泌出的水还会聚集到混凝土表面，引起表面疏松；泌出的水积聚在集料或钢筋的下表面会形成孔隙，从而削弱了集料或钢筋与水泥石的黏结力，影响混凝土质量。

由此可见，混凝土拌合物的流动性、黏聚性、保水性有其各自的内容，而彼此既互相联系又存在矛盾。所谓和易性就是这三方面性质在一定工程条件下达到统一。

3.4.1.2　和易性的测定方法及评定

从和易性的定义可看出，和易性是一项综合技术性质，很难用一种指标全面反映混凝土拌合物的和易性。通常是以测定拌合物稠度（即流动性）为主，而黏聚性和保水性主要通过观察的方法进行评定。

国家标准《普通混凝土拌合物性能试验方法标准》（GB/T 50080—2002）规定，根据拌合物的流动性不同，混凝土的稠度的测定可采用坍落度与坍落扩展度法或维勃稠度法。

（1）坍落度试验　该方法适用于集料最大粒径不大于40mm、坍落度不小于10mm的混凝土拌合物稠度测定。

目前，尚没有能够全面反映混凝土拌合物和易性的测定方法。在工地和实验室，通常是做坍落度试验测定拌合物的流动性，并辅以直观经验评定黏聚性和保水性。

坍落度试验的方法是：将混凝土拌合物按规定方法装入标准圆锥坍落度筒（图3-10）内，装满刮平后，垂直向上将筒提起，移到一旁。混凝土拌合物由于自重将会产生坍落现象。然后量出向下坍落的尺寸（图3-11），该尺寸（单位：mm）就是坍落度，作为流动性指标，坍落度越大表示流动性越好。

图 3-10　混凝土坍落度筒

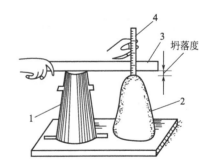

图 3-11　坍落度测定示意图
1—坍落度筒；2—拌合物试体；3—木尺；4—钢尺

在进行坍落度试验的同时，应观察混凝土拌合物的黏聚性、保水性，以便全面地评定混凝土拌合物的和易性。黏聚性的评定方法是用捣棒在已坍落的混凝土锥体侧面轻轻敲打，若锥体逐渐下沉，则表示黏聚性良好；如果锥体倒塌，部分崩裂或出现离析现象，则表示黏聚性不好。保水性的评定方法是以混凝土拌合物中稀水泥浆析出的程度来评定。坍落度筒提起后，如有较多稀水泥浆从底部析出，锥体部分混凝土拌合物也因失浆而集料外露，则表明混凝土拌合物的保水性能不好。如坍落度筒提起后无稀水泥浆或仅有少量稀水泥浆从底部析出，则表示此混凝土拌合物保水性良好。

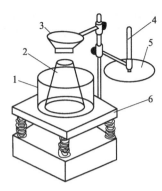

图 3-12　维勃稠度仪
1—容器；2—坍落度筒；
3—漏斗；4—测杆；
5—透明圆盘；6—振动台

混凝土拌合物根据坍落度不同，可分为 4 级：低塑性混凝土（坍落度为 10～40mm），塑性混凝土（坍落度为 50～90mm），流动性混凝土（坍落度为 100～150mm），大流动性混凝土（坍落度≥160mm）。

（2）维勃稠度法　坍落度小于 10mm 的干硬混凝土拌合物的流动性要用维勃稠度指标来表示。

维勃稠度法采用维勃稠度仪（图 3-12）测定。其方法是：开始在坍落度筒中按规定方法装满拌合物，提起坍落度筒，在拌合物试体顶面放一透明圆盘，开启振动台，同时用秒表计时，当振动到透明圆盘的底面被水泥浆布满的瞬间停止计时，并关闭振动台。由秒表读出时间即为该混凝土拌合物的维勃稠度值，精确至 1s。此方法适用于集料最大粒径不超过 40mm，维勃稠度在 5～30s 之间的混凝土拌合物的稠度测定。

干硬混凝土拌合物的流动性按维勃稠度大小，可分为 4 级：超干硬性混凝土（≥31s）；特干硬性混凝土（21～30s）；干硬性混凝土（11～20s）；半干硬性混凝土（5～10s）。

3.4.1.3　坍落度指标的选择

正确选择混凝土拌合物坍落度指标，对于保证混凝土的施工质量及节约水泥有着重要意义。在选择坍落度指标时，原则上应在便于施工操作并能保证振捣密实的条件下，尽可能取较小的坍落度，以节约水泥并获得质量较高的混凝土。

工程中选择新拌混凝土的坍落度，要根据结构类型、构件截面尺寸大小、配筋疏密和施工捣实方法等来确定。当构件尺寸较小或钢筋较密，或采用人工插捣时，坍落度可选择大些。当结构类型、构件截面尺寸大小、配筋疏密一定时，新拌混凝土坍落度与施工工艺的关系见表 3-20。

表 3-20　混凝土拌合物的坍落度

施工工艺	坍落度/mm	施工工艺	坍落度/mm
碾压混凝土	0	泵送浇筑、机械振捣混凝土	100～220
吊斗浇筑、机械振捣混凝土	10～90	泵送浇筑、自密实混凝土	＞220

3.4.2　影响和易性的主要因素

影响混凝土拌合物和易性的因素很多，主要有用水量与胶凝材料浆体量、砂率大小、组成材料性质、施工条件、环境温度及存放时间等。

3.4.2.1　胶凝材料浆体量与用水量

胶凝材料浆体是由水泥、混凝土矿物掺合料和水拌合而成的，具有流动性和可塑性的浆体。胶凝材料浆体量和用水量是混凝土拌合物最敏感的影响因素。增减 1kg 水，意味着增加或减少 1L 胶凝材料浆体量，同时还影响胶凝材料浆体黏度的大小。

混凝土拌合物的流动性是其在外力与自重作用下克服内摩擦阻力产生运动的反映。混凝土拌合物的内摩擦阻力，一部分来自胶凝材料浆体颗粒间的内聚力与黏性；另一部分来自集料颗粒间的摩擦力。前者主要取决于水胶比的大小，后者取决于集料颗粒间的摩擦系数。集料间胶凝材料浆体层越厚，摩擦力越小，因此原材料一定时，坍落度主要取决于胶凝材料浆体量多少和黏度大小。只增大用水量时，坍落度加大，而稳定性降低（即易于离析和泌水），也影响拌合物硬化后的性能，所以过去通常是维持水胶比不变，调整胶凝材料浆体量满足工作度要求；现在则掺用减水剂调整新拌混凝土流动性。

3.4.2.2　砂率

混凝土的砂率是指混凝土中砂的质量占砂、石总质量的百分率。即

$$S_P = \frac{S}{S+G} \times 100\% \tag{3-2}$$

式中　S_P——砂率，%；

　　　S——1m³ 混凝土中砂子的质量，kg；

　　　G——1m³ 混凝土中石子的质量，kg。

砂率反映新拌混凝土中砂子与石子的相对含量。由于砂子的粒径远小于石子，砂率的变动会使集料的空隙率和集料的总表面积有显著改变，因而对混凝土拌合物的和易性产生显著影响。

一般认为，在混凝土拌合物中是砂子填充石子的空隙，而胶凝材料浆体则填充砂子的空隙，同时有一定富余浆量包裹集料表面，润滑集料，使拌合物具有流动性和容易密实的性能。在胶凝材料浆体量一定时，砂率过大，集料的比表面积大，需要较多砂浆包裹集料表面，集料之间的胶凝材料浆体层厚度减小，内摩擦阻力加大，混凝土拌合物流动性变差；反之，砂率过小时，砂子不足以填充石子的空隙，胶凝材料浆体除了填充砂子的空隙外，还要填充石子的空隙，集料表面包裹的胶凝材料浆体层厚度减薄，石子间摩擦阻力同样加大，拌合物流动性也变差。

因此，混凝土配制时，应通过试验找出一个合理砂率。合理砂率是指在水胶比及胶凝材料用量一定的条件下，使新拌混凝土保持良好的黏聚性和保水性并获得最大流动性的砂率值。也可以说，合理砂率是指新拌混凝土获得要求的流动性，具有良好的黏聚性及保水性时，胶凝材料用量最省时的砂率。

3.4.2.3　组成材料性质

（1）集料　碎石比卵石粗糙、棱角多，内摩擦阻力大，因而在胶凝材料浆体量和水胶比相同条件下，流动性与压实性较差；石子最大粒径增大，需要包裹的胶凝材料浆减少，流动性改善，但稳定性受影响，即容易离析；细砂表面积大，拌制同样流动性的混凝土需要的胶凝材料浆或砂浆多。所以采用最大粒径小，但棱角和片针状颗粒少、级配好的粗集料，以及细度模数偏大的中粗砂、砂率稍高、胶凝材料浆量较多的拌合物，其工作度的综合指标为好。

（2）外加剂　引气剂可以增大拌合物的含气量，因此在加水一定的条件下使浆体体积增大，改善混凝土的流动性并减小泌水、离析，提高拌合物的黏聚性，这种作用的效果尤其在贫混凝土（胶凝材料用量少）或细砂混凝土中特别明显。

高效减水剂对拌合物流动性影响显著，但是许多这种产品的分散作用维持流动性的时间有限，例如只有 30～60min，过后拌合物的流动性就明显减小，这种现象称为坍落度损失，在很长时间里影响了它的推广应用。为此开发了许多延缓坍落度损失的方法，但在工地管理不是井然有序的情况下，这些措施难以保证实用效果。近年来开发出的新型高效减水剂，可以使混凝土坍落度损失明显减小，从搅拌到浇筑过程的数小时里几乎不出现任何损失，新型高效减水剂在混凝土生产中获得日益广泛的应用。

（3）矿物掺合料　掺有需水量较小的粉煤灰或磨细矿渣粉时，拌合物需水量降低，在用水量、水胶比相同时流动性明显改善。以粉煤灰代替部分砂子，通常在保持用水量一定条件

下使拌合物变稀。

3.4.2.4 施工条件和环境温度及存放时间的影响

不同搅拌机械拌和出的混凝土拌合物，即使原材料条件相同，流动性仍可能出现明显的差别。特别是搅拌水胶比小的混凝土拌合物，这种差别尤其显著。新型的搅拌机使混凝土均匀而充分的拌和得到较好的保证。即使是同类搅拌机，如果使用维护不当，叶片被硬化的混凝土拌合物逐渐包裹，就减弱了搅拌效果，使拌合物越来越不均匀，坍落度也会显著下降。

拌合物的和易性也受环境温度的影响，见图 3-13。因为环境温度的升高，水分蒸发及水泥水化反应加快，坍落度损失也变快。因此，施工中为保证一定的和易性，必须注意环境的变化，采取相应的措施。

拌合物拌制后，随时间的延长而逐渐变得干稠（见图 3-14），流动性减少，这是因为水分损失和水泥水化。水分损失的原因是：水泥水化消耗一部分水；集料吸收一部分水；水分蒸发。由于拌合物流动性的这种变化，在施工中测定和易性的时间，推迟至搅拌完成后约15min 为宜。

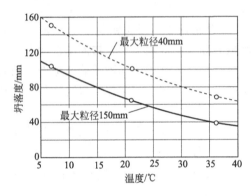

图 3-13 环境温度对拌合物坍落度的影响

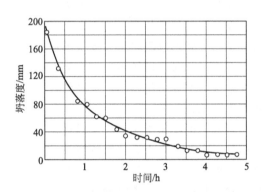

图 3-14 拌合物存放时间对坍落度的影响

3.4.3 混凝土拌合物的凝结时间

水泥的水化反应是混凝土产生凝结的主要原因，但是混凝土的凝结时间与配制该混凝土所用水泥的凝结时间并不一致，因为水泥浆体的凝结和硬化过程要受到水化产物在空间填充情况的影响。因此，水胶比的大小会明显影响混凝土凝结时间，水胶比越大，凝结时间越长。一般配制混凝土所用的水胶比与测定水泥凝结时间规定的水灰比是不同的，所以这两者的凝结时间便有所不同。而且混凝土的凝结时间，还会受到其他各种因素的影响，例如环境温度的变化、混凝土中掺入的外加剂（如缓凝剂或速凝剂等），将会明显影响混凝土的凝结时间。

通常用贯入阻力仪测定混凝土拌合物的凝结时间。先用 5mm 筛孔的筛从拌合物中筛取砂浆，按一定方法装入规定的容器中，然后每隔一定时间测定砂浆贯入到一定深度时的贯入阻力，绘制贯入阻力与时间的关系曲线，从而确定其凝结时间。贯入阻力达到3.5MPa 及28.0MPa 的时间，分别为新拌混凝土的初凝时间和终凝时间。通常情况下混凝土的凝结时间为6～10h，但水泥组分、环境温度、外加剂等都会对混凝土凝结时间产生影响。当混凝土拌合物在 10℃下养护时，其初凝和终凝时间要比 22℃时约分别延缓 4h和 7h。

了解凝结时间表征的混凝土特性变化，对制订施工进度计划和对不同种类外加剂的效果进行比较时很有用。

3.5　硬化混凝土的力学性能

强度是新拌混凝土硬化后的重要力学性质，也是混凝土质量控制的主要指标。混凝土的强度包括抗压强度、抗拉强度、抗弯强度、抗剪强度以及握裹钢筋强度等，其中抗压强度最大，抗拉强度最小，仅为抗压强度的 $1/10 \sim 1/20$，故混凝土主要用于承受压力。

3.5.1　混凝土的强度

3.5.1.1　混凝土立方体抗压强度

按照国家标准《普通混凝土力学性能试验方法标准》（GB/T 50081—2002）规定，将混凝土拌合物制作成边长为 150mm 的立方体试件，在标准条件 [温度（20±2）℃，相对湿度95％以上] 下，养护到 28d 龄期（从搅拌加水开始计时），测得的抗压强度值为混凝土立方体试件抗压强度（简称立方体抗压强度），其计算公式为

$$f_{cu} = \frac{F}{A} \tag{3-3}$$

式中　f_{cu}——混凝土立方体抗压强度，MPa；

　　　　F——试件破坏荷载，N；

　　　　A——试件承压面积，mm^2。

混凝土立方体抗压强度是混凝土承受外力、抵抗破坏能力大小的反映。

3.5.1.2　混凝土的强度等级

按照国家标准《混凝土结构设计规范》（GB 50010—2010），混凝土强度等级应按立方体抗压强度标准值确定。立方体抗压强度标准值指按标准方法制作和养护的边长为 150mm的立方体试件，在 28d 龄期用标准试验方法测得的具有 95％保证率的抗压强度，以 $f_{cu,k}$ 表示。

混凝土强度等级用符号 C 和立方体抗压强度标准值（MPa）来表示。目前我国把混凝土按立方体抗压强度标准值划分为 C15、C20、C25、C30、C35、C40、C45、C50、C55、C60、C65、C70、C75、C80 等强度等级。C7.5 和 C10 为低强度混凝土，强度等级超过 C60的混凝土被称为高强混凝土，强度等级超过 C100 的混凝土被称为超高强混凝土。混凝土强度等级是混凝土结构设计、施工质量控制和工程验收的重要依据。

建筑工程中常采用 C7.5 ~ C10 混凝土做基础、垫层和大体积结构；钢筋混凝土结构的混凝土强度等级不应低于 C15；当采用 HRB335 级钢筋时，混凝土强度等级不宜低于 C20；当采用 HRB400 和 RRB400 级钢筋以及承受重复荷载的构件，混凝土强度等级不得低于C20。预应力混凝土结构的混凝土强度等级不应低于 C30；当采用钢绞线、钢丝、热处理钢筋作预应力钢筋时，混凝土强度等级不宜低于 C40。

3.5.1.3　混凝土轴心抗压强度

我国国家规范规定，采用 150mm×150mm×300mm 的棱柱体标准试件，用标准试验方法测得的抗压强度称为混凝土轴心抗压强度，以 f_c 表示。

混凝土受压构件的实际长度常比它的截面尺寸大得多，因此，轴心抗压强度能更好地反映受压构件中混凝土的实际强度。结构设计中，常采用轴心抗压强度作为计算依据。

当采用非标准试件时，测得的强度值应乘以换算系数。采用 200mm×200mm×400mm试件时为 1.05，采用 100mm×100mm×300mm 或 φ150mm×300mm 试件时为 0.95。同等级别的混凝土测得轴心抗压强度比立方体抗压强度小。试验表明：在立方体抗压强度 $f_{cu} =$

$10\sim55$ 的范围内,轴心抗压强度 f_c 与 f_{cu} 之比为 $0.70\sim0.80$,即 $f_c=(0.70\sim0.80)f_{cu}$。考虑到结构中混凝土强度与试件强度的差异,并假定混凝土立方体抗压强度离差系数与轴心抗压强度离差系数相等,我国规范规定混凝土轴心抗压强度标准值取其等于 0.67 倍的立方体抗压强度标准值。

即
$$f_{c,k}=0.67f_{cu,k} \tag{3-4}$$

3.5.1.4 混凝土的抗拉强度

混凝土的抗拉强度只有抗压强度的 $1/10\sim1/20$,且随着混凝土强度等级的提高,比值降低。

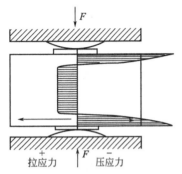

图 3-15 用劈裂法测定
混凝土抗拉强度

混凝土在工作时一般不依靠其抗拉强度。但抗拉强度对于抗开裂性有重要意义,在结构设计中抗拉强度是确定混凝土抗裂能力的重要指标。有时也用它来间接衡量混凝土与钢筋的黏结强度等。

混凝土抗拉强度的测定,各国采用的方法不尽相同,常用的方法有采用 $150mm\times150mm\times550mm$ 的棱柱体试件直接受拉法和采用标准立方体试件劈裂法。我国《普通混凝土力学性能试验方法标准》(GB 50081—2002)用标准立方体试件采用劈裂法测定混凝土的抗拉强度,称为劈裂抗拉强度。该方法的原理是对标准立方体试件通过垫块和垫条施加线荷载,在试件中间的垂直截面(两个)上(除垫条附近极小部分外),都将产生均匀的拉应力(图 3-15)。当拉应力达到混凝土的抗拉强度 f_{ts} 时,试件就对半劈裂。

根据弹性力学可计算出其抗拉强度为
$$f_{ts}=\frac{2F}{\pi A}=0.637\frac{F}{A} \tag{3-5}$$

式中 f_{ts}——混凝土劈裂抗拉强度,MPa;

  F——试件劈裂破坏荷载,N;

  A——试件劈裂面面积,mm^2。

3.5.1.5 混凝土的抗折强度

根据《普通混凝土力学性能试验方法标准》(GB/T 50081—2002)的规定,试验装置见图 3-16。试验机应能施加均匀、连续、速度可控的荷载,并带有能使两个相等荷载同时作用在试件跨度 3 分点处的抗折试验装置。

水泥混凝土抗折强度试件为直角棱柱体小梁,标准试件尺寸为 $150mm\times150mm\times600mm$,粗集料粒径应不大于 $40mm$;如确有必要,允许采用 $100mm\times100mm\times400mm$ 试件,集料粒径应不大于 $30mm$。

3.5.2 影响混凝土强度的因素

因普通混凝土常用集料的强度一般都高于硬化水泥浆,所以普通混凝土的强度主要取决于水泥石(硬化水泥浆)的强度,以及水泥石与集料之间的黏结强度。此外,混凝土的强度还受搅拌、振捣密实效果、养护条

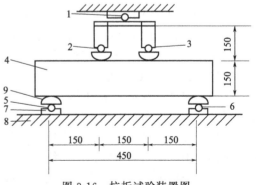

图 3-16 抗折试验装置图
1~3、5、6—钢球;4—试件;7—活动支座;
8—机台;9—活动船形垫块

件（温度、湿度）和龄期的影响。

3.5.2.1　水胶比

普通混凝土强度的主要来源是水泥石的强度及水泥石与集料的界面黏结强度。水泥石强度主要取决于水泥的矿物组成与硬化产物的孔隙率。而孔隙率又取决于水灰比和水化程度。

对于传统四组分（水泥、水、砂和石）混凝土，因为水泥水化所需的结合水，一般只占水泥质量的 23% 左右，但在拌制混凝土拌合物时，为了获得必要的流动性，实际采用水灰比达到 0.4～0.7。当混凝土硬化后，多余的水分或残留在混凝土中形成水泡，或蒸发后形成气孔，混凝土内部的孔隙削弱了混凝土抵抗外力的能力。因此，满足和易性要求的混凝土，在水泥强度等级相同的情况下，水灰比越小，水泥石的强度越高，与集料黏结力也越大，混凝土的强度就越高。如果加水太少（水灰比太小），拌合物过于干硬，在一定的捣实成型条件下，无法保证密实，混凝土中将出现较多的孔洞，强度也将下降 ［图 3-17(a)］。

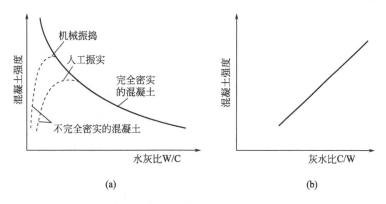

图 3-17　传统混凝土强度与水灰比及灰水比的关系

从图 3-17 可知：传统混凝土强度，随水灰比的增大而降低，呈曲线关系变化 ［图 3-17(a)］，而混凝土强度和灰水比则呈直线关系 ［图 3-17(b)］。所以，对于传统四组分混凝土，混凝土强度对水泥的强度和水泥用量有显著的依赖关系。

对于现代多组分混凝土来说，高效减水剂和矿物掺合料普遍应用，混凝土的水胶比[●]很容易降至 0.4 以下。在低水胶比（低于 0.4 或者更低）体系中，粉煤灰、矿渣和硅灰这些活性矿物掺合料在早期（3 天或更早）就发生水化反应，对水泥石强度有贡献。另一个重要原因：现代混凝土中粉煤灰、矿渣和硅灰的颗粒比水泥颗粒更细，在高效减水剂的作用下，胶凝材料之间的颗粒相互填充而密实，对于水泥石强度的提高有重要贡献。所以，现代混凝土强度对水泥强度和水泥用量的依赖性明显减少。例如，42.5 强度等级的水泥可以配制 C80 混凝土。

水泥石与集料的黏结强度与水胶比也有显著关系。水胶比越小，则水泥石与集料的黏结强度越高。但水胶比低于 0.3 时，掺加矿物细粉掺合料，混凝土界面过渡区在很大程度上得到强化，混凝土抗压强度大幅度提高。

总之，在掺加高效减水剂和矿物掺合料的混凝土中，水胶比决定着混凝土的强度，水胶比越低，混凝土强度越高。

3.5.2.2　集料的性质

质量好的集料是指集料有害杂质含量少，集料形状多为球形体，集料级配合理。采用质

　　[●]　这里水胶比指的是水与胶凝材料的质量比，而胶凝材料的质量是混凝土中水泥、粉煤灰、矿渣和硅灰等胶凝材料质量的总和。

量好的集料，混凝土强度高；表面粗糙且有棱角的碎石集料，与水泥石黏结力比较大，且集料颗粒间有嵌固作用，因而在水泥强度等级和水胶比相同的条件下，碎石混凝土的强度往往高于卵石混凝土。

3.5.2.3 搅拌与振捣效果

在施工过程中，必须将混凝土拌合物搅拌均匀，浇筑后必须捣固密实，才能使混凝土有达到预期强度的可能。

机械搅拌和捣实的力度比人力要强，因而，采用机械搅拌比人工搅拌的拌合物更均匀，采用机械捣实比人工捣实的混凝土更密实。强力的机械捣实可适用于更低水灰比的混凝土拌合物，获得更高的强度。改进施工工艺可提高混凝土强度，近年来研究采用的多次投料的新搅拌工艺，配制出造壳混凝土，具有提高强度的效果。所谓造壳，就是在粗、细集料表面裹上一层低水灰比的水泥浆薄壳，以提高水泥石和集料的界面黏结强度。

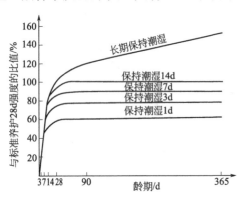

图 3-18 混凝土强度与保持潮湿日期的关系

3.5.2.4 养护条件

混凝土的养护是指混凝土浇筑完毕后，人为地（或自然地）使混凝土在保持足够湿度和适当温度的环境中进行硬化，并增长强度的过程。

① 干湿度的养护。干湿度直接影响混凝土强度增长的持久性。在干燥的环境中，混凝土强度的发展会随水分的逐渐蒸发而减慢或停止。因为混凝土结构内水泥的水化只能在有水的毛细管内进行，而且混凝土中大量的自由水在水泥的水化过程中，会被逐渐产生的凝胶所吸附，使内部供水泥水化反应的水愈来愈少。但潮湿的环境会不断地补充混凝土内水泥水化所需的水分，混凝土的强度就会持续不断地增长。

图 3-18 是混凝土强度与保持潮湿日期的关系。从图 3-18 可知，混凝土保持潮湿的时间越久，混凝土最终强度就越高。一般在混凝土浇筑完毕后 12h 内开始对混凝土加以覆盖或喷雾养护，并及早开始洒水养护。对硅酸盐水泥、普通水泥和矿渣水泥配制的混凝土浇水养护不得少于 7d；使用粉煤灰水泥和火山灰水泥，或掺有缓凝剂、膨胀剂，或有防水抗渗要求的混凝土浇水养护不得少于 14d。

② 养护温度的影响。养护温度是决定混凝土内水泥水化作用快慢的重要条件。养护温度高时，水泥水化速度快，混凝土硬化速度就较快，强度增长大。图 3-19 是养护温度对混凝土强度的影响。研究表明养护温度不宜高于 40℃，也不宜低于 4℃，最适宜的养护温度是 5~20℃，养护温度低时，硬化比较缓慢，但可获得较高的最终强度。若温度在冰点以下，不但水泥水化停止，而且有可能因冰冻导致混凝土结构疏松，强度严重降低，尤其是早期混凝土应特别加强防冻措施。在工厂生产预制混凝土构件时，为了缩短生产周期，提高生产效率，也可采用湿热养护的方法，即蒸汽养护或蒸压养护，但要减少混凝土中水泥熟料用量。

3.5.2.5 龄期

龄期是指混凝土在正常养护条件下所经历

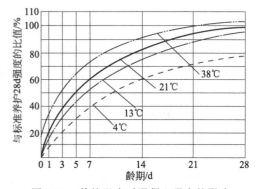

图 3-19 养护温度对混凝土强度的影响

的时间。在正常养护条件下，混凝土强度将随着龄期的增长而增长。最初 7～14d 内，强度增长较快，以后逐渐缓慢，28d 达到设计强度值。28d 以后强度增长变慢，只要保持适宜的温度和湿度，混凝土强度的增长可延续数十年之久。

普通水泥制成的混凝土，在标准条件养护下，龄期不小于 3d 的混凝土强度发展大致与其龄期的对数成正比关系。因而在一定条件下养护的混凝土，可按式(3-6)根据某一龄期的强度推算另一龄期的强度。

$$\frac{f_n}{\lg n}=\frac{f_a}{\lg a} \tag{3-6}$$

式中　f_n、f_a——龄期分别为 n 天和 a 天的混凝土抗压强度；

　　　　n、a——养护龄期，d，$a>3$，$n>3$。

【例 3-1】　某混凝土在标准条件［温度（20±3）℃，湿度＞95％］下养护 7d，测得其抗压强度为 21.0MPa，试估算该混凝土 28d 抗压强度可达多少？

解：根据式(3-6)，将数据代入，得该混凝土 28d 抗压强度 f_{28} 为

$$f_{28}=\frac{\lg 28}{\lg 7}\times f_7=\frac{1.45}{0.85}\times 21.0=35.82\text{MPa}$$

3.5.2.6　试验条件

在进行混凝土强度试验时，试件尺寸、形状、表面状态、含水率以及试验加荷速度等试验因素都会影响混凝土强度试验的测试结果。

（1）试件形状尺寸　测定混凝土立方体试件的抗压强度，也可以按粗集料最大粒径的尺寸而选用不同试件的尺寸。但是试件尺寸不同、形状不同，会影响试件的抗压强度测定结果。因为混凝土试件在压力机上受压时，在沿加荷方向发生纵向变形的同时，也按泊松比效应产生横向膨胀。而钢制压板的横向膨胀较混凝土小，因而在压板与混凝土试件受压面形成摩擦力，对试件的横向膨胀起着约束作用，这种约束作用称为"环箍效应"。环箍效应对混凝土抗压强度有提高作用。离压板越远，环箍效应越小，在距离试件受压面约 0.866a（a 为试件边长）范围外这种效应消失，破坏后的试件形状如图 3-20 所示。

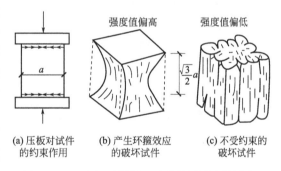

(a) 压板对试件　　(b) 产生环箍效应　　(c) 不受约束的
的约束作用　　　　的破坏试件　　　　破坏试件

图 3-20　压力机对混凝土试件抗压强度的影响

在进行强度试验时，试件尺寸越大，测得的强度值越低。这包括两方面的原因：一是环箍效应；二是由于大试件内存在孔隙、裂缝和局部较差等缺陷的几率大，从而降低了材料的强度。当采用非标准尺寸试件时，应将其抗压强度折算为标准试件抗压强度。换算系数需按表 3-21 的规定。

表 3-21　混凝土抗压强度试件允许最小尺寸表

集料最大颗粒直径/mm	换算系数	试件尺寸/mm
31.5	0.95	100×100×100（非标准试件）
40	1.00	150×150×150（标准试件）
63	1.05	200×200×200（非标准试件）

（2）表面状态　当混凝土受压面非常光滑时（如有油脂），由于压板与试件表面的摩擦力减小，使环箍效应减小，试件将出现垂直裂纹而破坏，测得的混凝土强度值较低。

（3）含水程度 混凝土试件含水率越高，其强度越低。

（4）加荷速度 在进行混凝土试件抗压强度试验时，若加荷速度过快，材料裂纹扩展的速度慢于荷载增加速度，会造成测得的强度值偏高。故在进行混凝土立方体抗压强度试验时，应按规定的加荷速度进行。

3.6 混凝土的体积稳定性

3.6.1 混凝土早期的体积变化

流动性大的塑性混凝土，在浇筑成型后 2.5～9h 之间（20℃养护条件下），由于混凝土泌水、浮浆而发生剧烈的收缩称之为早期收缩。对于坍落度较小的混凝土，浇筑成后发生的干燥收缩也称之为早期收缩。

3.6.1.1 泌水

泌水发生在稀拌合物中，这种拌合物在浇筑与捣实以后、凝结之前（不再发生沉降），表面会出现一层水分或浮浆（如图 3-21），大约为混凝土浇筑高度的 2% 或更大，这些水或

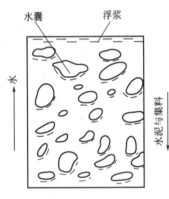

图 3-21 混凝土拌合物
泌水示意图

者向外蒸发，或者继续水化被吸回，伴随发生混凝土体积减小，这个现象对混凝土性能带来两方面影响：首先顶部或靠近顶部的混凝土因含水多，形成疏松的水化物结构，对路面的耐磨性等十分有害；其次，部分上升的水积存在集料下方形成水囊，进一步削弱水泥浆与集料间的黏结，即扩大了过渡区，明显影响硬化混凝土的强度和耐久性。

泌水多的主要原因是集料的级配不良，缺少 300μm 以下的颗粒，可以通过增大砂率弥补。当砂子过细或过粗，砂率不宜增大时，可以通过掺引气剂、高效减水剂或硅粉来改善，都会有不同程度的效果。采用二次抹压也是减少泌水、避免塑性沉降和收缩裂缝的有效措施。尤其对各种大面积的平板构件，浇筑后必须尽快开始养护，包括在混凝土表面喷雾或待其硬化后洒水、蓄水，用风障或遮阳棚保护，或喷养护剂、用塑料膜覆盖等以避免水分散失。

3.6.1.2 塑性收缩

混凝土从浇筑成型后到终凝这一时期是塑性收缩的早期或初期。此时混凝土还不是一个硬化体，还没有形成结构，尚处于可塑性状态。这时，水分从混凝土表面迅速蒸发；同时由于混凝土发生泌水，水分也从混凝土下部迅速上升，如图 3-22（a）所示。混凝土表面水分蒸发与泌水水分上升，使混凝土表面发生干燥收缩，体积缩小，从而使混凝土表面开裂，细小裂缝密布于混凝土表面，如图 3-22（b）所示。

3.6.1.3 沉降收缩

混凝土浇筑成型后，混凝土中密度大的组分（如砂、石）下沉，而水分则往上移动，遇到水平方向的钢筋时，下沉组分与上升组分均受到阻碍，沿着钢筋方向产生裂缝，如图3-23所示。

由于构件的位置不同，产生裂缝的位置也不同。梁、板上面的混凝土，由于沉降开裂，裂缝沿着钢筋的正上方。而柱、墙体侧面的混凝土，裂缝沿着水平钢筋的方向。裂缝的深度是从混凝土表面到达钢筋的上表面。

单方混凝土中用水量大，容易产生离析；混凝土拌合物流动性越大，越容易发生沉降开裂。从流变学方面分析，流变参数中屈服值小、黏性小的混凝土，容易发生沉降开裂。

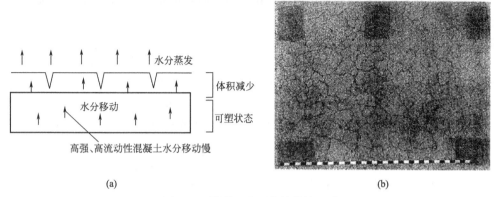

図 3-22　混凝土表面塑性收缩开裂

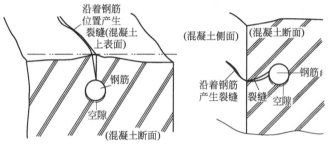

図 3-23　混凝土沉降裂缝图

3.6.2　硬化混凝土的体积变化

硬化混凝土除了受荷载作用产生变形外，在不受荷载作用的情况下，由于各种物理的或化学的因素也会引起局部或整体的体积变化。如果混凝土处于自由的非约束状态，那么体积变化一般不会产生不利影响。但是，实际使用中的混凝土结构总会受到基础、钢筋或相邻部件的牵制，而处于不同程度的约束状态。即使单一的混凝土试块没有受到外部的制约，其内部各组成相之间也还互相制约，因而仍处于约束状态。因此，混凝土的体积变化会由于约束的作用在混凝土内部产生拉应力。众所周知，混凝土能承受较高的压应力，而其抗拉强度却很低，一般不超过抗压强度的 10%。从理论上讲，在完全约束条件下，混凝土内部产生的拉应力约有三至十几兆帕（取决于混凝土的体积变化特性和弹性特性）。所以，混凝土受约束时，由于体积变化过大产生的拉应力一旦超过其自身的抗拉强度时，就会引起混凝土开裂，产生裂缝。裂缝不仅是影响混凝土承受设计荷载能力的一个弱点，而且还会严重损害混凝土的耐久性和外观。

硬化混凝土的变形有化学收缩、自生收缩、干缩湿胀、温度变形等几种常见情况。此外，还有受荷载作用下的变形。

3.6.2.1　化学收缩

混凝土体积的化学收缩是在没有干燥和其他外界影响下的收缩，其原因是水泥水化物的固体体积小于水化前反应物（水和水泥）的总体积。因此，混凝土的这种体积收缩是由水泥的水化反应所产生的固有收缩，亦称为化学减缩。混凝土的这一体积收缩变形是不能恢复的。化学收缩的收缩量随混凝土的龄期延长而增加，但是观察到的收缩率很小，为（4～

$100) \times 10^{-6} \text{mm/mm}$。因此，在结构设计中考虑限制应力作用时，不把它从较大的干燥收缩率中区分出来处理，而是一并在干燥收缩中一起计算。进一步研究表明，虽然化学减缩率很小，在限制应力下不会对结构产生破坏作用，但其收缩过程中在混凝土内部还是会产生微细裂缝，这些微细裂缝可能会影响到混凝土的承载性能和耐久性能。

3.6.2.2　自生收缩

自生收缩产生的原因是随着水泥水化的进行，在硬化水泥石中形成大量微细孔，孔中自由水量逐渐降低，结果产生毛细孔应力，造成硬化水泥石受负压作用而产生收缩。自生收缩也是化学收缩，但自生收缩值的大小与水灰比有关。计算表明：如果水灰比较大（$W/C \geqslant 0.42$），产生的自身收缩很小，与干缩相比可以忽略；水胶比越低，混凝土的自生收缩越大，例如，水胶比低于 0.3 的混凝土自生收缩率可以达到 $(2 \sim 4) \times 10^{-4} \text{mm/mm}$。

自生收缩是由于内部水分被水泥水化反应消耗所致，所以，通过阻止水分扩散到外部环境中的方法（如塑料膜覆盖养护）来降低自生收缩并不有效。

3.6.2.3　混凝土的干缩湿胀

处于空气中的混凝土当水分散失时，会引起体积收缩，称为干燥收缩，简称干缩。但受潮后体积又会膨胀，即为湿胀。

混凝土干燥和再受潮的典型行为见图 3-24。图中表明，混凝土在第一次干燥后，若再

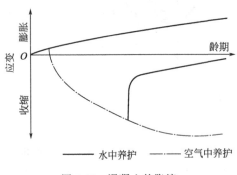

图 3-24　混凝土的胀缩

放入水中（或较高湿度环境中），将发生膨胀。可是，并非全部初始干燥产生的收缩都能为膨胀所恢复，即使长期置于水中也不可能全部恢复。因此，干燥收缩可分为可逆收缩和不可逆收缩两类。可逆收缩属于第一次干湿循环所产生的总收缩的一部分；不可逆收缩则属于第一次干燥总收缩的一部分，在继续的干湿循环过程中不再产生。事实上，经过第一次干燥再潮湿后的混凝土的后期干燥收缩将减小，即第一次干燥由于存在不可逆收缩，改善了混凝土的体积稳定性，这有助于混凝土制品的制造。

混凝土干缩产生的原因是：混凝土在干燥过程中，毛细孔水分向外蒸发，使毛细孔中形成负压，产生收缩力，导致混凝土收缩；当毛细孔中的水蒸发完后，如继续干燥，则凝胶体颗粒间吸附水也发生部分蒸发，缩小凝胶体颗粒间距离，甚至产生新的化学结合而收缩。因此，干燥的混凝土再次吸水时，干缩变形一部分可恢复，也有一部分不能恢复。

混凝土中过大的干缩会产生干缩裂缝，使混凝土性能变差，因此在设计时必须加以考虑。混凝土结构设计中干缩率取值一般为 $(1.5 \sim 2.0) \times 10^{-4} \text{mm/mm}$。

混凝土干缩主要是水泥石产生的，因此降低水泥用量、减小水胶比、加强养护是减少干缩的关键。

3.6.2.4　温度变形

混凝土与通常固体材料一样呈现热胀冷缩。一般室温变化对于混凝土没有什么大影响。但是温度变化很大时，就会对混凝土产生重要影响。混凝土与温度变化有关的变形除取决于温度升高或降低的程度外，还取决于其组成的热膨胀系数。

当温度变化引起的集料颗粒体积变化与水泥石体积变化相差很大时，或者集料颗粒之间的膨胀系数有很大差别时，都会产生有破坏性的内力。许多混凝土的裂缝与剥落实例都与此

有关。

在温度降低时，对于抗拉强度低的混凝土来说，体积发生冷缩应变造成的影响较大。例如，混凝土的热膨胀系数为 $(6 \sim 12) \times 10^{-6} /℃$，假设取 $10 \times 10^{-6} /℃$，则温度下降 15℃ 造成的冷收缩量达 $150 \times 10^{-6} \mathrm{mm/mm}$。如果混凝土的弹性模量为 21GPa，不考虑徐变等产生的应力松弛，该冷收缩受到完全约束所产生的弹性拉应力为 3.1MPa。因此，在结构设计中必须考虑到该冷收缩造成的不利影响。

混凝土温度变形稳定性，除降温或升温影响外，还有混凝土内部与外部的温差对体积稳定性产生的影响，即大体积混凝土存在的温度变形问题。

大体积混凝土内部温度上升，主要是由于水泥水化热蓄积造成的。水泥水化会产生大量水化热，经验表明，$1\mathrm{m}^3$ 混凝土中每增加 10kg 水泥，所产生的水化热能使混凝土内部温度升高 1℃。由于混凝土的导热能力很低，水泥水化发出的热量聚集在混凝土内部长期不易散失。大体积混凝土表面散热快、温度较低，内部散热慢、温度较高，因此在大体积混凝土内部的温度较外部高，有时可达 50～70℃。这将会造成混凝土表面和内部热变形不一致，在内部约束应力和外部约束应力作用下就可能产生裂缝。

为了减少大体积混凝土体积变形引起的开裂，目前常用的方法有：①用低水化热水泥和尽量减少水泥用量；②尽量减少用水量，提高混凝土强度；③选用热膨胀系数低的集料，减小热变形；④预冷原材料；⑤合理分缝、分块、减轻约束；⑥在混凝土中埋冷却水管；⑦表面保温绝热，调节表面温度的下降速率等。

3.6.2.5　荷载作用下的变形

（1）短期荷载作用下的变形　混凝土在短期荷载作用下的变形可分为四个阶段（见图 3-25）。

Ⅰ阶段：荷载小于混凝土极限荷载的 30% 时称为比例极限，应力约为 30% 轴心抗压强度，混凝土内的微裂缝和界面裂缝无明显变化，荷载与变形近似直线关系（图 3-25 中 OA 段）。

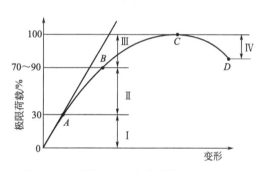

图 3-25　混凝土在短期荷载作用下的变形

Ⅱ阶段：荷载继续增加，达到破坏荷载的 70%～90% 时，水泥石内微裂缝和界面裂缝的数量、长度及宽度不断增大，界面借摩擦阻力继续分担荷载。混凝土内，变形速度大于荷载的增加速度，荷载与变形之间不再是线性关系（图 3-25 中 AB 段）。

Ⅲ阶段：荷载超过 70% 或达到破坏荷载，界面裂缝继续发展，水泥石中开始出现较大裂缝，与部分界面裂缝连接成连续裂缝，变形速度进一步加快，应力-应变曲线趋向水平（图 3-25 中 BC 段）。

Ⅳ阶段：外荷超过极限荷载以后，连续裂缝急速发展，进一步加宽，混凝土承载能力下降，荷载减小而变形迅速增大，以致完全破坏，曲线下弯而终止（图 3-25 中 CD 段）。

通过以上受单轴向压缩作用的混凝土力学行为可以看出，混凝土在不同应力状态下的力学性能特征与其内部裂缝演变规律有密切的联系。这为在钢筋混凝土和预应力钢筋混凝土结构设计中，规定相应的一系列混凝土力学性能指标（如混凝土设计强度、疲劳强度、长期荷载作用下的混凝土设计强度、预应力取值、弹性模量等等）提供了依据。

混凝土的弹性模量在结构设计、计算钢筋混凝土的变形和裂缝的开展中是不可缺少的参数。但由于混凝土应力-应变曲线的高度非线性，给混凝土弹性模量的确定带来困难。对硬化混凝土的静弹性模量，目前有三种处理方法（见图 3-26）。

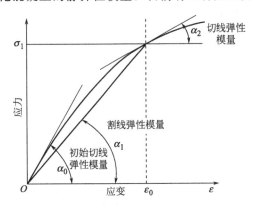

图 3-26 水泥混凝土弹性模量分类

① 初始切线模量。该值为混凝土应力-应变曲线的原点对曲线所作切线的斜率。由于混凝土受压的初始加荷阶段，原来存在于混凝土中的裂缝会在所加荷载作用下引起闭合，从而导致应力-应变曲线开始时稍呈凹形，使初始切线模量不易求得。另外，该模量只适用于小应力和应变，在工程结构计算中无实用意义。

② 切线模量。该值为应力-应变曲线上任一点对曲线所作切线的斜率。仅适用于考察某特定荷载处较小的附加应力所引起的应变反应。

③ 割线模量。该值为应力-应变曲线原点与曲线上相应于 40% 极限应力的点所作连线的斜率。该模量包括了非线性部分，也较易测准，适宜于工程应用。

混凝土强度等级为 C10～C60 时，其弹性模量约为 $(1.75\sim3.60)\times10^4$ MPa。

（2）长期荷载作用下的变形——徐变　混凝土承受持续荷载时，随时间的延长而增加的变形，称为徐变。

混凝土徐变在加荷早期增长较快，然后逐渐减慢，当混凝土卸载后，一部分变形瞬时恢复，还有一部分要过一段时间才恢复，称徐变恢复。剩余不可恢复部分，称残余变形。见图 3-27。

混凝土的徐变对混凝土及钢筋混凝土结构物的应力和应变状态有很大影响。徐变可能超过弹性变形，甚至达到弹性变形的 2～4 倍。在某些情况下，徐变有利于削弱由温度、干缩等引起的约束变形，从而防止裂缝的产生。但在预应力结构中，徐变将产生应力松弛，引起预应力损失，造成不利影响。因此，在混凝土结构设计时，必须充分考虑徐变的有利和不利影响。

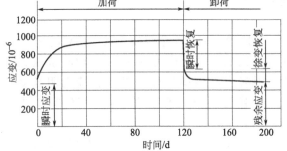

图 3-27　混凝土应变与加荷时间的关系（第 120d 卸荷）

影响混凝土徐变大小的主要因素，也是水泥用量多少和水灰比大小，即水泥用量越多，水灰比越大，徐变越大。

3.7　硬化混凝土的耐久性

用于构筑物的混凝土，不仅要具有能安全承受荷载的强度，还应具有耐久性，即要求混凝土在长期使用环境条件的作用下，能抵抗内、外不利影响，而保持其使用性能。

耐久性良好的混凝土，对延长结构使用寿命，减少维修保养费用，提高经济效益等具有重要的意义。下面介绍几种常见的耐久性问题。

3.7.1　混凝土的抗渗性

混凝土的抗渗性，是指其抵抗水、油等压力液体渗透作用的能力。它对混凝土的耐久性起着重要作用，因为环境中的各种侵蚀介质只有通过渗透才能进入混凝土内部产生破坏作用。

3.7.1.1　普通混凝土的抗渗性测试方法

普通混凝土的抗渗性用抗渗等级表示，共有 P4、P6、P8、P10、P12 五个等级。如 P4 表示混凝土能抵抗 0.4MPa 水压力而不渗水。

混凝土的抗渗试验采用 185mm×175mm×150mm 的圆台形试件，每组 6 个试件。按照标准试验方法成型并养护至 28~60d 期间内进行抗渗性试验。试验时将圆台形试件周围密封并装入模具，从圆台形试件底部施加水压力，初始压力为 0.1MPa，每隔 8h 增加 0.1MPa，当达到 6 个试件中有 4 个试件未出现渗水时的最大水压力，停止试验。《普通混凝土配合比设计规程》（JGJ 55—2011）中规定，具有抗渗要求的混凝土，试验要求的抗渗水压值应比设计值高 0.2MPa，试验结果应符合式(3-7) 要求：

$$P_t \geqslant \frac{P}{10} + 0.2 \tag{3-7}$$

式中　P_t——6 个试件中 4 个未出现渗水的最大水压值，MPa；

　　　P——设计要求的抗渗等级值。

3.7.1.2　高性能混凝土的抗渗性的评价标准

高性能混凝土由于具有很高的密实度，按现行国家标准用加压透水的方法无法正确评价其渗透性。目前较常用的混凝土渗透性评价方法是 ASTMC1202 直流电量法和 NEL 法。

ASTMC1202 直流电量法是将混凝土试块切割成厚度为 100mm×100mm×50mm 或直径为 100mm 高度为 50mm 的上下表面平行的试件，在真空下浸水饱和后，侧面密封安装到试验箱中，两端安置铜网电极，负极浸入 3% 的 NaCl 溶液，正极浸入 0.3mol/L 的 NaOH 溶液，通过计算 60V 电压下 6h 通电量来评价混凝土渗透性。ASTMC1202 法评价标准见表 3-22。

表 3-22　ASTMC1202 法评价标准

6h 总导电量/C	Cl⁻ 渗透性	相应类型的混凝土
>4000	高	W/C>0.6 的普通混凝土
2000~4000	中	中等水胶比(0.5~0.6)混凝土
1000~2000	低	低水胶比混凝土
100~1000	非常低	低水胶比，掺 5%~10%硅粉混凝土
<100	可忽略不计	低水胶比，掺 10%~15%硅粉混凝土

NEL 法是将标准养护 28d 的混凝土，切成 100mm×100mm×50mm 或 100mm（直径）×50mm 上下表面平行的试件，取其中三块试件在 NEL 型真空饱盐设备中用 4mol/L 的 NaCl 溶液中真空饱盐。擦去饱盐试件表面盐水并置于试件夹具上的尺寸为 φ50mm 的两紫铜电极间，再用 NEL 型氯离子扩散系数测试系统在低电压下（1~10V）对饱盐混凝土试件的氯离子扩散系数进行测定，饱盐完成后，可在 15min 内得到结果。NEL 法评价指标见表 3-23。

表 3-23　NEL 法评价指标

氯离子扩散系数/(10⁻¹⁴m²/s)	混凝土渗透性	氯离子扩散系数/(10⁻¹⁴m²/s)	混凝土渗透性
>1000	Ⅰ (很高)	10~50	Ⅴ (很低)
500~1000	Ⅱ (高)	5~10	Ⅵ (极低)
100~500	Ⅲ (中)	<5	Ⅶ (可忽略)
50~100	Ⅳ (低)		

提高混凝土抗渗性的关键是提高密实度，改善混凝土的内部孔隙结构。具体措施有降低水胶比，采用减水剂，掺加引气剂，选用致密、干净、级配良好的集料，加强养护等。

3.7.2 混凝土的抗冻性

混凝土的抗冻性是指混凝土含水时抵抗冻融循环作用而不破坏的能力。混凝土的冻融破坏原因是混凝土中水结冰后发生体积膨胀，当膨胀力超过其抗拉强度时，便使混凝土产生微细裂缝，反复冻融使裂缝不断扩展，导致混凝土强度降低直至破坏。

混凝土的抗冻性以抗冻等级表示。抗冻试验有两种方法，即慢冻法和快冻法。

3.7.2.1 慢冻法

采用立方体试块，以龄期 28d 的试块在吸水饱和后于 −15～20℃反复冻融循环（冻 4h，融 4h），用抗压强度下降不超过 25％，且质量损失不超过 5％时所能承受的最大冻融循环次数来表示，如 D50、D100 等。

3.7.2.2 快冻法

采用 100mm×100mm×400mm 的棱柱体试件，从龄期 28d 后进行试验，试件吸水饱和后承受冻融循环，一个循环在 2～4h 内完成，以同时满足相对弹性模量值不小于 60％，质量损失率不超过 5％时的最大循环次数来表示其抗冻性指标，如 F50、F100 等。

根据快速冻融循环最大次数，按式（3-8）可以求出混凝土的耐久性系数：

$$K_n = P_n \times \frac{n}{300} \tag{3-8}$$

式中 K_n——混凝土耐久性系数；

n——满足快冻法控制指标要求的最大冻融循环次数，次；

P_n——经 n 次冻融循环后试件的相对动弹性模量。

3.7.2.3 除冰盐对混凝土的破坏

在冬季，高速公路和城市道路为防止因结冰和积雪使汽车打滑造成交通事故，通常在路面撒盐（NaCl 或 $CaCl_2$）以降低冰点去除冰雪。国内外交通行业和学术界越来越注意到除冰盐会对混凝土路面和桥面造成严重的破坏。

提高密实度是提高混凝土抗冻性的关键，可以采取减小水胶比，掺加引气剂或减水型引气剂等措施。

3.7.3 混凝土的抗侵蚀性

混凝土在侵蚀性的介质中，可能遭受化学侵蚀而破坏。对混凝土有侵蚀性的介质包括软水侵蚀、硫酸盐侵蚀、镁盐侵蚀、碳酸侵蚀、一般酸侵蚀与强碱侵蚀等，其机理在 2.5 水泥章节中已作讲解。

3.7.4 混凝土的碳化

空气、土壤、地下水等环境中的酸性气体或液体侵入混凝土中，与水泥石中的碱性物质发生反应，使混凝土中的 pH 值下降的过程称为混凝土的中性化过程，其中，由大气环境中的 CO_2 引起的中性化过程称为混凝土的碳化。由大气中 CO_2 导致的碳化是最普通的混凝土中性化过程。

混凝土碳化反应产生的 $CaCO_3$ 和其他固态产物堵塞在孔隙中，使已碳化混凝土的密实度与强度提高。另一方面，碳化使混凝土脆性变大，但总体上讲，碳化对混凝土力学性能及构件受力性能的负面影响不大，混凝土碳化的最大危害是会引起钢筋锈蚀。碳化是一般大气环境下混凝土中钢筋脱钝锈蚀的前提条件，从而影响混凝土结构的耐久性。

3.7.5　碱-集料反应

碱-集料反应（Alkali-Aggregate Reaction，简称 AAR）是指混凝土中的碱与具有碱活性的集料间发生的膨胀性反应。这种反应引起明显的混凝土体积膨胀和开裂，改变混凝土的微结构，使混凝土的抗压强度、抗折强度、弹性模量等力学性能明显下降，严重影响结构的安全使用性，而且反应一旦发生很难阻止，更不易修补和挽救，被称为混凝土的"癌症"。

根据集料中活性成分的不同，碱-集料反应可分为三种类型：碱-硅酸反应（Alkali-Silica Reaction，简称 ASR）、碱-碳酸盐反应（Alkali-Carbonate Reaction，简称 ACR）和碱-硅酸盐反应（Alkali-Silicate Reaction）。

碱-集料反应发生的条件是原材料中碱含量较高，集料中含有活性成分及有水存在等三个条件。

预防措施可采用低碱水泥和低碱外加剂，对集料进行检测，不用活性集料，掺用引气剂，减小水灰比及掺加火山灰质混合材料等。

3.7.6　混凝土的氯离子侵蚀

氯盐对混凝土结构的劣化破坏，是指在混凝土中钢筋的表面，Cl^- 的含量达到某一极限值以后，使钢筋表面的钝化膜破坏，产生孔蚀；在空气和水分的作用下，形成宏观电池，使金属铁变成铁锈，体积膨胀，混凝土保护层发生开裂破坏，使结构承载能力降低，并逐步劣化破坏，如图 3-28 所示。

图 3-28　氯离子侵蚀引起的混凝土保护层发生开裂破坏

沿海混凝土结构及海洋工程混凝土结构的氯盐腐蚀破坏，是严重的混凝土结构的耐久性问题。据统计，世界上一些国家，由于环境对结构的腐蚀破坏造成的损失，平均可占国民生产总值的 2%～4%。

3.7.7　混凝土中钢筋的锈蚀

混凝土中水泥水化后在钢筋表面形成一层致密的钝化膜，故在正常情况下钢筋不会锈蚀，但钝化膜一旦遭到破坏，在有足够水和氧气的条件下会产生电化学腐蚀。由于钢筋锈蚀，一方面使钢筋有效截面减少，另一方面，锈蚀产物体积膨胀使混凝土保护层胀裂甚至脱落，钢筋与混凝土的黏结作用下降，破坏它们共同工作的基础，从而严重影响混凝土结构物的安全性和正常使用性能，如图 3-29 所示。

混凝土结构中的钢筋锈蚀可分为自然电化学腐蚀和杂散电流腐蚀，对于预应力混凝土结构，还可能发生应力腐蚀（腐蚀与拉应力作用下钢筋产生晶粒间或跨晶粒断裂现象）或氢脆腐蚀（由于 H_2S 与铁作用或杂散电流阴极腐蚀产生氢原子或氢气的腐蚀现象）。

3.7.8　混凝土的表面磨损

有三种情况会引起混凝土的表面磨损，一是机械耗损，如路面、机场跑道、厂房地坪混凝土受到反复摩擦、冲击

图 3-29　混凝土结构中的钢筋锈蚀

造成的；二是冲磨，如桥墩、水工泄水结构物受高速水流中夹带的泥砂、砾石颗粒的冲刷、撞击的摩擦造成的；三是空蚀，如水工泄水结构受水流速度和方向改变形成的空穴冲击作用造成的。

3.8 混凝土质量控制与配制强度

3.8.1 混凝土的质量控制

加强质量控制是现代化科学管理生产的重要环节。混凝土质量控制的目标，是要生产出质量合格的混凝土，即所生产的混凝土应能按规定的保证率满足设计要求的技术性质。混凝质量控制包括以下过程。

① 混凝土生产前的初步控制：主要包括人员配备、设备调试、组成材料的检验及配合比的确定与调整等内容。

② 混凝土生产过程中的控制：包括控制称量、搅拌、运输、浇筑、振捣及养护等内容。

③ 混凝土生产后的合格性控制：包括批量划分，确定取样数，确定检测方法和验收界限等内容。

在以上过程的任一步骤中（如原材料质量、施工操作、试验条件等）都存在着质量的随机波动，故进行混凝土质量控制时，如要做出质量评定就必须用数理统计方法。在混凝土生产质量管理中，由于混凝土的抗压强度与其他性能有较好的相关性，能较好地反映混凝土整体的质量情况，因此，工程中通常以混凝土抗压强度作为评定和控制其质量的主要指标。

3.8.2 混凝土强度的波动规律和保证率

3.8.2.1 混凝土强度的波动规律

对同一种混凝土进行系统的随机抽样，测试结果表明其强度的波动规律符合正态分布。该分布如图 3-30 所示，可用两个特征统计量——强度平均值（$\overline{f}_{cu}$）和强度标准差（σ）作出描述。强度平均值按式(3-9)计算：

$$\overline{f}_{cu} = \frac{1}{n} \sum_{i=1}^{n} f_{cu,i} \tag{3-9}$$

强度标准差（又称均方差）按式(3-10)计算：

$$\sigma = \sqrt{\frac{\sum_{i=1}^{n}(f_{cu,i} - \overline{f}_{cu})^2}{n-1}} = \sqrt{\frac{\sum_{i=1}^{n}f_{cu,i}^2 - n\overline{f}_{cu}^2}{n-1}} \tag{3-10}$$

式中 n——试验组数（$n \geq 25$）；

$f_{cu,i}$——第 i 组试件的抗压强度，MPa；

$\overline{f}_{cu}$——n 组抗压强度的算术平均值，MPa；

σ——n 组抗压强度的标准差，MPa。

强度平均值对应于正态分布曲线中的概率密度峰值处的强度值，即曲线的对称轴所在之处，如图 3-30 所示。故强度平均值反映了混凝土总体强度的平均水平，但不能反映混凝土强度的波动情况。

强度标准差是正态分布曲线上两侧的拐点离开强度平均值处对称轴的距离，它反映了强度离散性（即波动）的情况。如图 3-31 所示，σ 值越大，强度分布曲线越矮而宽，说明强度的离散程度较大，反映了生产管理水平低下，强度质量不稳定。

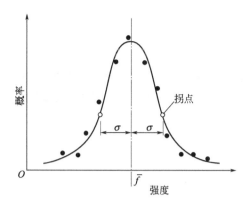

图 3-30　混凝土强度的正态分布曲线

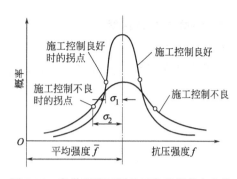

图 3-31　离散程度不同的两条强度分布曲线

由于在相同生产管理水平下，混凝土的强度标准差会随平均强度水平的提高而增大，故平均强度水平不同的混凝土之间质量稳定性的比较，可用变异系数 C_v 表征。C_v 可按下式计算：

$$C_v = \frac{\sigma}{\overline{f}_{cu}} \tag{3-11}$$

C_v 值越小，说明该混凝土强度质量越稳定。

3.8.2.2　混凝土强度的保证率

在混凝土强度质量控制中，除了须考虑到所生产的混凝土强度质量的稳定性之外，还必须考虑符合设计要求的强度等级的合格率，此即强度保证率。它是指在混凝土强度总体中，不小于设计要求的强度等级标准值（$f_{cu,k}$）的概率 $P(\%)$。如图 3-32 所示，强度正态分布曲线下的面积为概率的总和，等于 100%。

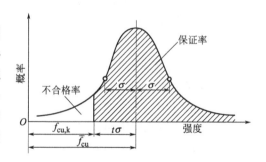

图 3-32　混凝土强度保证率

所以，强度保证率可按如下方法计算：首先，计算出概率度 t，即

$$t = \frac{\overline{f}_{cu} - f_{cu,k}}{\sigma} \tag{3-12}$$

$$t = \frac{\overline{f}_{cu} - f_{cu,k}}{C_v \overline{f}_{cu}} \tag{3-13}$$

再根据 t 值，由表 3-24 查得保证率 P（%）。

表 3-24　不同 t 值的保证率 P

t	0.00	0.50	0.84	1.00	1.20	1.28	1.40	1.60
$P/\%$	50.0	69.2	80.0	84.1	88.5	90.0	91.9	94.5
t	1.645	1.70	1.81	1.88	2.00	2.33	2.10	3.00
$P/\%$	95.0	95.5	96.5	97.0	97.7	99.0	99.4	99.87

工程中 $P(\%)$ 值可根据统计周期内，混凝土试件强度不低于要求的强度等级标准值的组数 N_0 与试件总数 N（$N \geqslant 25$）之比求得，即：

$$P = \frac{N_0}{N} \times 100\% \qquad (3\text{-}14)$$

3.8.3 混凝土配制强度

根据上述保证率概念可知，如果所配制的混凝土平均强度等于设计要求的强度等级标准值，则其强度保证率只有50%。因此，要达到高于50%的强度保证率，混凝土的配制强度必须高于设计要求的强度等级标准值。令混凝土的配制强度（$f_{cu,o}$）等于平均强度，即 $f_{cu,o} = \overline{f}_{cu}$，则有：

$$f_{cu,o} = f_{cu,k} + t\sigma \qquad (3\text{-}15)$$

由此可见，设计要求的保证率越大，配制强度就要越高；强度质量稳定性越差，配制强度就提高得越多。

我国目前规定，设计要求的混凝土强度保证率为95%，由表3-24可查得 $t=1.645$，由式(3-15)可得配制强度为：

$$f_{cu,o} = f_{cu,k} + 1.645\sigma \qquad (3\text{-}16)$$

3.9 普通混凝土的配合比设计

3.9.1 混凝土配合比设计基本要点

配合比设计优劣与混凝土性能有着直接、密切的关系。确认配合比的工作，称为配合比设计。

3.9.1.1 混凝土配合比设计的含义及表示方法

传统混凝土配合比是指混凝土各组成材料（水泥、水、砂、石）之间的比例关系，一种是用1m³混凝土拌合物中各材料的用量（以质量计）表示；另一种是用混凝土拌合物中各材料的质量比（以水泥质量为1计）表示。现代混凝土的配合比是指水泥、掺合料、水、砂、石、外加剂等材料之间的比例关系。

3.9.1.2 混凝土配合比设计的基本要求

混凝土配合比设计的基本要求包括以下四个方面：①满足结构设计要求的混凝土强度等级；②满足施工时要求的混凝土拌合物的和易性；③满足环境和使用条件要求的混凝土耐久性；④在满足上述要求的前提下，通过各种方法降低混凝土成本，符合经济性原则。

3.9.1.3 混凝土配合比设计的基本资料

在进行混凝土配合比设计时，须事先确定的基本资料有：

① 混凝土设计要求的强度等级；

② 工程所处环境，耐久性要求（如抗渗等级、抗冻等级等）；

③ 混凝土结构类型；

④ 施工条件，包括施工质量管理水平及施工方法（如强度标准差的统计资料，混凝土拌合物应采用的坍落度）；

⑤ 各项原材料的性质及技术指标，如水泥的品种及强度等级，集料的种类、级配、砂的细度模数、石子的最大粒径，各项材料的密度、表观密度及体积密度等。

3.9.2 普通混凝土配合比设计步骤

混凝土配合比设计步骤包括初步配合比计算、试配合调整、施工配合比的确定等。

3.9.2.1 初步配合比计算

混凝土初步配合比计算应按下列步骤进行：①计算配制强度 $f_{cu,o}$，并求出相应的水胶比；②选取每立方米混凝土的用水量，并计算出每立方米混凝土的水泥和掺合料用量；③选取砂率，计算粗集料和细集料的用量，并提出供试配用的初步配合比。

（1）确定配制强度（$f_{cu,o}$）《普通混凝土配合比设计规程》（JGJ 55—2011）规定，混凝土配制强度应按以下两种情况确定。

① 当混凝土的设计强度等级小于 C60 时，配制强度应按式（3-17）确定：

$$f_{cu,o} \geqslant f_{cu,k} + 1.645\sigma \tag{3-17}$$

式中　$f_{cu,o}$——混凝土配制强度，MPa；

　　　$f_{cu,k}$——混凝土立方体抗压强度标准值，MPa；

　　　σ——混凝土强度标准差，MPa。

② 当混凝土设计强度不小于 C60 时，配制强度应按式（3-18）确定：

$$f_{cu,o} \geqslant 1.15 f_{cu,k} \tag{3-18}$$

混凝土强度标准差 σ 应按下列规定确定。

当具有近 1～3 个月的同一品牌、同一强度等级混凝土的强度资料，且试件组数不小于 30 时，其混凝土强度标准差 σ 应按式（3-10）计算。

对于强度等级不大于 C30 的混凝土，当混凝土强度标准差计算值不小于 3.0MPa 时，应按式（3-10）计算结果取值；当混凝土强度标准差计算值小于 3.0MPa 时，应取 3.0MPa。

对于强度等级大于 C30 且小于 C60 的混凝土，当混凝土强度标准差计算值不小于 4.0MPa 时，应按式（3-10）计算结果取值；当混凝土强度标准差计算值小于 4.0MPa 时，应取 4.0MPa。

当没有近期的同一品种、同一强度等级混凝土强度资料时，其强度标准差 σ 可按表 3-25 取值。

表 3-25　标准差 σ 值

混凝土强度等级	≤C20	C25～C45	C50～C55
σ/MPa	4.0	5.0	6.0

（2）确定水胶比（W/B）《普通混凝土配合比设计规程》（JGJ 55—2011）规定，当混凝土强度等级小于 C60 时，混凝土水胶比宜按式（3-19）计算：

$$W/B = \frac{\alpha_a f_b}{f_{cu,o} + \alpha_a \alpha_b f_b} \tag{3-19}$$

式中　W/B——混凝土水胶比；

　　　α_a、α_b——回归系数，按表 3-26 取值；

　　　f_b——胶凝材料 28d 胶砂抗压强度，MPa，可实测，也可按式（3-20）进行计算。

回归系数 α_a、α_b 宜按下列规定确定：根据工程所使用的原材料，通过试验建立的水胶比与混凝土强度关系来确定；当不具备上述试验统计资料时，可按表 3-26 选用。

表 3-26　回归系数（α_a、α_b）取值表

系数 ＼ 粗集料品种	碎石	卵石
α_a	0.53	0.49
α_b	0.20	0.13

当胶凝材料 28d 胶砂抗压强度值 f_b 无实测值时，可按式（3-20）计算：

$$f_b = \gamma_s \gamma_f f_{ce} \tag{3-20}$$

式中 γ_f、γ_s——粉煤灰影响系数和粒化高炉矿渣影响系数，可按表 3-27 选用；

f_{ce}——水泥 28d 胶砂抗压强度，MPa，可实测，也可按式（3-21）确定。

表 3-27 粉煤灰影响系数（γ_f）和粒化高炉矿渣粉影响系数（γ_s）

种类 掺量/%	粉煤灰影响系数 γ_f	粒化高炉矿渣粉影响系数 γ_s
0	1.00	1.00
10	0.90～0.95	1.00
20	0.80～0.85	0.95～1.00
30	0.70～0.75	0.90～1.00
40	0.60～0.65	0.80～0.90
50	—	0.70～0.85

注：1. 采用 I 级、II 级粉煤灰宜取上限值。

2. 采用 S75 级粒化高炉矿渣粉宜取下限值，采用 S95 级粒化高炉矿渣粉宜取上限值，采用 S105 级粒化高炉矿渣粉可取上限值加 0.05。

3. 当超出表中的掺量时，粉煤灰和粒化高炉矿渣粉影响系数应经试验确定。

$$f_{ce} = \gamma_c f_{ce,g} \tag{3-21}$$

式中 γ_c——水泥强度等级值的富余系数，可按实际统计资料确定，当缺乏实际统计资料时，也可按表 3-28 选用；

$f_{ce,g}$——水泥强度等级值，MPa。

表 3-28 水泥强度等级值的富余系数（γ_c）

水泥强度等级值	32.5	42.5	52.5
富余系数	1.12	1.16	1.10

再根据《混凝土结构设计规程》（GB 50010—2010）中按混凝土耐久性要求规定的最大水胶比，由表 3-29 查得相应的最大水胶比限值。

表 3-29 耐久性要求规定的最大水胶比

环境类别	条件	最大水胶比	最低强度等级
一	室内干燥环境； 无侵蚀性静水浸没环境	0.60	C20
二 a	室内潮湿环境； 严寒和非严寒地区的露天环境； 严寒和非严寒地区无侵蚀性的水或土壤直接接触的环境； 严寒和非严寒地区的冰冻线以下无侵蚀性的水或土壤直接接触的环境	0.55	C25
二 b	干湿交替环境； 水位频繁变动环境； 严寒和非严寒地区的露天环境； 严寒和非严寒地区的冰冻线以上无侵蚀性的水或土壤直接接触的环境	0.50 (0.55)	C30 (C25)
三 a	严寒和非严寒地区冬季水位变动区环境受除冰盐影响环境； 海风环境	0.45 (0.50)	C35 (C30)
三 b	盐渍土环境； 受除冰盐作用环境； 海岸环境	0.40	C40

最后，在分别由强度和耐久性要求所得的两个水胶比中，选取其中小者确认为所求水胶比。

（3）确定 1m³ 混凝土的用水量（m_{wo}，kg/m³）　根据施工要求的拌合物稠度和已知的粗集料种类及最大粒径，水胶比在 0.40～0.80 范围时，可按表 3-30 和表 3-31 选取；水胶比小于 0.40 时，可通过试验确定。

表 3-30　干硬性混凝土的用水量　　　　单位：kg/m³

拌合物稠度		卵石最大公称粒径/mm			碎石最大粒径/mm		
项目	指标	10.0	20.0	40.0	16.0	20.0	40.0
维勃稠度/s	16～20	175	160	145	180	170	155
	11～15	180	165	150	185	175	160
	5～10	185	170	155	190	180	165

表 3-31　塑性混凝土的用水量　　　　单位：kg/m³

拌合物稠度		卵石最大粒径/mm				碎石最大粒径/mm			
项目	指标	10.0	20.0	31.5	40.0	16.0	20.0	31.5	40.0
坍落度/mm	10～30	190	170	160	150	200	185	175	165
	35～50	200	180	170	160	210	195	185	175
	55～70	210	190	180	170	220	205	195	185
	75～90	215	195	185	175	230	215	205	195

注：1. 本表用水量系采用中砂时的取值。采用细砂时，1m³ 混凝土用水量可增加5～10kg；采用粗砂时，可减少5～10kg。

2. 掺用矿物掺合料和外加剂时，用水量应相应调整。

若掺加外加剂时，每立方米流动性或大流动性混凝土的用水量 m_{wo} 可按式（3-22）计算：

$$m_{wo}=m'_{wo}(1-\beta)\tag{3-22}$$

式中　m_{wo}——计算配合比每立方米混凝土的用水量，kg/m³；

m'_{wo}——未掺外加剂时推定的满足实际坍落度要求的每立方米混凝土用水量，kg/m³，以表 3-31 中 90mm 坍落度的用水量为基础，按每增大 20mm 坍落度相应增加 5kg/m³ 用水量来计算，当坍落度增大到 180mm 以上时，随坍落度相应增加的用水量可减少；

β——外加剂的减水率，%，应经混凝土试验确定。

每立方米混凝土中外加剂用量 m_{ao} 应按式（3-23）计算：

$$m_{ao}=m_{bo}\beta_a\tag{3-23}$$

式中　m_{ao}——计算配合比每立方米混凝土中外加剂用量，kg/m³；

m_{bo}——计算配合比每立方米混凝土中胶凝材料用量，kg/m³；

β_a——外加剂掺量，%，应经混凝土试验确定。

（4）确定 1m³ 混凝土中胶凝材料总用量（m_{bo}）、矿物掺合料用量（m_{fo}）和水泥用量（m_{co}）。根据选定的单位用水量（m_{wo}）和已确定的水胶比（W/B），可由式（3-24）计算胶凝材料总用量（kg/m³）：

$$m_{bo}=\frac{m_{wo}}{W/B}\tag{3-24}$$

式中 m_{bo}——计算配合比每立方米混凝土中胶凝材料用量，kg/m³；

m_{wo}——计算配合比每立方米混凝土用水量，kg/m³；

W/B——混凝土水胶比。

再根据选定的使用环境条件的耐久性要求，查表 3-32 得规定的 1m³ 混凝土最小的胶凝材料用量。最后，取两值中大者确定为 1m³ 混凝土的胶凝材料总用量。

表 3-32　混凝土的最小胶凝材料用量

最大水胶比	最小胶凝材料用量/(kg/m³)		
	素混凝土	钢筋混凝土	预应力混凝土
0.60	250	280	300
0.55	280	300	300
0.50	320		
≤0.45	330		

1m³ 混凝土的胶凝材料总用量中，矿物掺合料用量（m_{fo}）应按式(3-25)计算：

$$m_{fo} = m_{bo}\beta_f \tag{3-25}$$

式中 m_{fo}——计算配合比 1m³ 混凝土中矿物掺合料用量，kg/m³；

β_f——矿物掺合料掺量，%。

β_f 可结合表 3-33 和表 3-34 确定。

表 3-33　钢筋混凝土中矿物掺合料最大掺量

矿物掺合料种类	水胶比	最大掺量/%	
		硅酸盐水泥	普通硅酸盐水泥
粉煤灰	≤0.40	≤45	≤35
	>0.40	≤40	≤30
粒化高炉矿渣粉	≤0.40	≤65	≤55
	>0.40	≤55	≤45
钢渣粉	—	≤30	≤20
磷渣粉	—	≤30	≤20
硅灰	—	≤10	≤10
复合掺合料	≤0.40	≤60	≤50
	>0.40	≤50	≤40

注：1. 采用其他通用硅酸盐水泥时，宜将水泥混合材掺量 20% 以上的混合材量计入矿物掺合料。

2. 复合掺合料各组分的掺量不宜超过单掺时的最大掺量。

3. 在混合使用两种或两种以上矿物掺合料时，矿物掺合料总掺量应符合表中复合掺合料的规定。

表 3-34　预应力钢筋混凝土中矿物掺合料最大掺量

矿物掺合料种类	水胶比	最大掺量/%	
		硅酸盐水泥	普通硅酸盐水泥
粉煤灰	≤0.40	≤35	≤30
	>0.40	≤25	≤20
粒化高炉矿渣粉	≤0.40	≤55	≤45
	>0.40	≤45	≤35

续表

矿物掺合料种类	水胶比	最大掺量/%	
		硅酸盐水泥	普通硅酸盐水泥
钢渣粉	—	≤20	≤10
磷渣粉	—	≤20	≤10
硅灰	—	≤10	≤10
复合掺合料	≤0.40	≤50	≤40
	>0.40	≤40	≤30

注：1. 采用其他通用硅酸盐水泥时，宜将水泥混合材掺量 20% 以上的混合材量计入矿物掺合料。

2. 复合掺合料各组分的掺量不宜超过单掺时的最大掺量。

3. 在混合使用两种或两种以上矿物掺合料时，矿物掺合料总掺量应符合表中复合掺合料的规定。

$1m^3$ 混凝土的胶凝材料总用量中，水泥用量 m_{co}（kg/m^3）应按式（3-26）计算：

$$m_{co} = m_{bo} - m_{fo} \tag{3-26}$$

（5）确定砂率（β_s）　使混凝土具有良好和易性（特别是黏聚性、保水性）的合理砂率，可根据粗集料的种类、最大粒径及已确定的水胶比，在表 3-35 中给出的范围内选定。

表 3-35　混凝土的砂率

水胶比（W/B）	卵石最大公称粒径/mm			碎石最大粒径/mm		
	10.0	20.0	40.0	16.0	20.0	40.0
0.40	26～32	25～31	24～30	30～35	29～34	27～32
0.50	30～35	29～34	28～33	33～38	32～37	30～35
0.60	33～38	32～37	31～36	36～41	35～40	33～38
0.70	36～41	35～40	34～39	39～44	38～43	36～41

注：1. 本表数值系中砂的选用砂率，对细砂或粗砂，可相应地减少或增大砂率。2. 采用人工砂配制混凝土时，砂率可适当增大。3. 只用一个单粒级粗集料配制混凝土时，砂率应适当增大。4. 适用坍落度为 10～60mm，超出另行凭经验确定。

（6）确定 $1m^3$ 混凝土中的砂、石用量（kg/m^3）　计算砂、石用量的方法有质量法和体积法两种。

采用质量法时，按式（3-27）计算：

$$\left. \begin{array}{l} m_{fo} + m_{co} + m_{go} + m_{so} + m_{wo} = m_{cp} \\[2mm] \dfrac{m_{so}}{m_{go} + m_{so}} \times 100\% = \beta_s \end{array} \right\} \tag{3-27}$$

式中　m_{fo}——$1m^3$ 混凝土的矿物掺合料用量，kg/m^3；

m_{co}——$1m^3$ 混凝土的水泥用量，kg/m^3；

m_{go}——$1m^3$ 混凝土的粗集料用量，kg/m^3；

m_{so}——$1m^3$ 混凝土的细集料用量，kg/m^3；

m_{wo}——$1m^3$ 混凝土的用水量，kg/m^3；

β_s——砂率，%；

m_{cp}——$1m^3$ 混凝土拌合物的假定质量，kg/m^3，可取 2350～2450kg/m^3。

联立两式求解，即可求出 m_{go}、m_{so}。

采用体积法时，按式（3-28）计算：

$$\left.\begin{array}{l} \dfrac{m_{co}}{\rho_c}=\dfrac{m_{fo}}{\rho_f}+\dfrac{m_{go}}{\rho_g}+\dfrac{m_{so}}{\rho_s}+\dfrac{m_{wo}}{\rho_w}+0.01a=1 \\[4mm] \dfrac{m_{so}}{m_{go}+m_{so}}\times100\%=\beta_s \end{array}\right\} \tag{3-28}$$

式中 ρ_c——水泥密度，kg/m^3，应测定，也可取 $2900\sim3100kg/m^3$；

ρ_f——矿物掺合料密度，kg/m^3，应测定；

ρ_g——粗集料的表观密度，kg/m^3，应测定；

ρ_s——细集料的表观密度，kg/m^3，应测定；

ρ_w——水的密度，kg/m^3，可取 $1000kg/m^3$；

a——混凝土的含气量百分数，在不使用引气型外加剂时，a 可取为 1。

联立两式求解，即可求出 m_{go}、m_{so}。

通过以上计算得到的 $1m^3$ 混凝土各材料的用量，即为初步配合比设计（m_{co}、m_{fo}、m_{wo}、m_{go}、m_{so}）。因为此配合比是利用经验公式或经验资料获得的，因而由此配方的混凝土有可能不符合实际的要求，所以须对配合比进行试配、调整与确定。

3.9.2.2　配合比的试配、调整与确定

混凝土试配应采用强制式搅拌机进行搅拌，并应符合《混凝土试验用搅拌机》的规定，搅拌方法宜与施工采用的方法相同。试验室成型条件应符合《普通混凝土拌合物性能试验方法标准》的规定。每盘混凝土试配的最小搅拌量应符合表 3-36 的规定，并不应小于搅拌机公称容量的 1/4，且不应大于搅拌机的公称容量。

表 3-36　混凝土试配的最小搅拌量

粗集料最大公称粒径/mm	拌合物数量/L
≤31.5	20
40.0	25

① 检查该混凝土拌合物和易性是否符合要求。如流动性太大，可在砂率不变条件下，适当增加砂、石；若流动性太小，可保持水胶比不变，增加适量的水和胶凝材料或减水剂；若黏聚性和保水性不良，可适当增加砂率，直到和易性满足要求为止。调整和易性后提出的配合比，即是可供混凝土强度试验用的试拌配合比，也称混凝土基准配合比。

② 在混凝土基准配合比的基础上应进行混凝土强度试验，并应符合以下规定。

a. 应采用三个不同的配合比，其中一个应为混凝土基准配合比，另外两个配合比的水胶比宜较混凝土基准配合比分别增加和减少 0.05，用水量应与混凝土基准配合比相同，砂率可分别增加和减少 1%。

b. 进行混凝土强度试验时，拌合物性能应符合设计和施工要求。

c. 进行混凝土强度试验时，每个配合比应至少制作一组试件，并应标准养护到 28d 或设计规定龄期时试压。接着通过将所测混凝土强度与相应的水胶比作图或插值法计算，求出略大于混凝土配制强度（$f_{cu,o}$）的相应的水胶比。最后按以下法则确定 $1m^3$ 混凝土中各材料的用量：

用水量（$m_{w,sh}$）——在混凝土基准配合比的基础上，用水量应根据确定的水胶比作调整；

胶凝材料用量（$m_{b,sh}$）——应以用水量乘以确定的胶水比计算得出，包括水泥用量（$m_{c,sh}$）

和矿物掺合料用量（$m_{f,sh}$）；

粗集料和细集料用量（$m_{g,sh}$ 和 $m_{s,sh}$）——应根据用水量和胶凝材料用量进行调整。

至此得到的配合比，还应根据实测的混凝土拌合物的表现密度（$\rho_{c,t}$）作校正，以确定 $1m^3$ 混凝土拌合物的各材料用量。因此，先按式（3-29）计算出混凝土拌合物的计算表现密度（$\rho_{c,c}$）：

$$\rho_{c,c} = m_{c,sh} + m_{f,sh} + m_{g,sh} + m_{s,sh} + m_{w,sh} \qquad (3\text{-}29)$$

再计算出校正系数（δ）：

$$\delta = \frac{\rho_{c,t}}{\rho_{c,c}} \qquad (3\text{-}30)$$

再按下式计算出实验室配合比：

$$\left.\begin{array}{l} m_c = m_{c,sh}\delta \\ m_f = m_{f,sh}\delta \\ m_w = m_{w,sh}\delta \\ m_s = m_{s,sh}\delta \\ m_g = m_{g,sh}\delta \end{array}\right\} \qquad (3\text{-}31)$$

3.9.2.3　混凝土的施工配合比

混凝土的试验室配合比中砂、石是以干燥状态计量的，然而工地上使用的砂、石却含有一定的水分，因此，工地上实际的砂、石称量应按含水情况作修正，同时用水量也应作相应修正，修正后的 $1m^3$ 混凝土各材料用量称为施工配合比。

设施工配合比 $1m^3$ 混凝土各材料用量为 m_c'、m_w'、m_s'、m_g'，单位均为 kg，又设砂的含水率为 $a\%$，石子的含水率为 $b\%$，则有：

$$\left.\begin{array}{l} m_c' = m_c \\ m_f' = m_f \\ m_s' = m_s(1 + a\%) \\ m_g' = m_g(1 + b\%) \\ m_w' = m_w - a\%m_s - b\%m_g \end{array}\right\} \qquad (3\text{-}32)$$

3.9.3　普通混凝土配合比设计的实例

【例 3-2】某教学楼现浇钢筋混凝土柱，混凝土柱截面最小尺寸为 300mm，钢筋间距最小尺寸为 60mm。该柱在露天受雨雪影响。混凝土设计等级为 C30，采用 42.5 级普通硅酸盐水泥，无实测强度，密度为 $3.1g/cm^3$；粉煤灰为 Ⅱ 级灰，密度为 $2.21g/cm^3$；砂为中砂，密度为 $2.60g/cm^3$；堆积密度为 $1500kg/m^3$；石子为碎石，表观密度为 $2.69g/cm^3$，堆积密度为 $1550kg/m^3$。混凝土要求坍落度 35～50mm，施工采用机械搅拌、机械振捣，施工单位无混凝土强度标准差的历史统计资料。试设计混凝土配合比。

解：1. 初步配合比的确定

（1）根据《混凝土配合比设计规程》中的规定，由表 3-33 可以得出，粉煤灰掺量宜取 30%。

配制强度 $f_{cu,o}$ 的确定　　　　　$f_{cu,o} \geqslant f_{cu,k} + 1.645\sigma$

由于施工单位没有 σ 的统计资料，查表 3-25 可得，$\sigma = 5.0MPa$，同时 $f_{cu,k} = 30MPa$，代入上式得

$$f_{cu,o} \geqslant (30+1.645 \times 5)MPa = 38.2MPa$$

（2）确定水胶比 W/B。

$$\frac{W}{B} = \frac{\alpha_a f_b}{f_{cu,o} + \alpha_a \alpha_b f_b}$$

采用碎石，查表 3-26 可得：$\alpha_a = 0.53$，$\alpha_b = 0.20$。

$f_b = \gamma_f \gamma_s \gamma_{ce} = \gamma_f \gamma_s \gamma_a f_{ce,g} = 0.75 \times 1.16 \times 42.5MPa = 37.0MPa$，其中 γ_f、γ_s 由表 3-27 查得，γ_c 由表 3-28 查得，代入式（3-20）得

$$\frac{W}{B} = \frac{0.53 \times 37.0}{38.2 + 0.53 \times 0.20 \times 37.0} = 0.47$$

由于柱子所处环境受雨雪影响，为干湿交替环境，根据表 3-29，处于该条件下的混凝土水胶比不得超过 0.50。故该计算符合要求，取 W/B=0.47。

（3）确定单位用水量 m_{wo}。首先确定粗集料最大粒径，由前述可知

$$D_{max} \leqslant \frac{1}{4} \times 300mm = 75mm$$

同时

$$D_{max} \leqslant \frac{3}{4} \times 60mm = 45mm$$

因此，粗集料最大粒径按公称粒径可选用 $D_{max} = 31.5mm$，即采用 5～31.5mm 的碎石。

查表 3-31，单位用水量选取 185kg/m³。

（4）计算胶凝材料用量。

$$m_{bo} = \frac{m_{wo}}{W/B} = \frac{185}{0.47} = 394kg/m^3$$

由于粉煤灰掺量为 30%，故 $m_{fo} = m_{bo} \times 30\% = 394 \times 30\% kg/m^3 = 118kg/m^3$

$$m_{co} = m_{bo} - m_{fo} = (394-118)kg/m^3 = 276kg/m^3$$

（5）确定砂率。查表 3-35 并按线性插值法计算后可知，本工程砂率宜选 30%～35%，最终确定砂率选取 35%。

（6）计算砂石用量。采用体积法：

$$\begin{cases} 1 = \frac{m_{co}}{\rho_c} + \frac{m_{fo}}{\rho_f} + \frac{m_{go}}{\rho_g} + \frac{m_{so}}{\rho_s} + \frac{m_{wo}}{\rho_w} + 0.01\alpha = \frac{376}{3100} + \frac{118}{2200} + \frac{m_{go}}{2690} + \frac{m_{so}}{2600} + \frac{185}{1000} + 0.01 \\ \beta_s = \frac{m_{so}}{m_{so} + m_{go}} \times 100\% = 35\% \end{cases}$$

解方程组得 $m_{so} = 616kg/m^3$，$m_{go} = 1144kg/m^3$。

经初步计算，每立方米混凝土材料用量比例为

$$m_{co} : m_{fo} : m_{wo} : m_{so} : m_{go} = 276 : 118 : 185 : 616 : 1144$$

2. 配合比的调整

（1）和易性的调整。按初步配合比，称取 15L 混凝土的材料用量，水泥为 4.14kg/m³，粉煤灰为 1.77kg/m³，水为 2.78kg/m³，砂为 9.24kg/m³，石为 17.16kg/m³，按照规定方法拌和，测得坍落度为 38mm，符合工程要求，混凝土黏聚性、保水性均良好。

（2）强度校核。采用水胶比为 0.42、0.47 和 0.52 三个不同的配合比，配制三组混凝土试件，并检验和易性，测得混凝土拌合物表观密度，分别制作混凝土试块，标准养护 28d，然后测其强度，其结果见表 3-37。

表 3-37　混凝土 28d 强度值

W/B	混凝土配合比/kg					坍落度/mm	表观密度/(kg/m³)	强度/MPa
	水泥	粉煤灰	砂	石	水			
0.42	4.63	1.99	9.24	17.16	2.78	32	2355	44.1
0.47	4.14	1.77	9.24	17.16	2.78	38	2350	39.5
0.52	3.74	1.61	9.24	17.16	2.78	48	2340	32.9

根据结果，选取水胶比为 0.47 的基准配合比为试验室配合比。按实测表观密度校核。

（3）表观密度的矫正和试验室配合比。

$$\delta = \frac{2350}{4.14+1.77+9.24+17.16+2.78}\,\mathrm{kg/m^3} = 67.0\,\mathrm{kg/m^3}$$

$$m_c = 4.14 \times 67.0\,\mathrm{kg/m^3} = 277\,\mathrm{kg/m^3}$$

$$m_f = 1.77 \times 67.0\,\mathrm{kg/m^3} = 119\,\mathrm{kg/m^3}$$

$$m_w = 2.78 \times 67.0\,\mathrm{kg/m^3} = 186\,\mathrm{kg/m^3}$$

$$m_s = 9.24 \times 67.0\,\mathrm{kg/m^3} = 619\,\mathrm{kg/m^3}$$

$$m_g = 17.16 \times 67.0\,\mathrm{kg/m^3} = 1150\,\mathrm{kg/m^3}$$

即确定的混凝土配合比为 $m_c : m_f : m_w : m_s : m_g = 277 : 119 : 186 : 619 : 1150$。

（4）施工配合比。在进行大量搅拌时，测得砂含水率为 3%，石子含水率 1%，调整为施工配合比步骤如下。

$$m'_c = m_c = 277\,\mathrm{kg/m^3}$$

$$m'_f = m_f = 119\,\mathrm{kg/m^3}$$

$$m'_s = m_s(1+a\%) = 619 \times (1+0.03) = 638\,\mathrm{kg/m^3}$$

$$m'_g = m_g(1+b\%) = 1150 \times (1+0.01) = 1162\,\mathrm{kg/m^3}$$

$$m'_w = m_w - m_s \times a\% - m_g \times b\% = (186 - 619 \times 0.03 - 1150 \times 0.01) = 156\,\mathrm{kg/m^3}$$

故施工配合比为 $m'_c : m'_f : m'_w : m'_s : m'_g = 277 : 119 : 638 : 1162 : 156$。

3.10　特种混凝土

3.10.1　高性能混凝土

高性能混凝土是在 1990 年，美国 NIST 和 ACI 召开的一次国际会议上首先提出来的，并立即得到各国学者和工程技术人员的积极响应。高性能混凝土作为一种新型高技术混凝土，是在大幅度提高普通混凝土性能的基础上，采用现代混凝土技术，选用优质材料，在严格的质量管理的条件下制成的，除水泥、水、集料以外，必须掺加足够数量的细掺料与高效外加剂。高性能混凝土的内涵主要包括以下几方面。

① 高强度。多数学者认为高性能混凝土首先必须是高强的，但也有学者认为，高性能混凝土未必需要界定一个过高的强度低限，而应该根据具体的工程要求，允许适当地向中强度混凝土延伸。

② 高耐久性。具有优异的抗渗与抗介质侵蚀的能力。

③ 高尺寸稳定性。具有高弹模、低徐变和低温度应变。

④ 高抗裂性。要求限制混凝土的水化热温升以降低热裂的危险。

⑤ 高工作性。认为高性能混凝土应该具有高的流动度、可泵，或者自流、免振。并在

保持极佳流动性能力的同时，不离析、不泌水。

⑥ 经济合理性。高性能混凝土除了确保所需要的性能之外，应考虑节约资源、能源与环境保护，使其朝着"绿色"的方向发展。

要获得高性能混凝土就必须从原材料品质、配合比优化、施工工艺与质量控制等方面综合考虑。首先必须是优质的原材料，如优质水泥与粉煤灰、超细矿渣与矿粉、与所选水泥具有良好适应性的优质高效减水剂、具有优异的力学性能且粒形和级配良好的集料等。在配合比设计方面，应在满足设计要求的情况下，尽可能降低水泥用量并限制水泥浆体的体积，根据工程的具体情况掺用一种以上矿物掺合料，在满足流动性要求的前提下，通过优选高效减水剂的品种与剂量，尽可能降低混凝土的水胶比。正确选择施工方法、合理设计施工工艺并强化质量控制、意识与措施，则是高性能混凝土由试验室配合比转化为满足实际工程结构需求的重要保证。

3.10.2 纤维混凝土

纤维混凝土是一种以普通混凝土为基材，外掺各种短切纤维材料而制成的纤维增强混凝土。

常用的短切纤维品种很多，若按纤维的弹性模量划分，可分为低弹性模量纤维（如尼龙纤维、聚乙烯纤维、聚丙烯纤维等）和高弹性模量纤维（如钢纤维、碳纤维、玻璃纤维等）两类。

众所周知，普通混凝土虽然抗压强度较高，但其抗拉、抗弯、抗裂、抗冲击及韧性等性能均较差。在普通混凝土中掺加纤维制成纤维混凝土的目的，便是为了有效地降低混凝土的脆性，提高其抗拉、抗弯、抗冲击、抗裂等性能。

纤维混凝土中，纤维的掺量、长径比、弹性模量、耐碱性等，对其性能有很大的影响。例如，低弹性模量纤维能提高冲击韧性，但对抗拉强度等影响不大；但高弹性模量纤维却能显著提高抗拉强度。

3.10.2.1 纤维增强混凝土的工程应用

钢纤维增强混凝土目前作为工程结构材料用途最广、用量较大的一种纤维增强混凝土，它主要有以下应用领域。

（1）公路路面、桥面、机场道面、码头铺面和工业建筑地面，用以提高这些面板结构的抗裂性、弯拉强度、弯曲韧性、耐冲击、耐疲劳性能等，延长使用寿命，降低维修费用。

（2）房屋和桥梁结构、水工结构、特种结构中，用于梁和叠合梁的裂缝控制和抗剪性能的增强；复杂应力区如悬挑结构、闸门门槽、大坝孔口等部位的增强；抗震框架节点、牛腿、剪力墙等的抗剪增强；桩基承台的抗剪、抗冲击增强等。

（3）交通隧道、输水隧洞、沟堑等钢纤维喷射混凝土衬砌、支护。

（4）防水、防渗结构，如刚性防水屋面、地下室刚性防水层、储水池、输水沟渠等。

（5）预制构件，如管（压力水管）、杆（电杆）、桩（管桩）、盖（各种井盖）、枕（铁路轨枕）和板（大型板材）等。纤维对提高水泥制品的质量、耐久性和使用寿命，节省资源和能源有非常重要的作用。

（6）军事上主要用于抗爆，如掩体、防空洞、防护门等。

合成纤维目前应用较多的是聚丙烯纤维、聚丙烯腈纤维、聚酰胺（尼龙）纤维、聚乙烯醇和高弹性模量聚乙烯纤维。合成纤维的掺量一般较少，体积率只有 0.05%～0.2%，主要用于减少和防止砂浆、混凝土的早期收缩裂缝，同时对混凝土的抗渗性、抗冻性、耐磨性等有所改善。当纤维的弹性模量较高或者掺量较多时，也用于混凝土的增韧，以及提高抗冲击和抗疲劳性能。其主要应用领域有：桥面板、路面、工业建筑地面；建筑外墙砂浆抹面、刚性防水砂浆抹面、屋面刚性防水层；水池底板、池壁、渠道、输水和排水管道；水工建筑物，如面板堆石坝的面板、混凝土坝的外表面部位、预应力渡槽等；隧洞、护坡喷射混凝土支护、衬砌；与玻璃纤维、钢纤维混合使用，对混凝土防裂、增强和增韧。

3.10.2.2　纤维增强水泥基复合材料的新发展

为了大幅度提高混凝土的韧性和断裂能，国际上已经研制成功了多种钢纤维增强高性能水泥基复合材料（High Performance Fiber Reinforced Cement Composite，HPFRCC），主要有渗浆纤维混凝土（Slurry Infiltrated Fiber Concrete，SIFCON）、渗浆非编织纤维网混凝土（Slurry Infiltrated MatFiber Concrete，SIMCON）、纤维增强活性粉末混凝土（Reactive Powder Concrete，RPC）、纤维增强均布超细粒致密体系（Fiber Reinforced Densified System Containing Homogeneously Arranged Ultrafine Particles，FRDSP）和纤维增强无宏观缺陷水泥（Fiber Reinforced Macro-Defect Free Cement，FRMDF）。

渗浆纤维混凝土的制作工艺是：先将钢纤维填入一定形状的模具中，然后灌注高强度的水泥砂浆。SIFCON 的抗拉强度、抗弯强度分别是普通纤维混凝土的 7 和 5 倍，极限伸长率是普通纤维混凝土的 3 倍，韧性比普通纤维混凝土可提高 20 倍。

纤维增强活性粉末混凝土中不用粗集料，降低细集料的粒径，增进内部结构均匀性；使用细粉料，达到最优的堆积密度；充分发挥粉体自身功效，降低水胶比，提高密实度；用直径细的高强钢纤维，起阻裂增韧作用。活性粉末混凝土的抗压强度可以达到 $600\sim800\mathrm{MPa}$，断裂能是高强混凝土的 $2000\sim4000$ 倍，收缩变形非常小。

纤维增强均布超细粒致密体系中，水泥与活性超细粉料均匀混合，形成自致密的堆积，孔径和孔隙率极小，孔隙不连通，很低的水胶比，同时掺入细短的高强度钢纤维。

纤维增强无宏观缺陷水泥不含大孔隙与粗大晶体的层状解理面等大缺陷，在组分中掺有水泥和水溶性聚合物，后者使水泥颗粒易于移动，形成致密结构；在硬化过程中聚合物与水泥水化产物发生络合反应，有利于复合体强度的提高，同时掺入钢纤维，提高断裂能和冲击韧性。

这四种高性能纤维混凝土的共同特点是：基体的超高致密和高强度、高弹性、高强微粒的微集料效应及其与基体间的物理与化学结合；掺有根数多、间距小的超细高强钢纤维，起增强、增韧和阻裂作用，大幅度提高复合材料的断裂韧性、冲击强度和抗拉与抗压强度的比值。

3.10.3　轻质混凝土

凡干表观密度小于 $1950\mathrm{kg/m^3}$ 的混凝土称为轻混凝土。轻混凝土因原材料与制造方法不同可分为三大类：轻集料混凝土、多孔混凝土和无砂大孔混凝土。

3.10.3.1　轻集料混凝土

用轻粗集料、轻细集料（或普通砂）和水泥配制而成的混凝土，称为轻集料混凝土。轻集料混凝土按细集料种类又分为：全轻混凝土（粗、细集料均为轻集料）和砂轻混凝土（细集料全部或部分为普通砂）。

轻集料混凝土在组成材料上与普通混凝土的区别，在于其所用集料孔隙率高、表观密度小、吸水率大，强度低。轻集料的来源有：

① 天然多孔岩加工而成的天然轻集料，如浮石、火山渣等；

② 以地方材料为原料加工而成的人造轻集料，如页岩陶粒、膨胀珍珠岩等；

③ 以工业废渣为原料加工而成的工业废渣轻集料，如粉煤灰陶粒、膨胀矿渣等。

硬化轻集料混凝土与普通混凝土相比较，有如下特点：表观密度较小；强度等级范围（CL5.0～CL50）稍低；弹性模量较小，收缩、徐变较大；热膨胀系数较小；抗渗、抗冻和耐火性能良好；保温性能优良。

轻集料混凝土可用于保温、结构保温和结构三方面，如表3-38所示。

表3-38　轻集料混凝土用途

混凝土名称	用途	强度等级合理范围	密度等级合理范围/(kg/m³)
保温轻集料混凝土	主要用于保温的围护结构或热工构筑物	CL5.0	800
结构保温轻集料混凝土	主要用于既承重又保温的围护结构	CL5.0～CL15	800～1400
结构轻集料混凝土	主要用作承重构件构筑物	CL15～CL50	1400～1900

3.10.3.2　多孔混凝土

多孔混凝土是一种不含集料且内部分布着大量细小封闭孔隙的轻混凝土。根据孔的生成方式，可分为加气混凝土和泡沫混凝土两种。

加气混凝土是用含钙材料（水泥、石灰）、含硅材料（石英砂、矿渣、粉煤灰等）和发气剂（铝粉）为原料，经磨细、配料、搅拌、浇注、发泡、静停、切割和压蒸养护工序生产而成。一般预制成砌块或条板等制品。

加气混凝土的表观密度约为300～1200kg/m³，抗压强度约为0.5～7.5MPa，导热系数约为0.081～0.29W/(m·K)。

加气混凝土孔隙率大，吸水率高，强度较低，便于加工，保温性较好，常用作墙体的砌筑材料。

泡沫混凝土是由水泥浆和泡沫剂为主要原材料制成的一种多孔混凝土。其表观密度为300～500kg/m³，抗压强度为0.5～0.7MPa，在性能和应用方面与相同表观密度的加气混凝土大体相同，还可现场直接浇筑，用于屋面保温层。

3.10.3.3　无砂大孔混凝土

无砂大孔混凝土是由水泥、粗集料和水拌制而成的一种不含砂的轻混凝土。由于其不含细集料，仅由水泥浆把粗集料胶结在一起，所以是一种大孔混凝土。根据无砂大孔混凝土所用集料品种的不同，可将其分为普通集料制成的普通大孔混凝土和轻集料制成的轻集料大孔混凝土。

普通大孔混凝土的表观密度为1500～1900kg/m³，抗压强度为3.5～10MPa。而轻集料大孔混凝土的表观密度为500～1500kg/m³，抗压强度为1.5～7.5MPa。

大孔混凝土的导热系数小，保温性能好，吸湿性小。收缩较普通混凝土小20%～50%，抗冻性可达作墙体材料的要求。

3.10.4　聚合物混凝土

聚合物混凝土是由有机聚合物、无机胶凝材料和集料结合而成的一种新型混凝土。聚合物混凝土体现了有机聚合物和无机胶凝材料的优点，克服了水泥混凝土的一些缺点。聚合物混凝土一般可分为三种：聚合物浸渍混凝土、聚合物胶结混凝土和聚合物水泥混凝土。

3.10.4.1　聚合物浸渍混凝土

聚合物浸渍混凝土是通过浸渍的方法将聚合物引入混凝土中的，即将干燥的硬化混凝土浸入有机单体中，再用加热或辐射的方法使渗入混凝土孔隙中的单体聚合，形成混凝土与聚合物为一体的聚合物浸渍混凝土。

由于聚合物填充了混凝土内部的孔隙和微裂缝，提高了混凝土的密实度，因此聚合物浸渍混凝土的抗渗性、抗冻性、耐蚀性、耐磨性及强度均有明显提高，如抗压强度可达150MPa 以上，抗拉强度可达 24.0MPa。

聚合物浸渍混凝土因造价高、工艺复杂，目前只是利用其高强和耐久性好的特性，应用于一些特殊场合，如隧道衬砌、海洋构筑物（如海上采油平台）、桥面板等的制作。

3.10.4.2　聚合物胶结混凝土

聚合物胶结混凝土是一种以合成树脂为胶结材料，以砂、石及粉料为集料的混凝土，又称树脂混凝土。它用聚合物（环氧树脂、聚酯、酚醛树脂等）有机胶凝材料完全取代水泥而引入混凝土。

树脂混凝土与普通混凝土相比，具有强度高和耐化学腐蚀性、耐磨性、耐水性、抗冻性好等优点。但由于成本高，所以应用不太广泛，仅限于要求高强、高耐蚀的特殊工程或修补工程用。另外，树脂混凝土外表美观，称为人造大理石，也被用于制成桌面、地面砖、浴缸等。

3.10.4.3　聚合物水泥混凝土

聚合物水泥混凝土是一种以水溶性聚合物和水泥共同为胶结材料，以砂、石为集料的混凝土。它用聚醋酸乙烯、橡胶乳胶、甲基纤维素等水溶性有机胶凝材料代替普通混凝土中部分水泥而引入混凝土，使密实度得以提高。因此，与普通混凝土相比，聚合物水泥混凝土具有较好的耐久性、耐磨性、耐腐蚀性和耐冲击性等，但强度提高较少。目前，主要用于地面、路面、桥面及修补工程中。

3.10.5　喷射混凝土

喷射混凝土是借助喷射机械，利用压缩空气或其他动力，将水泥、砂、石、掺合料、外加剂及水等原材料按一定比例配合好的拌合料，通过管道输送，并以高速喷射到受喷面上凝结硬化而成的一种混凝土。它是由喷射水泥砂浆发展起来的。目前喷射混凝土分为两种喷射方法：干喷法和湿喷法。

使用喷射混凝土有利于维持隧道和其他地下工程施工中围岩的稳定性，喷射混凝土已成为隧洞施工、矿井掘进、水利水电工程、边坡稳定、改建和维修工程基坑支护等工程中岩石支护的关键因素。

喷射混凝土的施工工艺系统由供料、供气、供水三个子系统组成。这三部分子系统的不同组合方式产生的不同施工工艺和施工技术，对喷射混凝土的质量有着显著的影响，施工费用也各不相同。在过去干喷法、湿喷法的基础上，通过不断的工程实验研究，不断完善和发展了新的喷射混凝土施工技术，如纤维喷射混凝土法、水泥裹砂法、双裹并列法等。近二十年来，我国的喷射混凝土技术得到了突飞猛进的发展，达到了国际水平。

3.10.6　绿色混凝土

所谓绿色混凝土，是指既能减少对地球环境的负荷，又能与自然生态系统协调共生，为人类构造舒适环境的混凝土材料。

减少对地球环境的负荷，是指最大限度地综合利用自然资源和能源，在尽可能高的生产效率下降低能耗和各项物耗；消除或最低限度地产生"三废"（废渣、废气和废水）。与自然生态系统协调共生，是指竭力保护自然环境，维护生态平衡，消除或尽量减少环境污染；组织无废生产，或使"三废"再资源化。

提高混凝土绿色度的主要手段为，在保证混凝土具有所要求的强度和工作性条件下，尽可能地减少能源和原材料的消耗，特别是水泥的消耗，同时尽量多地掺入各种工业废渣或固体废弃物。从对自然环境影响的效果来看，绿色混凝土可分为两大类，即减轻环境负荷型混凝土和生态环境友好型混凝土。

3.11　砂　　浆

砂浆是由胶结料、细集料、掺合料和水配制而成的建设工程材料，在建筑工程中起黏结、衬垫和传递应力的作用。

3.11.1　砂浆的分类、组成材料及技术性质

3.11.1.1　砂浆的分类

建设砂浆按用途不同，可分为砌筑砂浆、抹面砂浆。

按所用胶结材不同，可分为水泥砂浆、石灰砂浆、水泥石灰混合砂浆等。

3.11.1.2　砂浆的组成材料

建设砂浆的组成材料主要有胶结材料、砂、砂浆掺加料、拌合水和外加剂等。

（1）胶结材料　建设砂浆常用的胶结材料有水泥、石灰、石膏等。在选用时应根据使用环境、用途等合理选择。在干燥条件下使用的砂浆既可选用气硬性胶凝材料（石灰、石膏），也可选用水硬性胶凝材料（水泥）；若在潮湿环境或水中使用的砂浆则必须选用水泥作为胶结材料。

砌筑砂浆用水泥的强度等级应根据设计要求进行选择。为合理利用资源、节约材料，在配制砂浆时要尽量选用低强度等级水泥或砌筑水泥。水泥砂浆采用的水泥，其强度等级不宜大于 32.5 级；水泥混合砂浆采用的水泥，其强度等级不宜大于 42.5 级。

（2）砂　建设砂浆用砂，应符合混凝土用砂的技术要求。对于砌筑砂浆用砂，优先选用中砂，既可满足和易性要求，又可节约水泥。毛石砌体宜选用粗砂。

砂的含泥量应受到控制，含泥量过大，不但会增加砂浆的水泥用量，还可能使砂浆的收缩值增大、耐水性降低，影响砌筑质量。M5 及以上的水泥混合砂浆，如砂子含泥量过大，对强度影响比较明显。因此，M5 及以上的砂浆，其砂含泥量不应超过 5%；强度等级为 M2.5 的水泥混合砂浆，砂的含泥量不应超过 10%。

（3）砂浆掺加料　砂浆中的掺加料是指为改善砂浆和易性而加入的无机材料，例如，石灰膏、电石膏、黏土膏、粉煤灰等。砂浆掺合料对砂浆强度无直接贡献。

① 石灰膏：为了保证砂浆质量，需将生石灰熟化成石灰膏后，方可使用。生石灰熟化成石灰膏时，应用孔径不大于 3mm×3mm 的网过滤，熟化时间不得少于 7d；磨细生石灰粉的熟化时间不得小于 2d。

所用的磨细生石灰粉需满足相关行业标准的要求。为了保证石灰膏质量，沉淀池中贮存的石灰膏，应采取防止干燥、冻结和污染的措施。严禁使用脱水硬化的石灰膏，因为脱水硬化的石灰膏不但起不到塑化作用，还会影响砂浆强度。

② 黏土膏：黏土膏必须达到所需的细度，才能起到塑化作用。采用黏土或亚黏土制备黏土膏时，宜用搅拌机加水搅拌，并通过孔径不大于 3mm×3mm 的网过筛。

黏土中有机物含量过高会降低砂浆质量，因此，用比色法鉴定黏土中的有机物含量时应浅于标准色。

③ 电石膏：制作电石膏的电石渣应用孔径不大于 3mm×3mm 的网过滤，检验时应加热至 70℃ 并保持 20min，没有乙炔气味后，方可使用。

需指出的是，消石灰粉是未充分熟化的石灰，颗粒太粗，起不到改善砂浆和易性的作用。因而，消石灰粉不得直接用于砌筑砂浆中。

为了使膏类（石灰膏、黏土膏、电石膏等）物质的含水率有一个统一可比的标准，《砌筑砂浆配合比设计规程》（JGJ 98—2010）规定：石灰膏、黏土膏和电石膏试配时的稠度，应为（120±5)mm。

④ 粉煤灰：粉煤灰的品质指标应符合国家标准《用于水泥和混凝土的粉煤灰》（GB 1596—2005）的要求。

（4）拌合水　对水质的要求，与混凝土的要求基本相同。

（5）外加剂　砂浆掺入外加剂是发展方向。砂浆中掺入的砂浆外加剂，应具有法定检测机构出具的该产品砌体强度型式检验报告，并经砂浆性能试验合格后，方可使用。应用于建设砂浆的常用外加剂是引气剂。

3.11.1.3　砂浆的主要技术性质及测试

砂浆的性质包括新拌砂浆的性质和硬化后砂浆的性质。砂浆拌合物与混凝土拌合物相似，应具有良好的和易性。砂浆和易性指砂浆拌合物是否便于施工操作，并能保证质量均匀的综合性质，包括流动性和保水性两个方面。对于硬化后的砂浆则要求具有所需要的强度、与底面的黏结强度及较小的变形。

（1）流动性（稠度）　砂浆的流动性指砂浆在自重或外力作用下流动的性能，也称为稠度。

稠度是以砂浆稠度测定仪的圆锥体沉入砂浆内的深度（mm）表示。圆锥沉入深度越大，砂浆的流动性越大。若流动性过大，砂浆易分层、析水；若流动性过小，则不便施工操作，灰缝不易填充，所以新拌砂浆应具有适宜的稠度。

影响砂浆稠度的因素有：所用胶结材料的种类及数量，用水量，掺加料的种类与数量，砂的形状、粗细与级配，外加剂的种类与掺量，搅拌时间。

砂浆稠度的选择与砌体材料的种类、施工条件及气候条件等有关。对于吸水性强的砌体材料和高温干燥的天气，要求砂浆稠度要大些；反之，对于密实不吸水的砌体材料和湿冷天气，砂浆稠度可小些。砂浆稠度选择可按表 3-39 规定选用。

表 3-39　建设砂浆流动性稠度选择

砌体种类	砂浆稠度/mm	砌体种类	砂浆稠度/mm
烧结普通砖砌体	70～90	烧结普通砖平拱式过梁、空斗墙、筒拱，普通混凝土小型空心砌块砌体	50～70
轻集料混凝土小型空心砌块砌体	60～90		
烧结多孔砖、空心砖砌体	60～80	石砌体	30～50

（2）保水性　保水性指砂浆拌合物保持水分的能力。保水性好的砂浆在存放、运输和使用过程中，能很好地保持水分不致很快流失，各组分不易分离，在砌筑过程中容易铺成均匀密实的砂浆层，能使胶结材料正常水化，最终保证工程质量。

砂浆的保水性用分层度表示。分层度试验方法是：砂浆拌合物测定其稠度后，再装入分层度测定仪中，静置 30min 后取底部 1/3 砂浆再测其稠度，两次稠度之差值即为分层度（以 mm 表示）。

砂浆的分层度不得大于 30mm。分层度过大（如大于 30mm），砂浆容易泌水、分层或水分流失过快，不便于施工。但如果分层度过小（如小于 10mm），砂浆过于干稠不易操作，易出现干缩开裂。可通过如下方法改善砂浆保水性：①保持一定数量的胶结材料和掺加料；

1m³ 水泥砂浆中水泥用量不宜小于 200kg；水泥混合砂浆中水泥和掺加料总量应在 300～350kg 之间；②采用较细砂并加大掺量；③掺入引气剂。

（3）抗压强度与强度等级 砌筑砂浆的强度用强度等级来表示。砂浆强度等级是以边长为 70.7mm 的立方体试件，在标准养护条件下，用标准试验方法测得 28d 龄期的平均抗压强度值（单位为 MPa）确定。标准养护条件如下所示。

温度：（20±3）℃；

相对湿度：水泥砂浆大于 90％，混合砂浆 60％～80％。

砌筑砂浆的强度等级宜采用 M20、M15、M10、M7.5、M5、M2.5 等 6 个等级。

影响砂浆强度的因素很多，除了砂浆的组成材料、配合比、施工工艺等因素外，砌体材料的吸水率也会对砂浆强度产生影响。

① 不吸水砌体材料。当所砌筑的砌体材料不吸水或吸水率很小时（如密实石材），砂浆组成材料与其强度之间的关系与混凝土相似，主要取决于水泥强度和水灰比。计算公式如下：

$$f_{m,0} = A f_{ce} \left(\frac{C}{W} - B \right) \qquad (3\text{-}33)$$

式中　$f_{m,0}$——砂浆 28d 抗压强度，MPa；

　　　f_{ce}——水泥的实际强度，MPa；

　　　C/W——灰水比（水泥与水质量比）；

　　　A、B——经验系数。

② 吸水砌体材料。当砌体材料具有较高的吸水率时，虽然砂浆具有一定的保水性，但砂浆中的部分水仍会被砌体吸走。因而，即使砂浆用水量不同，经基底吸水后保留在砂浆中的水分却大致相同。这种情况下，砌筑砂浆的强度主要取决于水泥的强度及水泥用量，而与拌合水量无关。强度计算公式如下：

$$f_{m,0} = \frac{\alpha f_{ce} Q_c}{1000} + \beta \qquad (3\text{-}34)$$

式中　Q_c——每立方米砂浆的水泥用量，kg/m³；

　　　$f_{m,0}$——砂浆的配制强度，MPa；

　　　f_{ce}——水泥的实测强度，MPa；

　　　α、β——砂浆的特征系数，当为水泥石灰混合砂浆时，$\alpha = 3.03$，$\beta = -15.09$。

（4）黏结强度 砂浆与砌体材料的黏结力大小，对砌体的强度、耐久性、抗震性都有较大影响。影响砂浆黏结力的因素有。

① 砂浆的抗压强度，抗压强度越高，与砖石的黏结力也越大。

② 砖石的表面状态，清洁程度、湿润状况，如砌筑加气混凝土砌块前，表面先洒水，清扫表面，都可以提高砂浆与砌块的黏结力，提高砌体质量。

③ 工人操作水平及养护条件。

3.11.2　砌筑砂浆的配合比设计

3.11.2.1　砌筑砂浆的技术条件

将砖、石及砌块黏结成为砌体的砂浆称为砌筑砂浆。它起着黏结砖、石及砌块构成砌体，传递荷载，并使应力的分布较为均匀，起协调变形的作用。按国家行业标准《砌筑砂浆配合比设计规程》（JGJ 98—2010）的规定，砌筑砂浆需符合以下技术条件。

① 砌筑砂浆的强度等级宜采用 M20、M15、M10、M7.5、M5、M2.5。

② 水泥砂浆拌合物的密度不宜小于 1900kg/m³；水泥混合砂浆拌合物的密度不宜小于

1800kg/m^3。

③ 砌筑砂浆稠度、分层度、试配抗压强度必须同时符合要求。砌筑砂浆的稠度应按表 3-39 规定选用。砌筑砂浆的分层度不得大于 30mm。

④ 水泥砂浆中水泥用量不应小于 200kg/m^3；水泥混合砂浆中水泥和掺加料总量宜为 $300\sim350\text{kg/m}^3$。

⑤ 具有冻融循环次数要求的砌筑砂浆，经冻融试验后，质量损失率不得大于 5%，抗压强度损失率不得大于 25%。

3.11.2.2　砌筑砂浆配合比设计步骤

砌筑砂浆要根据工程类别及砌体部位的设计要求来选择砂浆的强度等级，再按所要求的强度等级确定其配合比。确定砂浆配合比时，要按照行业标准《砌筑砂浆配合比设计规程》(JGJ 98—2010)。

(1) 水泥混合砂浆配合比计算　混合砂浆的配合比的计算，可按下列步骤进行。

① 计算砂浆试配强度 $f_{m,0}$（单位 MPa）。

$$f_{m,0} = f_z + 0.645\sigma \tag{3-35}$$

式中　$f_{m,0}$——砂浆的试配强度，精确至 0.1MPa；

　　　f_z——砂浆抗压强度平均值（强度等级），精确至 0.1MPa；

　　　σ——砂浆现场强度标准差，精确至 0.1MPa。

砌筑砂浆现场强度标准差 σ 可按式(3-36)计算：

$$\sigma = \sqrt{\dfrac{\displaystyle\sum_{i=1}^{n} f_{m,i}^2 - n\mu_{fm}^2}{n-1}} \tag{3-36}$$

式中　$f_{m,i}$——统计周期内同一品种砂浆第 i 组试件的强度，MPa；

　　　μ_{fm}——统计周期内同一品种砂浆 n 组试件强度的平均值，MPa；

　　　n——统计周期内同一品种砂浆试件的总组数，$n \geqslant 25$。

当不具有近期统计资料时，其砂浆现场强度标准差 σ 可按表 3-40 取用。

表 3-40　砂浆强度标准差 σ 选用值

施工水平＼砂浆强度等级	M2.5	M5.0	M7.5	M10.0	M15.0	M20
优良	0.5	1.00	1.50	2.00	3.00	4.00
一般	0.62	1.25	1.88	2.50	3.75	5.00
较差	0.75	1.50	2.25	3.00	4.50	6.00

② 计算每立方米砂浆中的水泥用量 Q_c（kg）。

每立方米砂浆的水泥用量，可按下式计算：

$$Q_c = \dfrac{1000(f_{m,0} - \beta)}{\alpha f_{ce}} \tag{3-37}$$

式中　Q_c——每立方米砂浆的水泥用量，精确至 1kg；

　　　$f_{m,0}$——砂浆的试配强度，精确至 0.1MPa；

　　　f_{ce}——水泥的实测强度，精确至 0.1MPa；

　　　α、β❶——砂浆的特征系数，当为水泥混合砂浆时，$\alpha = 3.03$，$\beta = -15.09$。

---

❶　各地区也可用本地区试验资料确定 α、β 值，统计用的试验组数不得少于 30 组。

在无法取得水泥的实测强度值时，可按式(3-38)计算：

$$f_{ce} = \gamma_c f_{ce,k} \tag{3-38}$$

式中 $f_{ce,k}$——水泥强度等级对应的强度值；

γ_c——水泥强度等级值的富余系数，该值应按实际统计资料确定，无统计资料时 γ_c 可取 1.0。

③ 计算每立方米砂浆掺加料用量 Q_D（kg）。

根据大量实践，每立方米砂浆胶结料与掺加料的总量达 300～350kg，基本上可满足砂浆的塑性要求。因而，掺加料用量的确定可按式(3-39)计算：

$$Q_D = Q_A - Q_C \tag{3-39}$$

式中 Q_D——每立方米砂浆的掺加料用量，精确至 1kg，石灰膏、黏土膏使用时的稠度为 (120 ± 5)mm；

Q_C——每立方米砂浆的水泥用量，精确至 1kg；

Q_A——每立方米砂浆中胶结料和掺加料的总量，精确至 1kg；一般应在 300～350kg/m³ 之间。

④ 确定每立方米砂浆中砂用量 Q_S（kg）。

砂浆中的水、胶结料和掺加料是用来填充砂子的空隙，1m³ 砂子就构成了 1m³ 砂浆。因此，每立方米砂浆中的砂子用量，应按干燥状态（含水率小于 0.5%）砂的堆积密度值作为计算值。

⑤ 每立方米砂浆用水量 Q_W（kg）。

砂浆中用水量多少，应根据砂浆稠度要求来选用，由于用水量多少对其强度影响不大，因此一般可根据经验以满足施工所需稠度即可。通常情况下水泥混合砂浆用水量要小于水泥砂浆用水量。每立方米砂浆中的用水量，根据砂浆稠度等要求可选用 240～310kg。混合砂浆用水量选取时应注意以下问题：混合砂浆中的用水量，不包括石灰膏或黏土膏中的水；当采用细砂或粗砂时，用水量分别取上限和下限；稠度小于 70mm 时，用水量可小于下限；施工现场气候炎热或干燥季节，可酌量增加用水量。

（2）水泥砂浆配合比选用 水泥与砂浆如按水泥混合砂浆一样计算水泥用量，则水泥用量普遍偏少，因为水泥与砂浆相比，其强度太高，造成通过计算出现不太合理的结果。因而，水泥砂浆材料用量可按表 3-41 选用，避免由于计算带来的不合理情况。表 3-41 中每立方米砂浆用水量范围仅供参考，不必加以限制，仍以达到稠度要求为根据。

表 3-41 每立方米水泥砂浆材料用量

强度等级	每立方米砂浆水泥用量/kg	每立方米砂子用量/kg	每立方米砂浆用水量/kg
M2.5～M5	200～230		
M7.5～M10	220～280	1m³ 砂子的堆积密度值	270～330
M15	280～340		
M20	340～400		

注：1. 此表水泥强度等级为 32.5 级，大于 32.5 级水泥用量宜取下限。2. 根据施工水平合理选择水泥用量。3. 当采用细砂或粗砂时，用水量分别取上限或下限。4. 稠度小于 70mm 时，用水量可小于下限。5. 施工现场气候炎热或干燥季节，可酌量增加水量。

（3）配合比试配、调整与确定 按计算或查表所得配合比进行试拌时，应测定其拌合物的稠度和分层度,当不能满足要求时,应调整材料用量,直到符合要求为止,然后确定为试配时的砂浆基准配合比(即计算配合比经试拌后,稠度、分层度已合格的配合比)。

为了使砂浆强度能在计算范围内,试配时应采用三个不同的配合比。其中一个为基准配合比,其他配合比的水泥用量应按基准配合比分别增加及减少10%。在保证稠度、分层度合格的条件下,可将用水量或掺加料用量相应调整。

对三个不同的配合比进行调整后,按《建筑砂浆基本性能试验方法》(JGJ 70—2009)的规定成型试件,测定砂浆强度,并选定符合试配强度要求的且水泥用量最低的配合比作为砂浆配合比。

【例 3-3】　砌筑砂浆配合比设计实例。

设计用于砌砖墙用水泥石灰混合砂浆,强度等级为 M7.5,稠度 70～100mm。原材料的主要参数为,水泥:32.5级普通硅酸盐水泥;砂子:中砂,堆积密度为 1450kg/m³,现场砂含水率为2%;石灰膏:稠度120mm;施工水平:一般。

解:(1) 计算试配强度 $f_{m,0}$:$f_{m,0} = f_2 + 0.645\sigma$

M7.5砂浆:$f_2 = 7.5$MPa;查表 3-40,$\sigma = 1.88$MPa,则

$$f_{m,0} = f_2 + 0.645\sigma = (7.5 + 0.645 \times 1.88)\text{MPa} = 8.7\text{MPa}$$

(2) 计算水泥用量 Q_C,水泥用量 Q_C 按下式计算:

$$Q_C = \frac{1000(f_{m,0} - \beta)}{\alpha f_{ce}} = \frac{1000[8.7 - (-15.09)]}{3.03 \times 32.5}\text{kg/m}^3 = 241.6\text{kg/m}^3$$

由于无水泥实测强度,上式 f_{ce} 按公式算得:$f_{ce} = \gamma_c f_{ce,k} = 1 \times 32.5$MPa $= 32.5$MPa。

(3) 计算石灰膏用量 Q_D。

$$Q_D = Q_A - Q_C = (320 - 241.6)\text{kg} = 78.4\text{kg}$$

式中取每立方米砂浆胶结料和掺加料总量 $Q_A = 320$kg。石灰膏稠度 120mm,属于 (120 ± 5)mm 范围,无需换算。

(4) 计算砂用量 Q_S。根据砂子的含水率和堆积密度,计算每立方米砂浆用砂量:

$$Q_S = 1450 \times (1 + 2\%)\text{kg} = 1479.0\text{kg}$$

(5) 选择用水量 Q_W。由于砂浆使用中砂,稠度要求较大,达 100mm,在 240～310kg/m³ 范围内取偏高用水量 $Q_W = 280$kg/m³。

(6) 试配时各材料的用量比为

水泥:石灰膏:砂:水 = 241.6:78.4:1479:280 = 1:0.32:6.12:1.16

(7) 配合比试配、调试与确定。略。

3.11.3　抹面砂浆

3.11.3.1　抹面砂浆的定义及其特点

抹面砂浆是指涂抹在基底材料的表面,兼有保护基层和增加美观作用的砂浆。与砌筑砂浆相比,抹面砂浆具有以下特点:①抹面层不承受荷载。②抹面层与基底层要有足够的黏结强度,使其在施工中或长期自重和环境作用下不脱落、不开裂。③抹面层多为薄层,并分层涂抹,面层要求平整、光洁、细致、美观。④多用于干燥环境,大面积暴露在空气中。

3.11.3.2　抹面砂浆的分类、性能及应用

根据其功能不同,抹面砂浆一般可分为普通抹面砂浆和特殊用途砂浆(具有防水、耐酸、绝热、吸声及装饰等用途的砂浆)。

(1) 普通抹面砂浆　常用的普通抹面砂浆有水泥砂浆、石灰砂浆、水泥石灰混合砂浆、麻刀石灰砂浆(简称麻刀灰)、纸筋石灰砂浆(纸筋灰)等。

抹面砂浆应与基面牢固地黏合，因此要求砂浆应有良好的和易性及较高的黏结力。抹面砂浆常分两层或三层进行施工。底层砂浆的作用是使砂浆与基层能牢固地黏结，应有良好的保水性。中层主要是为了找平，有时可省去不做。面层主要为了获得平整、光洁的表面效果。

各层抹面的作用和要求不同，每层所选用的砂浆也不一样。同时，基底材料的特性和工程部位不同，对砂浆技术性能的要求不同，这也是选择砂浆种类的主要依据。水泥砂浆宜用于潮湿或强度要求较高的部位；混合砂浆多用于室内底层或中层或面层抹灰；石灰砂浆、麻刀灰、纸筋灰多用于室内中层或面层抹灰。对混凝土基面多用水泥石灰混合砂浆；对于木板条基底及面层，多用纤维材料增加其抗拉强度，以防止开裂。

普通抹面砂浆的组成材料及配合比，可根据使用部位及基底材料的特性确定，一般情况下参考有关资料和手册选用。抹面砂浆的配合比除了指明重量比外，是指干松状态下材料的体积比（即水泥、砂、石渣），对于石灰膏等膏状掺加料是指规定稠度（120±5）mm 时的体积。普通抹面砂浆的配合比，可参照表 3-42 选用。

表 3-42　普通抹面砂浆参考配合比

材料	体积配合比	材料	体积配合比
水泥∶砂	1∶2～1∶3	水泥∶石灰∶砂	1∶1∶6～1∶2∶9
石灰∶砂	1∶2～1∶4	石灰∶黏土∶砂	1∶1∶4～1∶1∶8

（2）防水砂浆　制作防水层的砂浆叫做防水砂浆，砂浆防水层又叫做刚性防水层。这种防水层仅用于不受振动和具有一定刚度的混凝土工程或砌体工程。对于变形较大或可能发生不均匀沉陷的建筑物，都不宜采用刚性防水层。

防水砂浆可以用普通水泥砂浆来制作，也可以在水泥砂浆中掺入防水剂来提高砂浆的抗渗能力，或采用聚合物水泥砂浆防水。常用的防水剂有氯化物金属盐类防水剂和金属皂类防水剂等。

（3）装饰砂浆　涂抹在建筑物内外墙表面且具有美观装饰效果的抹灰砂浆通称为装饰砂浆。装饰砂浆的底层和中层抹灰与普通抹灰砂浆基本相同。主要的装饰砂浆的面层，要选用具有一定颜色的胶凝材料和集料以及采用某种特殊的操作工艺，使表面呈现出各种不同的色彩、线条与花纹等装饰效果。

装饰砂浆采用的胶凝材料有普通水泥、矿渣水泥、火山灰水泥和白水泥、彩色水泥，或是在常用水泥中掺加些耐碱矿物配成彩色水泥以及石灰、石膏等。集料常用大理石、花岗石等带颜色的细石渣或玻璃、陶瓷碎片。

装饰砂浆还可采取喷涂、弹涂、辊压等新工艺方法，可做成多种多样的装饰面层，操作方便，施工效率可大大提高。

（4）绝热砂浆　采用水泥、石灰、石膏等胶凝材料与膨胀珍珠岩、膨胀蛭石或陶粒砂等轻质多孔集料，按一定比例配制的砂浆称为绝热砂浆。绝热砂浆具有质轻和良好的绝热性能，其导热系数约为 0.07～0.10W/(m·K)，可用于屋面绝热层、绝热墙壁以及供热管道绝热层等处。

3.11.4　预拌砂浆

3.11.4.1　预拌砂浆的定义和分类

预拌砂浆是专业生产厂生产的湿拌砂浆或干混砂浆。

湿拌砂浆是水泥、细集料、矿物掺合料、外加剂、添加剂和水,按一定比例,在搅拌站经计量、拌制后,运至使用地点,并在规定时间内使用的拌合物。

干混砂浆是水泥、干燥集料或粉料、添加剂以及根据性能确定的其他组分,按一定比例,在专业生产厂经计量、混合而成的混合物,在使用地点按规定比例加水或配套组分拌和使用。

湿拌砂浆按用途分为湿拌砌筑砂浆、湿拌抹灰砂浆、湿拌地面砂浆和湿拌防水砂浆。

干混砂浆按用途分为干混砌筑砂浆、干混抹灰砂浆、干混地面砂浆、干混普通防水砂浆、干混陶瓷砖黏结砂浆、干混界面砂浆、干混保温板黏结砂浆、干混保温板抹面砂浆、干混聚合物水泥防水砂浆、干混自流平砂浆、干混耐磨地坪砂浆和干混饰面砂浆。

3.11.4.2　预拌砂浆的配合比设计方法

由于预拌砂浆的组成材料非常复杂,并且性能要求也不相同,一般没有统一的配合比设计方法。对于预拌砌筑砂浆,一般均掺粉煤灰和保水增稠材料,其配合比设计可以参考《砌筑砂浆配合比设计规范》(JGJ/T 98—2010),但是真正的配合比需要通过试验确定。

3.11.4.3　预拌砂浆的特点

与现场拌制砂浆相比,预拌砂浆有如下特点:①质量稳定;②施工方便;③绿色环保;④干混砂浆便于储存。

3.11.4.4　预拌砂浆的发展趋势

目前我国的特种干混砂浆(干混陶瓷砖黏结砂浆、干混界面砂浆、干混保温板黏结砂浆、干混保温板抹面砂浆、干混聚合物水泥防水砂浆、干混自流平砂浆、干混耐磨地坪砂浆和干混饰面砂浆)均以干混砂浆形式供应,工程界已经能够接受。但湿拌砂浆和普通干混砂浆(干混砌筑砂浆、干混抹灰砂浆、干混地面砂浆、干混普通防水砂浆)在推广中遇到很大阻力,原因是湿拌砂浆和普通干混砂浆比现场搅拌砂浆价格高。随着我国建筑劳动力短缺、人员工资上涨,预拌(包括湿拌和干混)抹灰砂浆和地面砂浆的机械化施工将是解决这一矛盾的有力措施,只有实现机械化施工提高施工效率、降低人员施工成本,才是推广预拌抹灰砂浆和地面砂浆的有力措施。所以,预拌砂浆的机械化施工技术是预拌砂浆的发展趋势。

思　考　题

1. 普通混凝土的组成材料有哪几种? 在混凝土中各起何作用?

2. 什么是集料级配? 当两种砂的细度模数相同,其级配是否相同? 反之,如果级配相同,其细度模数是否相同?

3. 集料有哪几种含水状态? 为何施工现场必须经常测定集料的含水率?

4. 什么叫减水剂、早强剂、引气剂? 简述减水剂的减水机理。

5. 粉煤灰掺入混凝土中,对混凝土产生什么效应?

6. 如何测定塑性混凝土拌合物和干硬性混凝土拌合物的流动性? 它们的指标各是什么? 单位是什么?

7. 影响混凝土拌合物和易性的主要因素有哪些? 分别有什么影响?

8. 改善混凝土拌合物和易性的主要措施有哪些? 哪种措施效果最好?

9. 如何判定混凝土拌合物属于流态、流动性、低流动性、干硬性?

10. 在试拌混凝土时出现下列情况使拌合物和易性达不到要求,应采取什么措施来改善?

(1) 混凝土拌合物黏聚性、保水性均好,但坍落度太小。

(2) 混凝土拌合物坍落度超过原设计要求,保水性较差,且用棒敲击一侧时,混凝土发生局部崩塌。

11. 配制混凝土时为什么要选用合理砂率?

12. 某混凝土搅拌站原使用砂的细度模数为 2.5，后改用细度模数为 2.1 的砂。改砂后原混凝土配合比不变，但坍落度明显变小。请分析原因。

13. 为什么混凝土在潮湿条件下养护时收缩较小，干燥条件下养护时收缩较大，而在水中养护时几乎不收缩？

14. 混凝土有哪几种变形？这些变形对混凝土结构有何影响？

15. 试述混凝土产生干缩的原因。影响混凝土干缩值大小的主要因素有哪些？

16. 哪些措施可以减小混凝土的徐变？

17. 试述温度变形对混凝土结构的危害。有哪些有效的防治措施？

18. 如何确定混凝土的强度等级？混凝土强度等级如何表示？单位是什么？

19. 试简单分析下述不同的试验条件测得的强度有何不同？为何不同？

(1) 试件形状不同（同横截面的棱柱体试件和立方体试件）。

(2) 试件尺寸不同。

(3) 加荷速度不同。

(4) 试件与压板之间的摩擦力大小不同（涂油和不涂油）。

20. 试结合混凝土的荷载-变形曲线说明混凝土的受力破坏过程。

21. 何谓混凝土的塑性收缩、塑性沉降、干缩和徐变？其影响因素有哪些？收缩与徐变对混凝土的抗裂性有何影响？

22. 试从混凝土的组成材料、配合比、施工、养护等几个方面综合考虑，提出提高混凝土强度的措施。

23. 在标准条件下养护一定时间的混凝土试件，能否真正代表同龄期的相应结构物中的混凝土强度？在现场同条件下养护的混凝土又如何呢？

24. 试述混凝土耐久性的含义。耐久性要求的项目有哪些？提高耐久性有哪些措施？

25. 影响混凝土抗渗性的因素有哪些？改善措施有哪些？

26. 某施工单位在一个月内根据施工配合比先后留置了 28 组立方体试块，测得每组试块的抗压强度代表值（MPa）为：

29.5, 27.5, 24.0, 26.5, 26.0, 25.2, 27.6, 28.5, 25.6, 26.1, 26.7, 24.1, 25.2, 27.6,
28.6, 26.7, 23.2, 27.1, 25.8, 23.9, 28.1, 27.8, 24.9, 25.6, 23.1, 25.4, 26.2, 29.6

试计算该批混凝土强度的平均值、标准差和保证率，并判定该批混凝土的生产质量水平。

27. 混凝土的配合比设计时，为什么必须进行试配和调整？

28. 配制混凝土如何确定其坍落度？

29. 某教学楼现浇钢筋混凝土柱，混凝土柱截面最小尺寸为 300mm，钢筋间距最小尺寸为 40mm。该柱在露天受雨雪影响。混凝土设计等级为 C30，采用 42.5 级普通硅酸盐水泥，无实测强度，密度为 3.1g/cm³；粉煤灰为 Ⅱ 级灰，密度为 2.21g/cm³；磨细矿渣粉为 S95 级，密度为 2.60g/cm³；粉煤灰与矿渣粉按 6：4 的比例使用，砂子为中砂，密度为 2.60g/cm³，堆积密度为 1500kg/m³；石子为碎石，表观密度为 2.69g/cm³，堆积密度为 1550kg/m³。混凝土要求坍落度 50mm，施工采用机械搅拌、机械振捣，施工单位无混凝土强度标准差的历史统计资料。试设计混凝土配合比。

30. 混凝土拌合物的坍落度要求为 50mm，在进行和易性调整时，试拌材料用量为：水泥 4.5kg，水 2.7kg，砂 9.9kg，碎石 18.9kg，经拌合均匀测得坍落度为 35mm，然后加入 0.45kg 水泥和 0.27kg 水，再次拌合均匀测得坍落度为 50mm。如果该拌合物的强度满足要求并测得混凝土拌合物体积密度为 2400kg/m³。

(1) 试计算 1m³ 混凝土各项材料用量为多少？

(2) 假定上述配合比，可以作为试验室配合比，如施工现场砂的含水率为 4%，石子含水率为 1%，求施工配合比。

(3) 假如施工现场砂的含水率还是 4%，石子含水率为 1%，在施工现场没有作施工配合比计算，而是按试验室配合比称混凝土各项材料用量，结果如何？通过计算说明强度变化的原因。

31. 用 P·C32.5 的水泥（测得 28d 抗压强度 35.0MPa）、河砂（中砂）和碎石（最大粒径为 20mm）

配制 C25 混凝土，施工坍落度 50mm。经初步配合比计算并在实验室调整后，混凝土拌合物满足要求，制备边长 100mm 的试块一组并在标准条件下养护 7d。(1) 假如测得的立方体抗压强度为 18.5MPa，问该实验室配制的混凝土是否满足 C25 的强度要求？对结果进行讨论。（2）假如测得的立方体抗压强度为 23.0MPa，对结果进行讨论。

32. 建设砂浆的组成材料有哪些？按用途分为哪些？

33. 建设砂浆的技术要求有哪些？表示方法是什么？

34. 预拌砂浆的定义及特点是什么？

第4章　建筑金属材料

【本章提要】　本章主要学习建筑钢材的有关知识。要求熟练掌握建筑钢材的抗拉性能、冲击韧性、疲劳性能和冷弯性能的意义及测定方法。掌握土木工程中常用建筑钢材的分类及其选用原则，化学成分对钢材性能的影响，钢材的防腐蚀。了解钢材的冶炼及分类，钢材的硬度概念，钢材的焊接性能和热处理方法及其对钢材性能的影响。

金属材料是一种或多种金属元素或金属元素与非金属元素组成的合金总称，分为黑色金属和有色金属两大类。黑色金属是以铁元素为主要成分的铁和铁合金，主要包括各种铁和钢；有色金属是除黑色金属以外的其他金属，如铝、铅、锌、铜、锡等金属及其合金。其中，钢材和铝材是使用最广泛的建筑金属材料。

钢材具有强度高、塑性及韧性好、耐冲击、性能可靠，可加工性能好等优点，因而是建筑结构中使用最广、用量最大的建筑材料之一。建筑钢材指在建筑工程结构中使用的各种钢材，如型材（角钢、槽钢、工字钢等）；板材（厚板、中板、薄板等）；钢筋有光圆钢筋和带肋钢筋等。建筑钢材可用作主要的结构材料、也可以用作连接材料、围护材料和饰面材料等。

钢材易锈蚀、维护费用高，而且耐火性差，生产能耗也大，但是其优良的使用性能及工艺性能仍使其成为应用最为广泛的工程材料之一。

4.1　钢材的冶炼与分类

4.1.1　钢材的冶炼

钢的源头是铁矿石，即铁元素（Fe）在自然界中的存在形式，纯粹的铁在自然界中是不存在的，铁矿石主要分为磁铁矿、赤铁矿、褐铁矿三种，这些都是铁的氧化物。由铁矿石冶炼成钢铁要有两个主要工序。

炼铁：将铁矿石加上燃料（主要是焦炭）、助熔剂及其他辅助原料先在高炉内还原成铁（生铁），生铁是铁和碳以及少量硅、锰、硫、磷等元素组成的合金。生铁含碳量较高（一般大于 2%），因而脆且硬，除了制作一些承受静载荷的铸件，大部分都作为炼钢的原料。

炼钢：将熔融的生铁进行氧化，使碳的含量降低到一定限度，同时把其他杂质的含量也降低到容许的范围内，从而得到平常使用的钢材。

4.1.1.1　转炉炼钢法

转炉炼钢法是以铁水、废钢、铁合金为主要原料，不借助外加能源，靠铁液本身的物理热和铁液组分间化学反应产生热量而在转炉中完成炼钢过程。转炉按耐火材料分为酸性和碱性，按气体吹入炉内的部位有顶吹、底吹和侧吹；按气体种类为分空气转炉和氧气转炉。碱性氧气顶吹和顶底复吹转炉由于其生产速度快、产量大，单炉产量高、成本低、投资少，为目前使用最普遍的炼钢设备。转炉主要用于生产碳钢、合金钢及铜和镍的冶炼。

4.1.1.2　平炉炼钢法

以煤气或重油作燃料，原料为铁液、废钢铁和适量的铁矿石，利用空气或氧气和铁矿石中的氧使碳和杂质氧化得到所需钢材。平炉炼钢法的最大缺点是冶炼时间长（一般需要 6～8h），燃料耗损大（热能的利用只有 20%～25%），基建投资和生产费用高。因此平炉炼钢不再发展，甚至有拆除改建为顶吹或底吹转炉的趋势。

4.1.1.3　电炉炼钢法

电炉炼钢法主要利用电极与炉料间放电产生的电弧热作为主要能源。冶炼过程一般分为熔化期、氧化期和还原期，在炉内不仅能造成氧化气氛，还能造成还原气氛，因此脱磷、脱硫的效率很高。以废钢为原料的电炉炼钢，比之高炉转炉法基建投资少、效率高，因此广泛应用。我国由于电力和废钢不足，目前主要用于冶炼优质钢和合金钢。

4.1.2　钢材的分类

钢材的种类繁多，根据其成分、生产、应用等的不同，可采用不同的分类方法。常用的分类方法有以下几种。

4.1.2.1　按合金元素的含量分类

（1）碳素钢　碳素钢是指含碳量为 0.02%～2.06% 的铁碳合金，也称碳钢。碳素钢的主要化学元素是铁、碳和少量不可避免的硅（Si）、锰（Mn）、磷（P）、硫（S）、氧（O）、氮（N）等。碳素钢根据含碳量可分为①低碳钢：含碳量小于 0.25%；②中碳钢：含碳量在 0.25%～0.6% 之间；③高碳钢：含碳量大于 0.6%。

在建筑工程中，主要用的是低碳钢和中碳钢。

（2）合金钢　碳素钢中加入一定量的合金元素则称为合金钢。合金钢中主要合金元素有硅（Si）、锰（Mn）、钒（V）、钛（Ti）、铌（Nb）、镍（Ni）等。根据添加元素的不同，并采取适当的加工工艺，可使钢材获得高强度、高韧性、耐磨、耐腐蚀、耐低温、耐高温、无磁性等特殊性能。按合金元素的含量又可将合金钢分为①低合金钢：钢中合金元素总的质量分数小于 5%；②中合金钢：钢中合金元素总的质量分数在 5%～10% 之间；③高合金钢：钢中合金元素总的质量分数大于 10%。

在建筑工程中，主要用的是低合金钢。

4.1.2.2　依据钢在冶炼时的脱氧程度分类

（1）沸腾钢　炼钢时仅加入锰铁进行脱氧，脱氧不完全。因此，在浇注时钢水在钢锭模内呈沸腾状，有大量的一氧化碳气体逸出，故称为沸腾钢，代号为"F"。沸腾钢组织不够致密，成分不太均匀，硫、磷等杂质偏析较严重，故质量较差。但因其这种钢的成材率高，成本低、产量高，表面质量好，故被广泛应用于一般工程。

（2）镇静钢　炼钢时采用锰铁、硅铁和铝锭等作为脱氧剂，脱氧完全。这种钢液浇注时钢液镇静不沸腾，能平静地充满锭模并冷却凝固，故称为镇静钢，代号为"Z"。镇静钢的收得率低、成本较高，但组织致密，偏析小，质量均匀。优质钢和合金钢一般都是镇静钢。适用于预应力混凝土等重要结构工程。

（3）半镇静钢　半镇静钢为脱氧较完全的钢。脱氧程度介于沸腾钢和镇静钢之间，浇注时有沸腾现象，但较沸腾钢弱。这类钢具有沸腾钢和镇静钢的某些优点，代号为"b"。半镇静钢是质量较好的钢。

（4）特殊镇静钢　比镇静钢脱氧程度更充分彻底的钢，故称为特殊镇静钢，代号为"TZ"。特殊镇静钢的质量最好，适用于特别重要的结构工程。

在建筑工程中，常用沸腾钢、镇静钢和半镇静钢。

4.1.2.3　按钢的用途分类

（1）结构钢　用于制造各种工程结构件和各种机械零部件的钢。其中用于制造工程结构的钢材又称为工程用钢或构件用钢，它包括碳钢中的甲类、乙类、特类钢，以及普通低合金钢；机器零件用钢则包括普通低合金钢、易切削钢、渗碳钢、调质钢、弹簧钢、滚动轴承钢等。

（2）工具钢　工具钢是用于制造各种加工工具的钢。根据工具的不同用途，又可分为刃具钢、模具钢、量具钢等。

（3）特殊性能用钢　特殊性能钢是指具有某种特殊的物理、化学、力学性能的钢，包括不锈钢、耐热钢、耐磨钢、电工钢等。

在建筑工程中，常用结构钢。

4.1.2.4　按冶金质量分类

主要是按钢中的磷（P）、硫（S）等有害杂质的含量分类，可分为如下几类。

① 普通质量钢：S≤0.050％，P≤0.045％；

② 优质钢：S、P≤0.035％；

③ 高级优质钢：S≤0.025％，P≤0.03％；

④ 特殊优质钢：S≤0.015％，P≤0.025％。

在建筑工程中，常用普通钢，有时也使用优质钢。

4.1.2.5　按产品型式分类

冶炼后的钢材经轧制、拉拔等加工成各种类型的产品，主要有如下几类。

① 型材：包括钢结构用的角钢、工字钢、方钢、槽钢等；

② 板材：各种厚度和型式的钢板；

③ 线材：包括各种型号的钢筋、钢丝、钢绞线等；

④ 管材：各种型号的钢管、自来水管、钢管桩等都属于管材。

在建筑工程中，以上几种产品型式均广泛使用。

4.2　建筑钢材的主要技术性能

建筑钢材的技术性能是指钢材的力学性能，包括抗拉性能、冲击韧性、塑性、硬度和耐疲劳性等；工艺性能主要有冷弯性能和焊接性能等。

4.2.1　建筑钢材的主要力学性能

4.2.1.1　钢材的抗拉性能

拉伸是建筑钢材的主要受力形式，所以抗拉性能是建筑钢材的重要性能。由拉力试验测得的屈服点、抗拉强度和伸长率是钢材的重要技术指标。

将低碳钢（软钢）制成一定规格的试件，放在材料试验机上进行拉伸试验（见图 4-1），可以绘出如图 4-2 所示的应力-应变关系曲线。从图 4-2 中可以看出，低碳钢受拉至拉断，经历了四个阶段：弹性阶段（OA）、屈服阶段（AB）、强化阶段（BC）和颈缩阶段（CD）。

（1）弹性阶段——OA 段　曲线中 OA 段是一条直线，应力与应变成正比增加。此阶段荷载较小，若卸去荷载试件能恢复原来的形状，这种性质即为弹性，此阶段的变形为弹性变形。A 点是直线部分的端点，对应的应力称为弹性极限，以 σ_p 表示。应力与应变的比值为常数，即弹性模量 E，$E=\sigma/\varepsilon$。弹性模量反映钢材抵抗弹性变形的能力，是钢材在受力条件下计算结构变形的重要指标。

（2）屈服阶段——AB 段　当应力超过 A 点后，荷载增大时应力与应变不再成比例变化，应变增大的速度大于应力增大的速度，即开始产生塑性变形。由图 4-2 可见，整个阶段

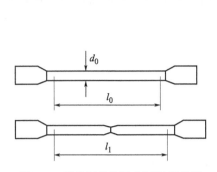

图 4-1　低碳钢拉伸试验试样示意图

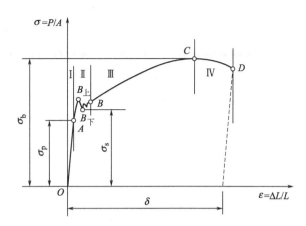

图 4-2　低碳钢拉伸应力-应变关系曲线

应力则大致会在 $B_{上}$ 点（这一阶段的最高点，称为上屈服点）和 $B_{下}$ 点（称为下屈服点）之间波动，应变却一直增加。应力-应变曲线上出现一小平台，这就是所谓的"屈服现象"，似乎钢材不能承受外力而屈服，所以 AB 段称为屈服阶段。因为 $B_{下}$ 点较稳定、易测定，其对应的应力称为屈服点（屈服强度），用 σ_s 表示。钢材受力大于屈服点后，会出现较大的塑性变形，已不能满足使用要求，因此屈服强度是设计上钢材强度取值的依据，是工程结构计算中非常重要的一个参数。

（3）强化阶段——BC 段　当应力值超过屈服强度后，由于钢材内部组织中的晶格畸变量增加，导致晶格进一步滑移困难，所以钢材抵抗塑性变形的能力又重新提高，即发生了加工硬化。所以 BC 段呈上升曲线，称为强化阶段。对应于最高点 C 的应力值称为极限抗拉强度，简称抗拉强度，用 σ_b 表示。

屈服强度与抗拉强度的比值称为屈强比 n，是反映钢材的可靠率和利用率力学性能的指标。

$$n = \sigma_s / \sigma_b \tag{4-1}$$

式中　n——钢材的屈强比；

σ_s——钢材的屈服点强度，MPa；

σ_b——钢材的极限抗拉强度，MPa。

屈强比小时，钢材的可靠性大，结构安全。若屈强比过小，则钢材有效利用率太低，可能造成浪费。所以应合理选用屈强比，在保证安全可靠的前提下，尽量提高钢材的利用率。建筑结构钢合理的屈强比一般为 0.60～0.75。

（4）颈缩阶段——CD 段　试件受力达到最高点 C 点后，试件被拉长，并在某一薄弱处，断面急剧缩小，至 D 点断裂，这一阶段称为"颈缩"现象。在此阶段其抵抗变形的能力明显降低，应变迅速增加而应力一直下降。

在拉力试验中，塑性好而强度低的软钢与强度高、塑性差的硬钢表现是不同的。图 4-3 为中碳钢与高碳钢（硬钢）的拉伸曲线。与低碳钢不同，在拉伸过程中，硬钢随着应变增加应力值一直在增长，没有明显的屈服现象，难以测定屈服点。所以规定以产生 0.2% 塑性变形时所对应的应力值作为硬钢的屈服强度，也称条

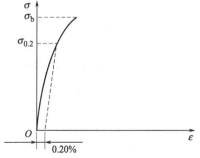

图 4-3　中、高碳钢拉伸曲线

件屈服点，用 $\sigma_{0.2}$ 表示。

4.2.1.2 塑性

建筑钢材应具有很好的塑性。钢材的塑性通常用伸长率表示。将拉断后的试件拼合起来，测定出标距范围内的长度 L_1（mm），其与试件原标距 L_0（mm）之差为塑性变形值，塑性变形值与 L_0 之比称为伸长率（δ），按式（4-2）计算：

$$\delta = \frac{L_1 - L_0}{L_0} \times 100\% \tag{4-2}$$

式中　δ——伸长率，%；

　　　L_0——试件拉断前的标距长度，mm；

　　　L_1——试件拉断后的标距长度，mm。

伸长率是反映钢材可塑性的重要指标，伸长率大表明钢材的塑性好。塑性良好的钢材，当偶尔超载时产生塑性变形，可使钢材内部应力产生重新分布，不致由于应力集中而断裂。这样可以保证钢材在建筑上的安全使用，还便于钢材进行各种成形加工。注意，伸长率与试样的标距有关。通常钢材拉伸试验标距取 $L_0 = 10d_0$ 和 $L_0 = 5d_0$，伸长率分别以 δ_{10} 和 δ_5 表示。对同一钢材 δ_5 大于 δ_{10}。

4.2.1.3 钢材的冲击韧性

冲击韧性是指钢材抵抗冲击荷载而不被破坏的能力。冲击韧性能较全面地反映钢材材质的优劣程度，通常是通过标准试件的弯曲冲击韧性试验确定的。如图4-4所示，将有缺口的试件置于试验机固定支座上，将试验机中的摆锤扬起后，使其自由下落以冲断试件，试件单位面积上所消耗的功（冲击韧性值，单位：J/cm²），即

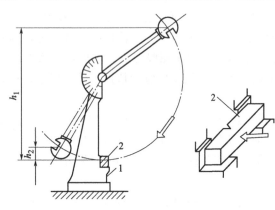

图 4-4　钢材冲击试验示意图

1—试验机；2—试件

为冲击韧性的指标，其符号为 α_K：

$$\alpha_K = \frac{A_K}{F} \tag{4-3}$$

式中　α_K——冲击韧性值，J/cm²；

　　　F——试样缺口处的截面积，cm²；

　　　A_K——冲击吸收功，J。

该指标值越大说明钢材表示冲断时所吸收的功愈多，钢材的冲击韧性越好。

影响冲击韧性的因素有化学成分、组织状态、冶炼和轧制质量、环境温度等。如，钢中磷、硫含量较高，存在偏析、非金属夹杂物和焊接中形成的微裂纹等都会使冲击韧性显著降低。此外环境温度对钢材冲击韧性性能的影响也很大，见图4-5。

由图4-5可知 α_K 值与试验温度有关，某些材料在常温时冲击韧性并不低，破坏时呈现韧性破坏特征。但当试验温度低于某值时，α_K 突然大幅度下降，材料无明显塑性变形而发生脆性断裂，这种性

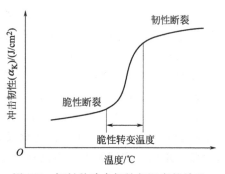

图 4-5　钢材的冲击韧性与温度的关系

质称为钢材的冷脆性。α_K 剧烈改变的温度区间称为脆性转变温度。脆性转变温度越低，钢的低温韧性越好。对于那些承受动荷载、在负温下使用的结构，设计时必须考虑钢材的冷脆性，应选用脆性转变温度低于最低使用温度的钢材。

4.2.1.4　钢材的耐疲劳性

钢材在交变荷载反复作用下，往往会在应力远低于抗拉强度的情况下发生裂断，此现象称为疲劳破坏。疲劳破坏经常是突然发生的，因而具有很大的危险性，往往造成严重事故。

钢材的疲劳破坏一般是由拉应力引起的，首先在局部开始形成细小裂纹，随后由于微裂纹尖端的应力集中而使其逐渐扩大，直至突然发生瞬时疲劳断裂。在多次反复交变荷载的作用下不发生疲劳破坏时的最大应力称为疲劳强度，它是表明钢材耐疲劳性的指标。通常取交变应力循环次数 $N=10^7$ 时，试件不发生破坏的最大应力作为其疲劳极限。钢材承受交变应力越大，则钢材至断裂时所经受的交变应力的循环次数越少，反之则多。当交变应力降至一定值时，钢材可经受无数次的应力循环变化而不发生疲劳破坏。

钢材的表面质量及受腐蚀等都会影响它的耐疲劳性能。如钢筋焊接接头和表面微小的腐蚀缺陷，都可使疲劳极限显著降低。尤其疲劳条件与腐蚀环境同时出现时，可促使局部应力集中的出现，大大增加了疲劳破坏的危险。钢材内部的组织结构、成分偏析及其他缺陷，是决定其疲劳性能的主要因素，而钢材的截面变化及内应力大小等造成应力集中的因素，也会使疲劳极限降低。

4.2.1.5　硬度

硬度是指金属材料在表面局部体积内，抵抗硬物压入表面的能力，亦即材料表面抵抗塑性变形的能力。测定钢材硬度一般采用压入法。即以一定的静荷载（压力），把一定的形状压头压在金属表面，然后测定压痕的面积或深度来确定硬度。按压头种类或压力不同，有布氏法、洛氏法和维氏法等。最常用的硬度试验指标是布氏硬度（HB）和洛氏硬度（HR）。

图 4-6 是布氏硬度测试原理图，在载荷 F 的作

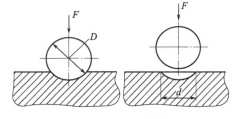

图 4-6　布氏硬度测试原理

用下迫使淬火钢球或硬质合金球压向被测金属表面，并保持一定时间后撤去试验力，并形成凹痕。单位面积（凹痕面积）所承受的荷载值（N/mm^2）定义为布氏硬度。

洛氏硬度也是以规定的载荷，将坚硬的压头垂直压向被测金属来测定硬度的。不过它由压痕深度计算硬度。

各类钢材的硬度值与抗拉强度之间有一定的相关关系。材料的强度越高，塑性变形抵抗力越强，硬度值也就越大。

4.2.2　建筑钢材的工艺性能

钢材的工艺性能是指钢材适应各种加工工艺的能力。良好的工艺性能，可以保证钢材顺利通过各种加工，从而制造成各种合格的构件。冷弯及焊接性能均是建筑钢材的重要工艺性能。

4.2.2.1　钢材的冷弯性能

冷弯性能是指钢材在常温下承受弯曲变形的能力，是钢材的重要工艺性能。冷弯性能指标是以试件弯曲的角度（α）和弯心直径对试件厚度（或直径）的比值（d/α）来表示。

冷弯性能通过冷弯试验测得的。将钢材试件（圆形或板形）置于冷弯机上弯曲至规定角度（90°或180°）观察其弯曲部位是否有裂纹、起层或断裂现象，如无，则为合格。弯曲角度越大，弯心直径对试件厚度（直径）比值越小，则表示钢材的冷弯性能越好。图4-7为弯曲试验，弯曲角度越大，弯心直径越小，则钢材的冷弯性能愈好。

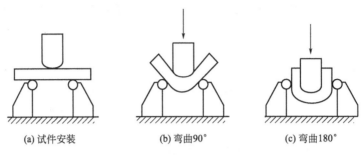

(a) 试件安装   (b) 弯曲90°   (c) 弯曲180°

图4-7　钢材的冷弯试验

钢材的冷弯性能和其伸长率一样，也是表示钢材在静荷载条件下的塑性，但冷弯是钢材处于不利变形条件下的塑性，而伸长率是反映钢材在均匀变形下的塑性。故冷弯试验是一种比较严格的检验。冷弯试验能揭示钢材内部组织的均匀性，以及存在内应力或夹杂物等缺陷的程度；而在拉伸试验中，这些缺陷常因塑性变形导致应力重分布而反映不出来。在工程实践中，冷弯试验还被用作检验钢材焊接质量的一种手段，能揭示焊件在受弯处存在的未熔合、微裂纹和夹杂物。

4.2.2.2　焊接性能

现在土木工程生产中的连接方法主要有螺纹连接、铆接、焊接、粘接等，其中焊接是应用最广泛的。各种型钢、钢板、钢筋及预埋件等都需用焊接加工。钢结构有90％以上是焊接结构。

焊接是指通过加热或加压，或两者并用，用或不用填充材料，使焊件达到结合的一种方法。焊接可以将不同类型的金属材料、不同形状及尺寸的材料连接起来。因此，通过焊接可使金属结构中材料的分布更合理。此外，焊接可直接将各个零部件连接起来，无需其他附加件，接头的强度一般也能达到与母材相同，因此，焊接产品的重量轻、成本低。而且焊接加工一般不需要大型、贵重的设备，因此，是一种投资少、见效快的方法。因此，焊接结构在国民经济各个部门中的应用日益广泛。现在焊接结构的产量将达到钢材总产量的50％。

焊接的质量取决于焊接工艺、焊接结构设计及钢的焊接性能。钢材的焊接性能是指钢材是否适应通常的焊接方法与工艺的性能。焊接一般都是使用点热源对于钢材加热（或加压），使焊缝局部处于熔融或半熔融状态，以达到连接的目的。这会产生局部高温和焊接后急剧冷却，导致焊缝及附近的热影响区发生组织及结构变化，产生局部变形及内应力，使焊缝周围的钢材产生硬脆倾向，降低其力学性能。

可焊性好的钢材是指用一般焊接方法和工艺施焊，焊口处不易形成裂纹、气孔、夹渣等缺陷；焊接后焊缝的力学性能，强度不低于原有钢材，硬脆倾向小。钢材可焊性能的好坏，主要取决于钢的化学成分。含碳量高将增加焊接接头的硬脆性，随着碳含量和合金含量的增加，钢材的可焊性减弱。含碳量小于0.25％的碳素钢具有良好的可焊性。钢中含硫量大也会使钢材在焊接时产生热脆性，使可焊性变差。采用焊前预热和焊后热处理的方法，能提高可焊性差的钢材焊接质量。

4.3　钢材的化学成分及组织结构

钢材之所以具有广泛的应用是由于其具有优良的使用性能，而其使用性能是由钢材的化学成分及组织结构所决定的。

4.3.1　钢材的主要化学成分

工程用钢材主要合金元素是铁和碳。但在钢的冶炼过程中，不可能除尽所有的杂质，还会从原料、燃料中得到一些杂质元素，甚至为了提高钢的某些性能有意加入一些其他元素。这些元素虽然含量少，但对钢材的质量和性能影响很大。钢中常见的合金元素除碳以外还有少量的锰、硅、钛、钒、硫、磷、氧、氢、氮等。

4.3.1.1　碳（C）

碳是决定钢材性能的最重要的合金元素，随着钢中含碳量的变化，钢的机械性能和工艺性能都会发生变化。在含碳量小于 0.8% 的钢中，随着含碳量的增加，强度、硬度升高。在含碳量大于 0.8% 的钢中，含碳量在接近 1% 时其强度达到最高值，含碳量继续增加，强度下降，而塑性、韧性也随着含碳量的升高而持续下降。对于可焊性及冷加工性能都是随着含碳量的增加而逐渐变差。

一般工程所用的碳素钢为低碳钢，碳含量一般小于 0.2%；工程所用的低合金钢，其碳含量也小于 0.5%。

4.3.1.2　锰（Mn）和硅（Si）

锰和硅是炼钢过程中必须加入的脱氧剂，用以去除溶于钢液中的氧。锰除了脱氧作用外，还有除硫作用。锰对碳钢的机械性能有良好的影响，它能提高钢的强度和硬度。当含锰量低于 0.8% 时，可以稍微提高或不降低钢的塑性和韧性。碳钢中的含硅量一般小于 0.5%，它也是钢中的有益元素，显著地提高了钢的强度和硬度，但含量较高时，将使钢的塑性和韧性下降。

4.3.1.3　硫（S）和磷（P）

硫和磷都是钢中的有害元素，它是在炼钢时由矿石和燃料带到钢中来的杂质。硫的最大危害是引起钢在热加工时的开裂，这种现象称为热脆；硫在焊接时产生的 SO_2 气体，还使焊缝产生气孔和缩松。而磷具有很强的固溶强化作用，它使钢的强度、硬度显著提高，但剧烈地降低钢的韧性，尤其是低温韧性，称为冷脆。

4.3.1.4　钛（Ti）、钒（V）

钛和钒都是较强的脱氧剂，是加入钢中的合金元素，可改善组织结构，使晶体细化，显著提高钢的强度，改善钢的韧性。

4.3.1.5　氧（O）和氮（N）

氧常以 FeO 的形式存在于钢中，它将降低钢的塑性、韧性、冷弯性能和焊接性能以及强度，并显著降低疲劳强度，增加热脆性。氧是钢中有害杂质，但氧有促进时效性的作用。

氮虽可以提高钢的屈服点、抗拉强度和硬度，但会使塑性，特别是韧性显著下降，并增大钢的时效敏感性和冷脆性，降低焊接性能、冷弯性能。

4.3.2　钢材的晶体结构

钢是以铁碳为主的合金，其晶体结构中的各原子以金属键的方式结合在一起，这是钢材具有较高强度和较高塑性的根本原因。

描述原子在晶体中排列的最小单元（即空间格子）是晶格。钢铁的晶格分为体心立方晶

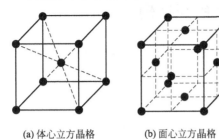

(a) 体心立方晶格　(b) 面心立方晶格

图 4-8　钢材的晶体结构

格和面心立方晶格（见图 4-8），前者为原子分布在正立方体的中心和八个顶角，后者为原子分布在正立方体的八个顶角和六个面的中心。当钢材从熔融的状态（熔点 1535℃）冷却时，晶体结构要发生两次转变；温度在 1390℃ 以上时为体心立方晶格，称为 δ-Fe；温度在 910～1390℃ 之间为面心立方晶格，称为 γ-Fe，并伴随着体积收缩；温度在 910℃ 以下又成为体心立方晶格，称为 α-Fe，同时伴随体积膨胀。

在钢材晶体中，原子的排列并非完整无缺，而是存在着许多不同形式的缺陷，这些缺陷对钢材的强度、塑性和其他性能具有显著的影响，这也是钢材的实际强度远比理论强度小的根本原因。这些缺陷主要有点缺陷、线缺陷和面缺陷三种。

4.3.3　钢材的基本晶体组织

钢是以铁（Fe）为主的 Fe-C 合金。Fe-C 合金于一定条件下能形成具有一定形态的聚合体，称为钢的组织，在显微镜下能观察到它们的微观形貌图像，故也称显微组织。钢材的组织主要有铁素体、奥氏体、渗碳体和珠光体四种，见表 4-1。

表 4-1　钢的基本晶体组织

名称	含碳量/%	结构特征	性能
铁素体	≤0.02	碳在 α-Fe 中的固熔体	塑性、韧性好;但强度、硬度低
奥氏体	0.8	碳在 γ-Fe 中的固熔体	强度、硬度不高;但塑性好
渗碳体	6.67	铁和碳的化合物（Fe_3C）	抗拉强度低,塑性差,性质硬脆,耐磨
珠光体	0.8	铁素体和渗碳体的机械混合物	性质介于铁素体和渗碳体之间

常温下碳素钢的含碳量在 0.8% 以下，其基本组织由铁素体和珠光体组成，随含碳量增大，铁素体逐渐减少而珠光体逐渐增多，钢材则强度、硬度随之逐渐提高而塑性、韧性逐渐降低。当含碳量为 0.8% 时，钢的基本组织仅为珠光体。当含碳量大于 0.8% 时，钢的基本组织由珠光体和渗碳体组成，随含碳量增加，珠光体逐渐减少而渗碳体相对渐增，由于渗碳体为脆硬相，从而使钢的硬度逐渐增大而塑性、韧性逐渐减小，且强度下降。

4.4　钢材的加工

直接铸造得到的铸锭会有偏析、气泡、晶粒粗大、组织不致密和不均匀等缺陷，导致钢材的力学性能尤其是韧性及抗疲劳性较差，满足不了日益提高的使用要求。所以除了铸造件外，大部分钢材都要经过进一步加工才能使用。

4.4.1　轧制

轧制是将金属坯料通过一对旋转轧辊的间隙（各种形状），受轧辊的压缩使材料截面减小，长度增加的压力加工方法。轧制过程如图 4-9 所示：轧件由摩擦力拉进旋转轧辊之间，受到压缩进行塑性变形的过程，通过轧制使金属具有一定尺寸、形状和性能。这是生产钢材最常用的生产方式，钢材冶炼后得到的钢锭必须经过轧制才能得到型材、板材、管材。按轧

制温度不同，轧制分热轧和冷轧两种。

4.4.1.1　热轧

将钢坯加热后进行轧制，可以改善钢锭的铸造组织、细化钢材的晶粒，并消除显微组织的缺陷，从而使钢材组织密实，力学性能得到改善。浇注时形成的气泡、裂纹和疏松，也可在高温和压力作用下被焊合。热轧的钢材产品，由于加工温度较高对于厚度和边宽这方面不好控制，表面质量也差。

4.4.1.2　冷轧

用热轧钢为原料，经酸洗去除氧化皮后室温下进行轧制。由于连续冷变形引起的冷却硬化和残余应力使轧件的强度、硬度上升、韧塑指标下降。但其成型速度快、产量高，且表面质量好，可以做成多种多样的截面形式，以适应使用条件的需要。

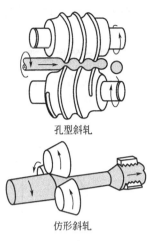

孔型斜轧

仿形斜轧

图 4-9　成型轧制

4.4.2　冷加工

冷加工是指钢材在常温下进行的压力加工。如冷拉、冷拔、冷扭、冲压和挤压等。冷加工变形抗力大，在使金属成形的同时，可以利用加工硬化提高工件的硬度和强度。

4.4.2.1　冷拉

将热轧后的小直径钢筋，用拉伸设备予以拉长，使之产生一定的塑性变形，使冷拉后的钢筋屈服强度提高，钢筋的长度增加（约 4%～10%），从而节约钢材。

4.4.2.2　冷拔

将钢筋或钢管通过冷拔机上的孔模，拔成一定截面尺寸的钢丝或细钢管。孔模用硬质合金钢制成（见图 4-10）。经过一次或多次的冷拔后得到的冷拔低碳钢丝（直径 3mm、4mm 和 5mm），其屈服点可提高 40%～60%，但失去软钢的塑性和韧性，而具有硬钢的特点。

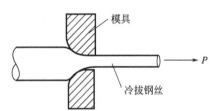

模具

P

冷拔钢丝

图 4-10　钢材冷拔示意图

4.4.3　钢材的时效处理

冷加工后的钢材，随着时间的延长，钢材的屈服强度、抗拉强度与硬度提高，塑性、韧性降低的现象称为时效。时效的具体处理方法有两种：①将经冷加工的钢材在常温下放置 15～20d，称为自然时效，它适用于强度较低的钢材；②对强度较高的钢材，自然时效效果不明显，可将经冷加工后的钢材加热至 100～200℃，保持 2～3h，这称为人工时效。

钢材经冷加工及时效处理后，其性质变化的规律，可明显地在应力-应变图上得到反映，如图 4-11 所示。图中 OABCD 为未经冷拉和时效处理试件的 σ-ε 曲线。当试件冷拉至超过屈服强度的任意一点 K，卸去荷载，此时由于试件已产生塑性变形，则曲线沿 KO' 下降，KO' 大致与 AO 平行。如立即再拉伸，则 σ-ε 曲线将成为 $O'KCD$（虚线），屈服强度由 B 点提高到 K 点。但如在 K 点卸荷后进行时效处理，然后再拉伸，则 σ-ε 曲线将

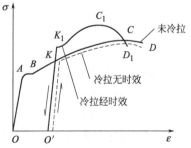

未冷拉

冷拉无时效

冷拉经时效

图 4-11　钢筋冷拉前后应力-应变图的变化

成为 $O'K_1C_1D_1$ ，这表明冷拉时效以后，屈服强度和抗拉强度均得到提高，但塑性和韧性则相应降低。

4.4.4 钢材的热处理

热处理是将钢在固态下加热到预定的温度，并在该温度下保持一段时间，然后以一定的速度冷却下来的一种热加工工艺。其工艺曲线如图 4-12 所示。

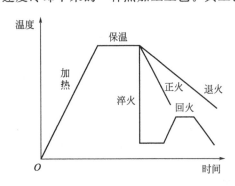

图 4-12　热处理工艺示意图

通过热处理可以改变钢的内部组织结构，从而改善工艺性能和使用性能，充分挖掘钢材的潜力，延长钢材的使用寿命，提高产品质量，节约材料和能源。热处理工艺种类很多，根据加热、冷却方式及获得组织和性能的不同，钢的常规热处理工艺有退火、正火、淬火和回火。

4.4.4.1 退火

退火是将工件加热到适当温度，保持一定时间，然后缓慢冷却的热处理工艺。缓冷是退火的主要特点，一般是将工件随炉缓冷到小于 550℃ 时出炉空冷。对于要求内应力较小的工件应随炉冷却到小于 350℃ 出炉空冷。退火是为了降低材料硬度，以利后续加工；消除各类应力，防止零件变形；细化粗大晶粒，改善内部组织，为最终热处理做好准备。

退火的方法很多，常用的有完全退火、等温退火、球化退火、均匀化退火、去应力退火和再结晶退火等。

4.4.4.2 正火

钢材或钢件加热到组织转变温度以上，保温适当时间后，在空气中冷却的热处理工艺称为正火。正火与完全退火的主要差别在于冷却速度快些。正火后的组织由于冷却速度比较快，所以比退火组织细小，强度、硬度也有所提高。

正火是一种操作方便，成本较低，生产周期短，生产效率高的热处理，主要用于：低中碳的非合金钢（碳钢）和低合金结构钢铸、锻件消除应力和淬火前的预备热处理，也可用于某些低温化学热处理件的预处理及结构钢的最终热处理。

4.4.4.3 淬火

将钢加热到相变温度以上，保温一定时间，然后快速冷却以获得奥氏体组织的热处理工艺称为淬火。淬火是钢的最重要的强化方法。

4.4.4.4 回火

回火就是把经过淬火的钢材重新加热到低于相变温度的某一温度，适当保温后，冷却到室温的热处理工艺。钢在淬火后一般很少直接使用，因为钢材淬火后虽然强度、硬度高，但塑性差，脆性大，在内应力作用下容易产生变形和开裂；此外，淬火后组织是不稳定的，在室温下就能缓慢分解，产生体积变化而导致工件变形。因此，淬火后的零件必须进行回火才能使用。回火可以消除或降低内应力，提高塑性、降低脆性；稳定组织，稳定尺寸和形状。

可以通过不同回火方法，来调整钢材的强度、硬度，获得所需要的韧性和塑性。根据回火温度的不同，回火方法主要有以下三种：低温回火（回火温度范围为 150～250℃）；中温回火（回火温度范围为 350～500℃）；高温回火（回火温度范围为 500～650℃）。

4.5　钢材的标准与选用

建筑工程用钢有钢结构用钢和钢筋混凝土结构用钢两类，前者主要应用型钢和钢板，后者主要采用钢筋和钢丝。

4.5.1　钢结构用钢

钢结构所用钢种主要是碳素结构钢和低合金结构钢两种。

4.5.1.1　碳素结构钢

普通碳素结构钢简称为普通碳素钢，包括一般结构钢和工程用热轧型钢、钢板、钢带。

（1）碳素结构钢的牌号及其表示方法　碳素结构钢的牌号由四个部分组成：屈服点的字母（Q）、屈服点数值（N/mm²）、质量等级符号（A、B、C、D）、脱氧程度符号（F、b、Z、TZ）。碳素结构钢的质量等级是按钢中硫、磷含量由多至少划分的，由 A 至 D 质量等级逐级提高。当为镇静钢或特殊镇静钢时，牌号表示"Z"与"TZ"符号可予以省略。

按标准规定，我国碳素结构钢分五个牌号，即 Q195、Q215、Q235、Q255 和 Q275。例如 Q235AF，它表示：屈服点为 235N/mm² 的质量等级为 A 级的沸腾碳素结构钢。Q215Bb 表示屈服点为 215MPa 的质量等级为 b 级半镇静碳素结构钢。

（2）碳素结构钢的技术要求　国家标准《碳素结构钢》（GB/T 700—2006）规定了碳素结构钢的牌号、尺寸、外形及允许偏差、技术要求、试验方法、检验规则、包装、标志和质量证明书等各个方面。各牌号碳素结构钢的牌号及化学成分应符合表 4-2 的规定、力学性能应分别满足表 4-3 和表 4-4 的要求。

表 4-2　碳素结构钢的牌号及化学成分（GB/T 700—2006）

牌号	统一数字代号[①]	等级	厚度（或直径）/mm	脱氧方法	化学成分（质量分数）/%，不大于				
					C	Si	Mn	P	S
Q195	U11952	—	—	F、Z	0.12	0.30	0.50	0.035	0.040
Q215	U12152	A	—	F、Z	0.15	0.35	1.20	0.045	0.050
	U12155	B							0.045
Q235	U12352	A	—	F、Z	0.22	0.35	1.40	0.045	0.050
	U12355	B			0.20[②]				0.045
	U12358	C		Z	0.17			0.040	0.040
	U12359	D		TZ				0.035	0.035
Q275	U12752	A	—	F、Z	0.24	0.35	1.50	0.045	0.050
	U12755	B	≤40	Z	0.21			0.045	0.045
			>40		0.22				
	U12758	C	—	Z	0.20			0.040	0.040
	U12759	D		TZ				0.035	0.035

① 表中为镇静钢、特殊镇静钢牌号的统一数字，沸腾钢牌号的统一数字代号如下：
Q195F——U11950；
Q215AF——U12150，Q215BF——U12153；
Q235AF——U12350，Q235BF——U12353；
Q275AF——U12750。
② 经需方同意，Q235B 的碳含量可不大于 0.22%。

表 4-3 碳素结构钢的力学性能要求（GB/T 700—2006）

牌号	等级	屈服强度[1] R_{eH}/(N/mm²),不小于						抗拉强度[2] R_m/(N/mm²)	断后伸长率 A/%,不小于					冲击试验(V型缺口)	
		厚度(或直径)/mm							厚度(或直径)/mm					温度/℃	冲击吸收功(纵向)/J 不小于
		≤16	>16~40	>40~60	>60~100	>100~150	>150~200		≤40	>40~60	>60~100	>100~150	>150~200		
Q195	—	195	185	—	—	—	—	315~430	33	—	—	—	—	—	—
Q215	A	215	205	195	185	175	165	335~450	31	30	29	27	26	—	—
	B													+20	27
Q235	A	235	225	215	215	195	185	370~500	26	25	24	22	21	—	—
	B													+20	27③
	C													0	
	D													-20	
Q275	A	275	265	255	245	225	215	410~540	22	21	20	18	17	—	—
	B													+20	27
	C													0	
	D													-20	

① Q195 的屈服强度值仅供参考,不作交货条件。

② 厚度大于 100mm 的钢材,抗拉强度下限允许降低 20N/mm³。宽带钢（包括剪切钢板）抗拉强度上限不作交货条件。

③ 厚度小于 25mm 的 Q235B 级钢材,如供方能保证冲击吸收功值合格,经需方同意,可不作检验。

表 4-4 碳素结构钢的冷弯性能

牌号	试样方向	冷弯试验180° $B=2a$①	
		钢材厚度(或直径)②/mm	
		≤60	>60~100
		弯心直径 d	
Q195	纵	0	—
	横	0.5a	
Q215	纵	0.5a	1.5a
	横	a	2a
Q235	纵	a	2a
	横	1.5a	2.5a
Q275	纵	1.5a	2.5a
	横	2a	3a

① B 为试样宽度,a 为试样厚度（或直径）。

② 钢材厚度（或直径）大于 100mm 时,弯曲试验由双方协商确定。

由表 4-3 和表 4-4 可以看出碳素结构钢的化学成分与力学性能及冷弯性能有如下关系:
①随着钢号的增加,其含碳量、含锰量增加,强度和硬度增加,而可塑性、冷弯性能降低。
②同一钢材的质量等级越高,含硫含磷量越低,钢材的质量越好。

（3）各类牌号碳素结构钢的特性与用途 建筑工程中最常用的碳素结构钢牌号为 Q235,
Q235 号钢冶炼方便,成本较低,并且由于该牌号钢既具有较高的强度,又具有较好的塑性和韧性，在结构中能保证在超载、冲击、焊接、温度应力等不利条件下的安全。可焊性也好，并适于各种加工，故能较好地满足一般钢结构和钢筋混凝土结构的用钢要求。Q235 大量被用作轧制各种型钢、钢板及钢筋。其力学性能稳定，对轧制、加热、急剧冷却时的敏感性较小。其中 Q235A 级钢，一般仅适用于承受静荷载作用的结构，Q235C 和 D 级钢可用于重要焊接的结构。另外，由于 Q235D 级钢含有足够的形成细晶粒结构的元素，同时对硫、磷有害元素控制严格，故其冲击韧性很好，具有较强的抗冲击、振动荷载的能力，尤其适宜在较低温度下使用。

而 Q195 和 Q215 号钢，含碳量较低，虽塑性很好，可焊性也很好，但强度太低，所以 Q195 和 Q215 号钢常用作生产一般使用的钢钉、铆钉、螺栓及铁丝等。

对于 Q255 和 Q275 号钢，其强度较高，但塑性较差，可焊性亦差，所以 Q255 及 Q275 号钢多用于生产机械零件和工具等。

4.5.1.2　低合金高强度结构钢

低合金高强度结构钢是在碳素钢结构钢的基础上，添加少量的一种或多种合金元素（总含量＜5％）的一种结构钢。其目的是提高钢的屈服强度、抗拉强度、耐磨性、耐蚀性与耐低温性等。因而它是综合性能较为理想的建筑钢材，在大跨度、承受动荷载和冲击荷载的结构中更适用。此外，与使用碳素钢相比，可以节约钢材 20％～30％，因而成本并不很高。

（1）低合金结构钢的牌号及其表示方法　　根据国家标准《低合金高强度结构钢》（GB 1591—2008）规定，我国低合金结构钢共有 8 个牌号，即 Q345、Q390、Q420、Q460、Q500、Q550、Q620 和 Q690。所加元素主要有锰、硅、钒、钛、铌、铬、镍及稀土元素。其牌号的表示由屈服点字母 Q、屈服点数值、质量等级（A、B、C、D、E 五级）三部分组成。

（2）低合金结构钢的技术要求及应用　　按照国家标准《低合金高强度结构钢》（GB 1591—2008）的规定，低合金结构钢应满足化学成分及力学性能的要求。低合金结构钢主要用于轧制各种型钢（角钢、槽钢、工字钢）、钢板、钢管及钢筋，广泛用于钢结构和钢筋混凝土结构中，特别适用于各种重型结构、大跨度结构、高层结构及桥梁工程等，尤其对用于大跨度和大柱网的结构，其技术经济效果更为显著。

4.5.1.3　优质碳素结构钢

国家标准《优质碳素结构钢》（GB/T 699—1999），将优质碳素结构钢划分为 31 个牌号。其牌号表示方法由两位数字和字母两部分组成。两位数字表示平均含碳量的万分数；字母分别表示含锰量、冶金质量等级及脱氧程度。优质碳素结构钢按含锰量分为三组：低含锰量（0.25％～0.50％）、普通含锰量（0.35％～0.80％）的钢号后面不写"Mn"，较高含锰量（0.70％～1.20％）在表示含碳量的两位数字后面加注"Mn"。高级优质碳素结构钢加注"A"（一般可省略），特级优质碳素结构钢加注"E"，脱氧程度表示方法和碳素结构钢相同。如"10F"表示平均含碳量为 0.10％低含锰量的沸腾钢；"45"表示平均含碳量为 0.45％普通含锰量的镇静钢；"30Mn"表示平均含碳量为 0.30％较高含锰量的镇静钢。

优质碳素结构对有害杂质含量控制严格，质量稳定，综合性能好，但成本较高。其性能主要取决于含碳量的多少，含碳量高，则强度高，塑性和韧性差。在建筑工程中，30～45 号钢主要用于重要结构的钢铸件和高强度螺栓等，45 号钢用作预应力混凝土锚具，65～80 号钢用于生产预应力混凝土用钢丝和钢绞线。

4.5.2　钢筋混凝土结构用钢

钢筋混凝土结构用钢是用碳素结构钢或低合金结构钢加工而成的。按加工工艺不同有钢筋混凝土用热轧钢筋、冷拉钢筋、冷扎带肋钢筋及热处理钢筋等，还有预应力混凝土用钢丝和钢绞线等。

4.5.2.1 热轧钢筋

钢筋混凝土用热轧钢筋，根据其表面状态特征、工艺与供应方式可分为热轧光圆钢筋、热轧带肋钢筋与热轧热处理钢筋等。热轧带肋钢筋通常为圆形横截面，且表面通常带有两条纵肋和沿长度方向均匀分布的横肋。按肋纹的形状分为月牙肋和等高肋，如图 4-13 所示。热轧钢筋按其力学性能，分为Ⅰ级、Ⅱ级、Ⅲ级、Ⅳ级。其中Ⅰ级钢筋由碳素结构钢轧制，其余均由低合金钢轧制而成。

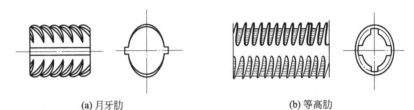

(a) 月牙肋   (b) 等高肋

图 4-13 带肋钢筋外形

根据国家标准《钢筋混凝土用钢 第 1 部分：热轧光圆钢筋》（GB 1499.1—2008），《钢筋混凝土用钢 第 2 部分：热轧带肋钢筋》（GB 1499.2—2007）的规定：热轧钢筋的牌号及牌号构成见表 4-5，热轧钢筋的力学性能和冷弯性能应符合表 4-6 的规定。

表 4-5 热轧钢筋的牌号及其构成

产品名称	牌号	牌号构成	英文字母含义
热轧光圆钢筋	HPB235	由 HPB＋屈服强度特征值构成	HPB——热轧光圆钢筋的英文（Hotrolled plain bars）缩写。
	HPB300		
普通热轧钢筋	HRB335	由 HRB＋规定的屈服强度最小值构成	HRB——热轧带肋钢筋的英文（Hotrolled ribbed bars)缩写。
	HRB400		
	HRB500		
控制冷却并自回火处理的钢筋	RRB335	由 RRB＋规定的屈服强度最小值构成	RRB——热轧后带有控制冷却并自回火处理（余热处理）带肋钢筋的英文（Remained heat treatment ribbed bars)缩写
	RRB400		
	RRB500		

表 4-6 热轧钢筋的力学性能、冷弯性能

表面形状	牌号	公称直径 a/mm	冷弯试验(180°) 弯心直径(d) 钢筋公称直径(a)	屈服强度/MPa	抗拉强度/MPa	断后伸长率/%	最大力总伸长率/%
				不小于			
光圆钢筋	HPB235	5.5～20	$d=a$	235	370	25	10
	HPB300		$d=a$	300	420	25	10
带肋钢筋	HRB335	6～25	$3a$	335	455	17	7.5
	HRB400	28～50	$4a$	400	540		
	HRB500	6～25	$4a$	500	630	16	
	RRB335	28～50	$5a$	335	390	16	5.0
	RRB400	6～25	$5a$	400	460		
	RRB500	28～50	$6a$	500	575	14	

Ⅰ级钢筋的强度较低,但塑性及焊接性能很好,便于各种冷加工,故广泛用于普通钢筋混凝土构件的受力筋及各种钢筋混凝土结构的构造筋。Ⅱ级和Ⅲ级钢筋的强度较高,塑性和焊接性能也较好,广泛用作大、中型钢筋混凝土结构的受力钢筋。Ⅳ级钢筋强度高,但塑性和可焊性较差,可用作预应力钢筋。

4.5.2.2　冷轧带肋钢筋

热轧圆盘条经冷轧后,在其表面带有沿长度方向均匀分布的三面或两面横肋,即成为冷轧带肋钢筋。根据国家标准《冷轧带肋钢筋》(GB 13788—2008)的规定,冷轧带肋钢筋按抗拉强度分为四个牌号,分别为 CRB550、CRB650、CRB800、CRB970。C、R、B 分别为冷轧(Cold rolled)、带肋(Ribbed)、钢筋(Bars)三个词的英文首位字母,数值为抗拉强度的最小值。其力学性能与工艺性能要求见表 4-7。

与冷拔低碳钢丝相比,冷轧带肋钢筋具有强度高、塑性好,与钢筋粘接牢固,节约钢材,质量稳定等优点。

表 4-7　冷轧带肋钢筋的力学性能和工艺性能

牌号	$R_{p0.2}/MPa$ 不小于	R_m/MPa 不小于	伸长率/% 不小于		弯曲试验 180°	反复弯曲次数	应力松弛 初始应力应相当于公称抗拉强度的 70% 1000h 松弛率/% 不大于
			$A_{11.3}$	A_{100}			
CRB550	500	550	8.0	—	$D=3d$	—	—
CRB650	585	650	—	4.0	—	3	8
CRB800	720	800	—	4.0	—	3	8
CRB970	875	970	—	4.0	—	3	8

注:表中 D 为弯心直径,d 为钢筋公称直径。

4.5.2.3　预应力混凝土用热处理钢筋

预应力混凝土用热处理钢筋是用热轧带肋钢筋经淬火和回火的调质处理而成的,按外形分为有纵肋和无纵肋两种(都有横肋)。使用时将盘条打开,钢筋自行伸直,然后按要求的长度切断。热处理钢筋直径有 6mm、8.2mm、10mm 三种规格,条件屈服强度、抗拉强度和伸长率(δ_{10})分别不小于 1325MPa、1470MPa 和 6%,1000h 应力损失不大于 3.5%。这种钢筋适用于预应力钢筋混凝土梁板和轨枕等。

4.5.2.4　预应力混凝土用钢丝和钢绞线

预应力混凝土用钢丝(一般钢丝直径为 3mm、4mm 和 5mm)是用优质碳素结构钢(一般为高碳钢盘条)经淬火、酸洗、冷拉加工或再经回火等工艺处理制成的高强度钢丝,抗拉强度高达 1470~1770MPa。

预应力混凝土用钢丝按加工状态可分为冷拉钢丝(WCD)和消除应力钢丝两类。消除应力钢丝按松弛性能又分为低松弛级钢丝(WLR)和普通松弛级钢丝(WNR)。按外形可分为光圆钢丝(P)、螺旋肋钢丝(H)、刻痕钢丝(I)3 种。经低温回火消除应力后,钢丝的塑性比冷拉钢丝要高。刻痕钢丝是经压痕轧制而成,刻痕后与混凝土握裹力大,可减少混凝土裂缝。

预应力混凝土用钢绞线是用 2 根、3 根或 7 根直径 2.5~5.0mm 的高强碳素钢丝经绞捻后并用一定的热处理消除内应力而制成。一般以一根钢丝为中心,其余几根钢丝围绕着进行螺旋状左捻绞合,再经低温回火制成。钢铰线直径有 9.0mm、12.0mm 和 15.0mm 三种。预应力混凝土用钢铰线按其应力松弛性能分为Ⅰ级松弛、Ⅱ级松弛两种。

预应力混凝土用钢丝和钢绞线具有强度高、柔性好、松弛率低、耐蚀、无接头等优点，且质量稳定，安全可靠，施工时不需冷拉和焊接，主要用作大跨度梁、大型屋架、吊车梁、电杆等预应力钢筋。

4.5.3　钢材的选用原则

钢材的选用一般遵循以下原则。

① 荷载性质。对于经常承受动力或振动荷载的结构，容易产生应力集中，从而引起疲劳破坏，需要选用材料质量高的钢材。

② 使用温度。对于经常处于低温状态的结构，钢材容易发生冷脆断裂，特别是焊接结构更甚，因而要求钢材具有良好的塑性和低温冲击韧性。

③ 连接方式。对于焊接结构，当温度变化和受力性质改变时，焊缝附近的母体金属容易出现冷、热裂纹，促使结构早期破坏。所以焊接结构对钢材化学成分和机械性能要求应较严。

④ 钢材厚度。钢材力学性能一般随厚度增大而降低，钢材经多次轧制后、钢的内部结晶组织更为紧密，强度更高，质量更好，故一般结构用的钢材厚度不宜超过40mm。

⑤ 结构重要性。选择钢材要考虑结构使用的重要性，如大跨度结构、重要的建筑物结构，须相应选用质量更好的钢材。

4.6　钢材的腐蚀及防护

4.6.1　钢材的锈蚀

钢材的锈蚀是指其表面与周围介质发生化学反应而遭到的破坏过程。根据锈蚀作用的机理，钢材的锈蚀可分为化学锈蚀和电化学锈蚀两种。

4.6.1.1　化学锈蚀

化学锈蚀是指钢材直接与周围介质发生化学反应而产生的锈蚀。这种锈蚀多数是氧化作用，使钢材表面形成疏松的氧化物。在常温下，钢材表面能形成起保护作用的氧化膜（FeO）薄层，可以防止钢材进一步锈蚀。因而在干燥环境下，钢材锈蚀进展缓慢，但在温度和湿度较高的环境中，这种锈蚀进展加快。

4.6.1.2　电化学锈蚀

电化学锈蚀是建筑钢材在存放和使用中发生锈蚀的主要形式。它是指钢材与电解质溶液接触而产生电流，形成微电池而引起的锈蚀。潮湿环境中的钢材表面会被一层电解质水膜所覆盖，而钢材含有铁、碳等多种成分，由于这些成分的电极电位不同，从而钢的表面层在电解质溶液中构成以铁素体为阳极，以渗碳体为阴极的微电池。在阳极，铁失去电子成为 Fe^{2+} 进入水膜；在阴极，溶于水膜中的氧被还原生成 OH^-，随后两者结合生成不溶于水的 $Fe(OH)_2$，并进一步氧化成为疏松易剥落的红棕色铁锈 $Fe(OH)_3$。由于铁素体基体的逐渐锈蚀，钢组织中的渗碳体等暴露出来的越来越多，于是形成的微电池数目也越来越多，钢材的锈蚀速度也就愈益加速。

影响钢材锈蚀的主要因素是水、氧及介质中所含的酸、碱、盐等。同时钢材本身的组织成分对锈蚀影响也很大。埋于混凝土中的钢筋，由于普通混凝土的pH值为12左右，处于碱性环境，使之表面形成一层碱性保护模，它有较强的阻止锈蚀继续发展的能力，故混凝土中的钢筋一般不易锈蚀。

4.6.2　防止钢材锈蚀的措施

4.6.2.1　保护层法

通常的方法是采用在表面施加保护层，使钢材与周围介质隔离。保护层可分为金属保护层和非金属保护层两类。

非金属保护层常用的是在钢材表面刷漆，常用底漆有红丹、环氧富锌漆、铁红环氧底漆等，面漆有调和漆、醇酸磁漆、酚醛磁漆等，该方法简单易行，但不耐久。此外，还可以采用塑料保护层、沥青保护层、搪瓷保护层等。

金属保护层是用耐蚀性较好的金属，以电镀或喷镀的方法覆盖在钢材表面，如镀锌、镀锡、镀铬等。薄壁钢材可采用热浸镀锌或镀锌后加涂塑料涂层等措施。

混凝土配筋的防锈措施，根据结构的性质和所处环境条件等考虑混凝土的质量要求，主要是保证混凝土的密实度（控制最大水灰比和最小水泥用量、加强振捣）、保证足够的保护层厚度、限制氯盐外加剂的掺量和保证混凝土一定的碱度等；还可掺用阻锈剂（如亚硝酸钠等）。国外有采用钢筋镀锌、镀镍等方法。对于预应力钢筋，一般含碳量较高，又多系经过变形加工或冷加工，因而对锈蚀破坏较敏感，特别是高强度热处理钢筋，容易产生应力锈蚀现象。故重要的预应力承重结构，除禁止掺用氯盐外，应对原材料进行严格检验。

4.6.2.2　制成合金

钢材的组织及化学成分是引起锈蚀的内因。通过调整钢的基本组织或加入某些合金元素可有效地提高钢材的抗腐蚀能力。例如，在钢中加入一定量的合金元素铬、镍、钛等制成不锈钢，可以提高耐锈蚀能力。

4.6.2.3　阴极保护法

阴极保护法是根据电化学原理进行保护的一种方法。这种方法可通过两种途径来实现。

（1）牺牲阳极保护法　这种方法是针对位于水下的钢结构，接上比钢材更为活泼的金属。在介质中形成原电池时，这些更为活泼的金属成为阳极而遭到腐蚀，而钢结构作为阴极得到保护。

（2）外加电流法　将废钢铁或其他难熔金属（高硅铁、铅银合金等）放置在要保护的结构钢的附近，外接直流电流，负极接在要保护的钢结构上，正极接在废钢铁或难熔金属上，通电后作为废钢铁的阳极被腐蚀，钢结构成为阴极得到保护。

4.6.3　建筑钢材的防火

钢是不燃性材料，但这样并不表明钢材能够抵抗火灾。耐火试验与火灾案例表明：以失去支持能力为标准，无保护层时钢柱和钢屋架的耐火极限只有 0.25h，而裸露钢梁的耐火极限为 0.15h。温度在 200℃ 以内，可以认为钢材的性能基本不变；超过 300℃ 以后，弹性模量、屈服点和极限强度均开始显著下降，应变急剧增大；达到 600℃ 时已经失去承载能力。所以，没有防火保护层的钢结构是不耐火的。

钢结构防火保护的原理是采用绝热或吸热材料，阻隔火焰和热量，推迟钢结构的升温速率。防火方法以包覆法为主，即以防火涂料、不燃性板材或混凝土和砂浆将钢构件包裹起来。

4.7　铝合金及其制品

4.7.1　铝及铝合金

铝为银白色轻金属，密度为 2700kg/m³，塑性好，但强度较低。纯铝在建筑上的应用较少。纯铝可加工成铝粉，用于加气混凝土的发气，也可作为防腐涂料（又称银粉），用于铸铁、钢铁等的防腐。为提高铝的强度，在铝中可加入锰、镁、铜、硅、锌等制成各种铝合金，其强度和硬度等大大提高。铝合金的大气稳定性高。

4.7.2 铝合金制品

通过热挤压、轧制、铸造等工艺，铝合金可被加工成各种铝合金门窗、龙骨、压型板、花纹板、管材、型材、棒材等。压型板和花纹板可直接用于墙面、屋面、顶棚等的装饰，也可与泡沫塑料或其他隔热保温材料复合为轻质、隔热保温的复合板材。某些铝合金可替代部分钢材用于建筑结构，使建筑结构的自重大大降低。

4.8 新型金属材料

4.8.1 超高强度钢

用于承重结构的钢材主要是低碳钢和低合金钢，低碳钢的 $\sigma_b = 510 \sim 720 MPa$。而高强度钢的 σ_b 要求达到 $900 \sim 1300 MPa$，超高强度钢材的 σ_b 要求达到 $1300 MPa$ 以上，同时韧性和耐疲劳强度等力学性能也要求有较大幅度提高。目前已经开发出的超高强度钢材按合金元素的含量分为低合金系、中合金系和高合金系三类。低合金超高强度钢是将马氏体系低合金钢进行低温回火制成，较多地用于航空业，在建筑上主要用作连接五金件等。中合金超高强度钢是添加铬（Cr）、钼（Mo）等合金元素，并进行二次回火处理制成，耐热性能优良，可用作建筑上需要耐火的部位。高合金超高强度钢包括 9Ni-4Co、马氏体时效硬化钢等品种，具有很高的韧性，焊接性能优异，适用于海洋环境和与原子能相关的领域。

4.8.2 形状记忆合金

金属材料通过特殊的热处理方法，使之具有记忆原来形状的功能称为形状记忆性。具有形状记忆功能的金属通常是合金，故又称为形状记忆合金。目前，已开发出的十几种具有形状记忆功能的合金材料中，仅有镍-钛合金和铜-锌-铝合金两种得到实用，主要应用在以下几方面：①配管接头；②宇宙开发；③医疗器械；④自动开启装置（目前用于高层建筑防震装置中）。

4.8.3 非磁性金属

大多数金属具有磁性，这种磁性对普通的建筑物没有什么影响，但对高智能建筑物、核熔炉、磁悬浮铁路系统等容易产生很强的磁场。具有磁性的金属材料在磁场作用下会产生力的作用，不利于结构体的正常运行，这些结构要求采用非磁性的金属材料。非磁性金属材料有高锰钢、奥氏体系列不锈钢和钛金属等。

4.8.4 非晶质金属

非晶质金属是将熔融状的液态金属瞬间冻结，由于内部质点没有充足的时间形成晶核，排列无序，具有与玻璃体相似的内部结构。非晶质金属具有较高的硬度、强度、电阻值、磁敏感性以及优异的耐腐蚀性，但焊接性差，板材厚度有限，具有温度不稳定性。非晶质金属的出现，不仅改变了传统的金属材料晶体构造的概念，呈现出比结晶金属性能优良的许多特性，并且还使金属材料的加工制造过程大幅度简化，是一种很有发展前途的新型材料。非晶质合金主要应用于表面防腐膜、太阳能电池、变压器、振子材料、感知器、磁性过滤器等电子部件。目前开发出的非晶质合金有铁-磷、铁-硼等金属-半金属系列，以及铜-锆、铁-锆、钛-镍等金属-金属系列。

　　将非晶质金属制成防腐型金属纤维用于建筑材料领域是一个发展方向。在混凝土或砂浆中掺入金属短纤维，可显著提高混凝土或砂浆的抗拉强度。由于金属纤维截面积很小，在使用中会很容易锈蚀而失去增强能力，因而需用耐腐性好的材料制作。非晶质合金就是一种理想的强化纤维材料，其耐蚀性优良，抗拉强度很高，如铁-硼系非晶质合金的抗拉强度可达 3500MPa。

思 考 题

1. 钢的冶炼方法主要有哪几种？对材质有何影响？
2. 钢有哪几种分类方法？
3. 低碳钢受拉时的应力-应变图中，分为哪几个阶段？各阶段的特征及指标如何？
4. 什么是屈强比？其在工程中的实际意义是什么？
5. 什么是钢材的冷弯性能和冲击韧性？有何实际意义？
6. 什么是钢材的冷加工和时效处理？
7. 钢材的化学成分对其性能有什么影响？
8. 影响钢材可焊性的主要因素是什么？
9. 碳素结构钢如何划分牌号？其牌号与性能之间的关系如何？
10. 说明下列钢材牌号的意义：Q235AF；Q295B；Q215Bb。
11. 普通低合金高强度结构钢的牌号如何表示？为什么工程中广泛使用低合金高强度结构钢？
12. 热轧钢筋如何划分等级？各级钢筋的应用范围如何？
13. 钢材的锈蚀原因及防腐措施有哪些？
14. 钢材的选用原则是什么？
15. 预应力混凝土所用的钢材有何特点？
16. 列出几种建筑上使用的新型金属材料的名称并说明其特点。

第5章 沥青及沥青混合料

【本章提要】 本章的学习目标是了解沥青的分类、化学组分、胶体结构，掌握石油沥青的主要技术性质和技术标准，能正确评价沥青的技术性质；了解沥青混合料的分类、热拌沥青混合料的强度形成原理及其影响因素和其他类型沥青混合料（如 SMA、OGFC、纤维沥青混合料等）的组成与路用性能方面的特点和要求；掌握沥青混合料各项路用性能的影响因素和评价方法，特别要重点把握普通热拌沥青混合料的组成设计方法（包括组成材料的选择、矿质混合料配合比设计和最佳沥青用量的确定方法）。

5.1 沥 青

5.1.1 沥青的分类与基本组成结构

5.1.1.1 定义

沥青是一种有机胶凝材料，是由多种有机物构成的极其复杂的碳氢化合物和碳氢化合物与氧、氮、硫的衍生物所组成的混合物。常温下呈黑色或黑褐色的固体、半固体或黏稠性液体，能溶于多种有机溶剂，如汽油、二硫化碳等，但几乎不溶于水，属憎水材料。

沥青材料同水泥材料一样，是建筑、交通、水利等工程领域中使用最为广泛的建筑材料。沥青具有良好的黏结性和塑性，有抗冲击荷载的作用，对酸碱盐等化学物质有较强的抗蚀性能。由于沥青具有良好的防水、抗渗、耐化学侵蚀性，以及它与矿物材料有较强的黏结力，沥青混合料是用于防水、防潮和防护不可缺少的建筑材料。但沥青材料存在着易老化、感温性大的缺点，限制了它的使用范围。为扩大沥青材料的使用范围，人们进行了许多研究，研制出基于沥青材料的改性沥青，如乳化沥青、橡胶沥青等。

5.1.1.2 分类

沥青材料包括两大类，地沥青和焦油沥青。

① 地沥青。按其产源不同，分为天然沥青和石油沥青。天然沥青为自然形成的沥青类物质，存在于沥青湖或砂岩、砂中。石油沥青是由石油在炼制中得到的副产品加工而成。

② 焦油沥青。分为页岩沥青、木沥青和煤沥青。焦油沥青是将煤、泥炭、木材等各种有机物干馏加工得到的焦油，经再加工而得到的产品。焦油沥青按其加工的有机物名称来命名，如由煤干馏所得的煤焦油，经再加工后得到的沥青，即称煤沥青（俗称柏油）。

工程上主要使用的沥青材料是石油沥青和煤沥青。石油沥青的技术性质优于煤沥青，应用也更为广泛。本章主要讲解石油沥青和相应沥青建筑材料。

5.1.1.3 石油沥青的组成

（1）石油沥青的组分　石油沥青由于其化学成分复杂，为便于分析和实用，常将其物理、化学性质相近的成分归类为若干组，称为组分。不同的组分对沥青性质的影响不同。

石油沥青是由多种高分子碳氢化合物及其非金属（主要是氧、硫、氮）的衍生物组成的复杂混合物。沥青的主要化学组成元素是碳（80%～87%）和氢（10%～15%），氧、硫、氮元素的总和小于 5%。另外还含有一些微量的金属元素（如镍、钒、铁、锰、钙、镁、钠等），其含量与沥青的加工工艺和性能改善有较密切的关系。因沥青化学组成结构的复杂性，对沥青组成进行分析很困难，同时化学成分还不能反映沥青物理性质的差异。因此一般不做沥青的化学分析，只从使用角度，采用溶剂沉淀和冲洗色谱法将沥青中化学成分和性质相近并且与物理性质有一定关系的沥青的组成分为几个化学组分，进行分析与研究。

沥青组分可简略反映其使用性能。沥青组分划分方法通常有三组分法和四组分法两种。

① 三组分法：三组分法是将石油沥青分离为油分、树脂和沥青质三个组分，其中油分使沥青流动性好，降低沥青的黏度和软化点；树脂含量愈多，石油沥青的延度和黏结力等性能愈好；沥青质含量愈多，则软化点愈高，黏性愈大，即愈硬脆。此外，沥青中常含有一定量的固体石蜡，是石油沥青的有害成分。油分中的蜡会增大沥青对温度的敏感性。

② 四组分法：四组分法是将沥青分离为饱和分、芳香分、胶质和沥青质四个组分。其中饱和分含量增加，可使沥青的稠度降低（针入度增大）；胶质含量增大，可使沥青的延性增加；在有饱和分存在的条件下，沥青质含量增加，可降低沥青的温度敏感性；胶质和沥青质的含量增加，可提高沥青的黏度。

（2）石油沥青组分中物质成分的性质

① 油分：油分为沥青中最轻的组分，呈淡黄至红褐色，密度为 $0.7 \sim 1 g/cm^3$。它能溶于大多数有机溶剂，如丙酮、苯、三氯甲烷等，但不溶于酒精。在石油沥青中，油分含量为 $40\% \sim 60\%$。油分使沥青具有流动性。

② 树脂质：树脂为密度略大于 $1 g/cm^3$ 的黑褐色或红褐色黏稠物质，能溶于汽油、三氯甲烷和苯等有机溶剂，但在丙酮和酒精中溶解度很低。在石油沥青中含量为 $15\% \sim 30\%$。它使石油沥青具有塑性与黏结性。

③ 沥青质：沥青质为密度大于 $1 g/cm^3$ 的固体物质，黑色，不溶于汽油、酒精，但能溶于二硫化碳和三氯甲烷中，在石油沥青中沥青质含量为 $10\% \sim 30\%$。它决定石油沥青的温度稳定性和黏性。

④ 固体石蜡：固体石蜡会降低沥青的黏结性、塑性、温度稳定性和耐热性。由于存在于沥青油分中的蜡是有害成分，故常采用氯盐处理或高温吹氧、溶剂脱蜡等方法处理。

5.1.1.4　石油沥青的胶体结构

根据沥青各个组分的数量及胶体芳香化的程度，可以形成不同的胶体结构。沥青的胶体结构，可分为下列 3 个类型。

（1）溶胶型结构　当沥青中沥青质分子量较低，并且含量很少（例如在 10% 以下），同时有一定数量的芳香度较高的胶质时，胶团能够完全胶溶而分散在芳香分和饱和分的介质中。在此情况下，胶团相距较远，它们之间吸引力很小（甚至没有吸引力），胶团可以在分散介质黏度许可范围之内自由运动，这种胶体结构的沥青，称为溶胶型沥青［如图 5-1(a)］。溶胶型沥青的特点是流动性和塑性较好，开裂后自行愈合能力较强，而对温度的敏感性强，即对温度的稳定性较差，温度过高会流淌。通常，大部分直馏沥青都属于溶胶型沥青。

（2）溶-凝胶型结构　沥青中沥青质含量适当（例如在 $15\% \sim 25\%$ 之间），并有较多数量芳香度较高的胶质。这样形成的胶团数量增多，胶体中胶团的浓度增加，胶团距离相对靠近［如图 5-1(b)］，它们之间有一定的吸引力。这是一种介于溶胶与凝胶之间的结构，称为溶-凝胶结构。这种结构的沥青，称为溶-凝胶型沥青。修筑现代高等级沥青路用的沥青，都属于这类胶体结构类型。通常，环烷基稠油的直馏沥青或半氧化沥青，以及按要求组分重新组配的溶剂沥青等，往往能符合这类胶体结构。这类沥青的工程性能，在高温时具有较低的感温性，低温时又具有较好的形变能力。

（3）凝胶型结构　沥青中沥青质含量很高（例如 $>30\%$），并有相当数量芳香度高的胶质来形成胶团。这样，沥青中胶团浓度有很大程度的增加，它们之间的相互吸引力增强，使胶团靠得很近，形成空间网络结构。此时，液态的芳香分和饱和分在胶团的网络中成为分散相，连续的胶团成为分散介质［如图 5-1(c)］。这种胶体结构的沥青，称为凝胶型沥青。通常，深度氧化的沥青多属于凝胶型沥青。这类沥青的特点是，弹性和黏性较高，温度敏感性较小，开裂后自行愈合能力较差，流动性和塑性较低。在工程性能上，虽具有较好的温度稳定性和较高的耐热性，但低温变形能力较差，即感温性的改善是以丧失塑性为代价的。

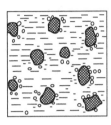  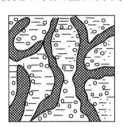

(a) 溶胶型　　　　　　　(b) 溶凝胶型　　　　　　　(c) 凝胶型

图 5-1　沥青的胶体结构

5.1.2　石油沥青的主要技术性质

5.1.2.1　物理常数

（1）密度　沥青的密度是沥青在规定温度（15℃）下单位体积的质量，以 g/cm^3 或 t/m^3 计。密度是沥青的基本参数，在沥青储运和沥青混合料设计时都要用到这一参数。有时，沥青的密度也用相对密度表示，它是在规定温度下沥青的密度与水密度的比值。

沥青的密度一般在 1.00 左右，但是由于沥青的化学成分不同，其密度又有所差别。沥青的密度与沥青化学组成有密切关系。过去将沥青的密度作为评价沥青质量的一个指标，密度大，一般沥青的性能比较好。实质上是沥青中的芳香分和沥青质含量比较高，饱和分含量较低的缘故，而这些沥青都是由环烷基原油炼制的，一些进口沥青和国产的重交通沥青都属于此种情况，而用中间基原油和石蜡基原油炼制的沥青，其沥青质和芳香分含量低，蜡含量高，故不仅密度低，而且性能也差。当然，由于沥青化学组成的复杂性，其密度与路用性能之间也并不存在绝对的相关性。例如，我国新疆克拉玛依所产的沥青，其密度就小于 1.00，但克拉玛依沥青的路用性能却很好。

（2）热胀系数　沥青材料在温度升高时，体积将发生膨胀。温度上升 1℃，沥青单位体积或单位长度几何尺寸的增大称之为体膨胀系数或线膨胀系数。沥青的体膨胀系数并非常数，而是随品种不同有所变化，大体在 $2\times10^{-4}\sim6\times10^{-4}/℃$ 范围内。沥青的体膨胀系数对沥青路面的路用性能有密切关系，体膨胀系数越大，则夏季沥青路面越容易产生泛油，而冬季又容易出现收缩开裂。

体膨胀系数是线膨胀系数的三倍。所以，有了沥青的体膨胀系数，就不难求得沥青的线膨胀系数。

（3）表面张力　一般表面张力是液体与空气之间的力。沥青的表面张力与温度等因素有关。沥青的表面张力对于研究沥青与石料的黏附性具有重要的意义。

各种液体的表面张力可采用毛细管法或滴重法测定。由于沥青的黏度大，在室温下无法测试，必须在较高的温度（如 100℃以上）下测定。沥青的表面张力随温度上升而减小，二者之间有良好的线性关系。因此，当测很高温度下沥青的表面张力时，可以通过延长关系线求得常温下的表面张力。

一般认为，沥青-水的界面张力为 $25 \times 10^{-3} \sim 40 \times 10^{-3} \mathrm{N/m}$。如在沥青或水中加入硫酸盐或含有—COOH、—OH 基之类的化合物，界面张力可下降至 $5 \times 10^{-3} \mathrm{N/m}$。

5.1.2.2　黏滞性（黏性）

石油沥青的黏滞性是反映沥青材料内部阻碍其相对流动的一种特性，以绝对黏度表示，是沥青性质的重要指标之一。

各种石油沥青的黏滞性变化范围很大，黏滞性的大小与组分及温度有关。沥青质含量较高，同时又有适量树脂，而油分含量较少时，则黏滞性较大。在一定温度范围内，当温度升高时，则黏滞性随之降低，反之则随之增大。绝对黏度的测定方法因材而异，并且较为复杂，工程上常用相对黏度（条件黏度）来表示。

测定沥青相对黏度的主要方法是用标准黏度计和针入度仪。黏稠石油沥青的相对黏度是用针入度仪测定的针入度来表示的，如图 5-2 所示。针入度是检验沥青黏稠度和划分品种牌号的最基本的指标，它反映石油沥青抵抗剪切变形的能力。针入度值越小，表明黏度越大。黏稠石油沥青的针入度是在规定温度 25℃ 条件下，以规定重量 100g 的标准针，经历规定时间 5s 贯入试样中的深度，以 1/10mm 为单位表示，符号为 P（25℃，100g，5s）。

液体石油沥青或较稀的石油沥青的相对黏度，可用标准黏度计测定的标准黏度表示，如图 5-3 所示。标准黏度是在规定温度（20℃、25℃、30℃或 60℃）、规定直径（3mm、5mm 或 10mm）的孔口流出 50mL 沥青所需的时间秒数（以 s 计），常用符号 "$C_{d,T}$" 表示，d 为流孔直径，T 为测试温度。

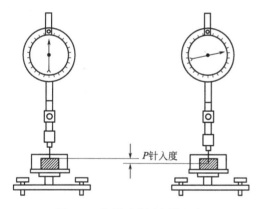

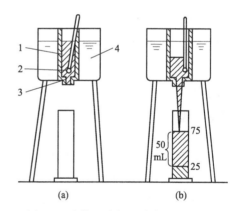

图 5-2　黏稠石油沥青针入度　　　图 5-3　液体沥青标准黏度测定示意图
　　　测试示意图　　　　　　　　　1—沥青；2—活动球杆；3—流孔；4—水

5.1.2.3　耐热性

沥青受热后软化的性质即耐热性，用软化点来评价。沥青软化点是反映沥青高温稳定性的重要指标。由于沥青材料组成极为复杂，从固态至液态没有明显的熔融相变过程，而有很大的变形间隔，故规定其中某一状态作为从固态转到黏流态（或某一规定状态）的起点，相应的温度称为沥青软化点。

软化点的数值随采用的仪器、试验条件的不同而异，我国现行试验规程《公路工程沥青及沥青混合料试验规程》（JTG E20—2011）是采用环球法软化点。该法（如图 5-4）是将黏稠沥青试样注入规定尺寸（$\Phi = 16\mathrm{mm}$，$h = 6\mathrm{mm}$）的铜环中，试样上放置一标准钢球（$\Phi = 9.5\mathrm{mm}$，$m = 3.5\mathrm{g}$），在规定的加热速度（5℃/min）下进行加热，沥青试样逐渐软化，直至在钢球荷重作用下，使沥青下坠 25.4mm 时的温度称为软化点。根据已有研究认为：沥青在软化点时的黏度约为 1200Pa·s，或相当于针入度值 800（1/10mm）。据此，可以认为软

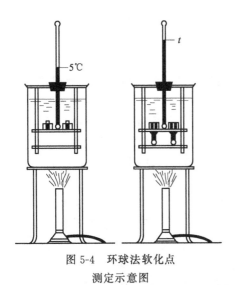

图 5-4　环球法软化点
测定示意图

化点是一种人为的"等黏温度"。

　　因沥青是一种高分子非晶态热塑性物质，故没有一定的熔点。当温度升高时，沥青由固态或半固态逐渐软化，使沥青分子之间发生相对滑动，此时沥青就像液体一样发生了黏性流动，称为黏流态。与此相反，当温度降低时，沥青又逐渐由黏流态凝固为固态（或称高弹态），甚至变硬变脆（像玻璃一样硬脆称作玻璃态）。此过程反映了沥青随温度升降其黏滞性和塑性的变化。

　　在软化点之前，沥青主要表现为黏弹态，而在软化点之后主要表现为黏流态；软化点越低，表明沥青在高温下的体积稳定性和承受荷载的能力越差。

　　可见，针入度是在规定温度下测定沥青的条件黏度；软化点是测定沥青达到规定条件黏度时的温度。软化点既是反映沥青材料热稳定性的一个指标，也是沥青黏滞性的一种度量。

5.1.2.4　温度敏感性

　　温度敏感性是指石油沥青的黏滞性和塑性随温度升降而变化的性能。沥青的温度敏感性与沥青路面的施工和使用性能密切相关，是评价沥青技术性质的一个重要指标。

　　在相同的温度变化间隔里，各种沥青黏滞性及塑性变化幅度不会相同，工程要求沥青随温度变化而产生的黏滞性及塑性变化幅度应较小，即温度敏感性应较小。

　　通常石油沥青中沥青质含量多，在一定程度上能够减小其温度敏感性。在工程使用时往往加入滑石粉、石灰石粉或其他矿物填料来减小其温度敏感性。沥青中含蜡量较多时，则会增大温度敏感性。多蜡沥青不能用于直接暴露于阳光和空气中的土木工程，就是因为该沥青温度敏感性大，当温度不太高（60℃左右）时就发生流淌，在温度较低时又易变硬开裂。评价沥青温度敏感性的指标很多，通常用沥青针入度或绝对黏度随温度变化的幅度来表示，目前常用指标为针入度指数（PI）。

　　根据大量试验结果，沥青针入度值的对数（$\lg P$）与温度（T）具有线性关系（如图 5-5）。

　　图 5-5 中 A 表征沥青针入度（$\lg P$）随温度（T）的变化率，越大表明温度变化时，沥青的针入度变化得越大，也即沥青的感温性大。因此，可以用斜率 $A=\mathrm{d}(\lg P)/\mathrm{d}T$ 来表征沥青的温度敏感性，故称 A 为针入度-温度感应性系数。

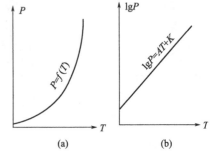

图 5-5　沥青针入度-温度关系图

　　针入度（PI）与 A 的关系可表达为式(5-1)。

$$PI=\frac{30}{1+50A}-10=\frac{30}{1+50\dfrac{\lg800-\lg P_{(25,100\mathrm{g},5\mathrm{s})}}{T_{R\&B}-25}}-10 \qquad (5\text{-}1)$$

　　PI 值愈大，沥青稳定性愈好。可根据值来判断沥青的胶体结构类型。

溶胶型沥青　　　　　　　　　　　　　$PI<-2$

溶-凝胶型沥青　　　　　　　　　　　$-2<PI<2$

凝胶型沥青　　　　　　　　　　　　　　　　　　$PI>2$

不同针入度指数的沥青，其胶体结构和工程性能完全不同。相应的，不同的工程条件也对沥青有不同的 PI 要求：一般路用沥青要求 $PI>-2$；沥青用作灌缝材料时，要求 $-3<PI<1$；如用作胶黏剂，要求 $-2<PI<2$；用作涂料时，要求 $-2<PI<5$。

5.1.2.5　延性

延性是指石油沥青在外力作用下产生变形而不破坏（裂缝或断开），除去外力后仍保持变形后的形状不变的性质。它反映的是沥青受力时所能承受的塑性变形的能力。

石油沥青的延性与其组分和胶体结构有关，石油沥青中树脂含量较多，且其他组分含量又适当时，则塑性较大。沥青胶体结构发达，则延度小。影响沥青塑性的因素有温度和沥青膜层厚度，温度升高，则延性增大，膜层愈厚，塑性愈高。反之，膜层越薄，塑性越差，当膜层薄至 $1\mu m$ 时，塑性近于消失，即接近于弹性。沥青中蜡的含量对延度的影响很大，对于由石蜡基原油制取的沥青，要提高其延度就必须降低蜡含量。

在常温下，延性较好的沥青在产生裂缝时，也可能由于特有的黏塑性而自行愈合。故延性还反映了沥青开裂后的自愈能力。沥青之所以能用来制造出性能良好的柔性防水材料，很大程度上取决于沥青的延性。沥青的延性使其对冲击振动荷载有一定吸收能力，并能减少摩擦时的噪声，故沥青是一种优良的路面材料。

通常是用延度作为延性指标。延度试验方法是，将沥青试样制成 8 字形标准试件（最小断面积 $1cm^2$），在规定拉伸速度和规定温度下拉断时的长度（以 cm 计）称为延度，如图 5-6 所示。常用的试验温度有 25℃ 和 15℃。

以上介绍的针入度、软化点和延度是评价黏稠石油沥青工程性能最常用的经验指标，所以统称"三大指标"。

5.1.2.6　黏附性

黏附性是指沥青与其他材料（这里主要是指集料）的界面黏结性能和抗剥落性能。沥青与集料的黏附性直接影响沥青路面的使用质量和耐久性，所以黏附性是评价道路沥青技术性能的一个重要指标。沥青裹覆集料后的抗水性（即抗剥性）不仅与沥青的性质有密切关系，而且亦与集料性质有关。沥青是一种低极性有机物质，树脂有较高的活性，沥青质和油分的活性较低。沥青与集料间发生物理吸附时，两者的结合力较弱，易被水剥离。若沥青与集料间发生化学吸附，则不易被水剥离。

（1）黏附机理　沥青与集料的黏附作用是一个复杂的物理-化学过程。目前，对黏附机理有多种解释。按润湿理论认为：在有水的条件下，沥青对石料的黏附性可用沥青-水-石料三相体系（如图 5-7）来讨论。设沥青与水的接触角为 θ，石料-沥青、石料-水和沥青-水的界面剩余自由能（简称界面能）分别为 γ_{sb}、γ_{sw}、γ_{bw}。

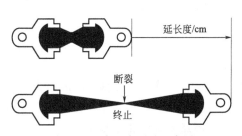

图 5-6　沥青延度测试示意图

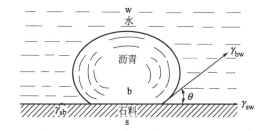

图 5-7　沥青-水-石料三相界面

如沥青-水-石料体系达到平衡时，必须满足杨格（Young）和杜布尔（Dupre）方程：

$$\gamma_{sw} + \gamma_{bw}\cos\theta - \gamma_{sb} = 0 \tag{5-2}$$

$$\cos\theta = \frac{\gamma_{sb} - \gamma_{sw}}{\gamma_{bw}}$$

一般情况下，$\gamma_{sb} > \gamma_{sw}$，因此 $\theta < 90℃$，也即在有水的情况下，沥青对集料表面的浸润角较小，水分逐渐将沥青由集料表面剥落下来，从而使沥青的黏结作用丧失，结构变得松散，出现水损害。γ_{sb} 的大小主要取决于集料和沥青的性质，当集料中 CaO 含量增加，而沥青的稠度和沥青酸等极性物质含量增加时，γ_{sb} 降低，也即沥青与集料的黏附性得到提高。

（2）评价方法　评价沥青与集料黏附的方法最常采用是水煮法和水浸法，我国现行《公路工程沥青及沥青混合料试验规程》(JTG E20—2011 T0616) 规定，沥青与粗集料的黏附性试验，根据沥青混合料的最大粒径决定，大于 13.2mm 者采用水煮法；小于（或等于）13.2mm 者采用水浸法。水煮法是选取粒径为 13.2~19mm 形状接近正立方体的规则集料 5 个，经沥青裹覆后，在蒸馏水中沸煮 3min，按沥青膜剥落的情况分为 5 个等级来评价沥青与集料的黏附性。水浸法是选取 9.5~13.2mm 的集料 100g 与 5.5g 的沥青在规定温度条件下拌合，配制成沥青-集料混合料，冷却后浸入 80℃ 的蒸馏水中保持 30min，然后按剥落面积百分率来评定沥青与集料的黏附性。

5.1.2.7　耐久性

耐久性是指石油沥青热施工时受高温的作用，以及使用时在热、阳光、氧气和潮湿等因素的长期综合作用下保持良好的流变性能、凝聚力和黏附性的性能。

在阳光、空气和热的综合作用下，沥青各组分会不断递变。低分子化合物将逐步转变成高分子物质，即油分和树脂逐渐减少，而沥青质逐渐增多。实验发现，树脂转变为沥青质比油分变为树脂的速度快得多（约 50%）。因此，石油沥青随着时间的进展，流动性和塑性逐渐减小，硬脆性逐渐增大，直至脆裂，这个过程称为石油沥青的老化。所以沥青的大气稳定性可以用抗老化性能来说明。

我国现行试验规程《公路工程沥青及沥青混合料试验规程》(JTG E20—2011 T0609) 规定，石油沥青的老化性能是以沥青试样在加热蒸发前后的质量损失百分率、针入度比和老化后的延度来评定。其测定方法是：先测定沥青试样的质量及其针入度，然后将试样置于烘箱中，在 163℃ 下加热蒸发 5h，待冷却后再测定质量和针入度。计算出蒸发损失质量占原质量的百分数，称为蒸发损失百分率；测得老化后针入度与原针入度的比值，称为针入度比，同时测定老化后的延度。沥青经老化后，质量损失百分率愈小、针入度比和延度愈大，则表示沥青的大气稳定性愈好，即老化愈慢。

5.1.2.8　施工安全性

黏稠沥青在使用时必须加热，当加热至一定温度时，沥青材料中挥发的油分蒸气与周围空气组成混合气体，此混合气体遇火焰则易发生闪火。若继续加热，油分蒸气和饱和度增加。由于此种蒸气与空气组成的混合气体遇火焰极易燃烧，从而引发火灾，为此，必须测定沥青加热闪火和燃烧的温度，即所谓闪点和燃点。

闪点是指加热沥青至挥发出的可燃气体和空气的混合物，在规定条件下与火焰接触，初次闪火（有蓝色闪光）时的沥青温度（℃）。

燃点是指加热沥青产生的气体和空气的混合物，与火焰接触能持续燃烧 5s 以上时，此时沥青的温度即为燃点（℃）。燃点温度通常比闪点温度约高 10℃。沥青质含量越多，闪点和燃点相差愈大，液体沥青由于轻质成分较多，闪点和燃点的温度相差很小。

闪点和燃点的高低表明沥青引起火灾或爆炸可能性的大小，它关系到运输、贮存和加热使用等方面的安全性。石油沥青在熬制时，一般温度为 150~200℃，因此通常控制沥青的闪点应大于 230℃。但为安全起见，沥青加热时还应与火焰隔离。

5.1.3　石油沥青的技术标准

沥青材料作为路用胶结料已经有上百年的历史，在长期的使用过程中，人们拟订了一套检验和评价沥青性能的技术指标，并且纳入了世界许多国家的技术规范中。根据石油沥青的性能不同，将沥青划分成不同的种类和标号（等级）以及相应的技术标准，以便于沥青材料的合理选用。目前石油沥青主要划分为三大类：道路石油沥青、建筑石油沥青和普通石油沥青，其中道路石油沥青是沥青的主要类型。

我国现行道路石油沥青标准有两个，一个是中华人民共和国石油化工行业标准《道路石油沥青》（SH 0522—2010）（见表 5-1）；另一个是《重交通道路石油沥青》（GB/T 15180—2010）（见表 5-2）。

表 5-1　道路石油沥青的技术要求

项　目		质量指标					试验方法
		200 号	180 号	140 号	100 号	60 号	
针入度(25℃,5s,100g)1/10mm		200～300	150～200	110～150	80～110	50～80	GB/T 4509
延度(15℃)/cm	不小于	20	100	100	90	70	报告
软化点/℃	不小于	30～48	35～48	38～51	42～55	45～58	50～65
溶解度/%	不小于	99.0					GB/T 11148
闪点(15℃)	不小于	180	200	230			GB/T 267
密度(15℃)		实测报告					GB/T 8928
蜡含量/%	不大于	4.5					SH/T 0425
薄膜烘箱试验(163℃,5h)							GB/T 5304
质量变化/%	不大于	1.3	1.3	1.3	1.2	1.0	GB/T 5304
针入度比/%	不小于	实测报告					GB/T 4509
延度(15℃)/cm	不小于	实测报告					GB/T 4508

注：如 25℃延度达不到，15℃延度达到时，也可认为是合格的，指标要求与 25℃延度一致。

表 5-2　重交通道路石油沥青技术标准

指　标		质量指标						试验方法
		AH-130	AH-110	AH-90	AH-70	AH-50	AH-30	
针入度(25℃,5s,100g)1/10mm		140～200	120～140	100～120	80～100	60～80	40～60	GB/T 4509
延度(15℃)/cm	不小于	100	100	100	100	80	报告	GB/T 4508
软化点/℃	不小于	38～51	40～53	42～55	44～57	45～58	50～65	GB/T 4507
溶解度/%	不小于	99						GB/T 11148
闪点(15℃)	不小于	230				260		GB/T 267
密度(15℃)		实测记录						GB/T 8928
蜡含量/%	不大于	3.0						SH/T 0425
薄膜烘箱试验(163℃,5h)								GB/T 5304
质量变化/%	不大于	1.3	1.2	1	0.8	0.6	0.5	GB/T 5304
针入度比/%	不小于	45	48	50	55	58	60	GB/T 4509
延度(15℃)/cm	不小于	100	50	40	30	实测记录		GB/T 4508

5.1.4　石油沥青的选用

5.1.4.1　道路石油沥青

　　道路石油沥青主要在道路工程中用作胶凝材料，用来与碎石等矿质材料共同配制成沥青混合料。通常，道路石油沥青牌号越高，则黏性越小（即针入度越大），延展性越好，而温度敏感性也随之增加。在道路工程中选用沥青材料时，要根据交通量和气候特点来选择。南方高温地区宜选用高黏度的石油沥青，如 50 号或 70 号，以保证在夏季沥青路面具有足够的稳定性，不会出现车辙等破坏形式；而北方寒冷地区宜选用低黏度的石油沥青，如 90 号或 110 号，以保证沥青路面在低温下仍具有一定的变形能力，减少低温开裂。

5.1.4.2　建筑石油沥青

　　建筑石油沥青针入度较小（黏性较大），软化点较高（耐热性较好），但延伸度较小（塑性较小），主要用作制造油纸、油毡、防水涂料和沥青嵌缝膏。它们绝大部分用于屋面及地下防水、沟槽防水防腐蚀及管道防腐等工程。使用时制成的沥青胶膜较厚，增大了对温度的敏感性。同时黑色沥青表面又是好的吸热体，一般同一地区的沥青屋面的表面温度比其他材料的都高。据高温季节测试，沥青屋面达到的表面温度比当地最高气温高 25～30℃。为避免夏季流淌，一般屋面用沥青材料的软化点还应比本地区屋面最高温度高 20℃ 以上。例如武汉、长沙地区沥青屋面温度约达 68℃，选用沥青的软化点应在 90℃ 左右，低了夏季易流淌，但也不宜过高，否则冬季低温易硬脆甚至开裂。所以选用石油沥青时要根据地区、工程环境及要求而定。

5.1.4.3　普通石油沥青

　　普通石油沥青含蜡量高达 15%～20%，有的甚至达 25%～35%。石蜡是一种熔点低（约 32～55℃）、黏结力差的材料，当沥青湿度达到软化点时，蜡已接近流动状态，所以容易产生流淌现象。当采用普通石油沥青黏结材料时，随着时间增长，沥青中的石蜡会向胶结层表面渗透，在表面形成薄膜，使沥青黏结层的耐热性和黏结力降低。所以在工程中一般不宜直接采用普通石油沥青。

5.1.5　沥青改性

　　沥青材料无论是用作屋面防水材料还是用作路面胶结材料，都是直接暴露于自然环境中的，而沥青的性能又受环境因素影响较大；同时现代土木工程不仅要求沥青具有较好的使用性能，还要求具有较长的使用寿命。单纯依靠自身性质，很难满足现代土木工程对沥青的多方面要求。如现代高等级公路的交通特点是交通密度大、车辆轴载重、荷载作用间歇时间短，以及高速行车等。由于这些特点造成沥青路面高温出现车辙，低温产生裂缝，抗滑性很快衰降，使用年限不长等。为使沥青路面高温不推、低温不裂，保证安全快速行车，延长使用年限，在沥青材料的技术性质方面，必须提高沥青的流变性能，改善沥青与集料的黏附性，延长沥青的耐久性，才能适应现代交通的要求。

　　因此，现代土木工程中，常在沥青中加入其他材料，来进一步提高沥青的性能，称为改性沥青。目前世界各国所用的沥青改性材料多为聚合物，例如橡胶、树脂等。聚合物改性沥青的作用机理，至今尚未研究得十分清楚，大量研究证明，大部分聚合物改性沥青中均无任何新物质生成。目前，沥青的使用、研究者一般认为，聚合物的掺入，主要改变了体系的胶体结构。为了解释聚合物的改性作用，可以提出一些假设。我们不妨把聚合物沥青看作是一种复合材料，其中沥青起着基体的作用，聚合物为分散相。复合材料本身作为一个统一的整体，其中各种颗粒的黏合，可以认为是各种成分通过表面结合（黏接）所产生的相互间的力学作用制成的复合物，其性能通常都胜过各单一成分的平均或综合性能，也就是说，都体现了共同作用的效果。

聚合物浓度不大时，混合物可看作是分散强化复合材料，强化作用是由于聚合物的分散颗粒阻止了基体中的位移运动所致。强化程度与颗粒对位移运动所产生的阻力成正比。当分散相含量占体积的比例为 2%～4% 时，可以观察到这种作用。如果再看一下聚合物含量为 3%～5% 的聚合物沥青混合物的性能，可以发现冷脆点显著降低，而变形性能并未增大。显然，脆点之所以降低，是由于强度增长所致。

聚合物浓度高时，混合物可以认为是一种纤维复合材料或片状复合材料，这时基体（沥青）将转变为把荷载传递给纤维的介质，并将在纤维破坏时发生应力再分配。这种复合物的特征是强度、弹性和疲劳破坏强度高，这对保证材料的使用可靠性是必不可少的。这种复合材料的破坏过程通常是开始时微裂缝增大，随后，裂缝一碰到高模量橡胶颗粒即停止发展；接着又由于裂缝顶端发生应力松弛，以致裂缝增长率减小，甚至完全停止。目前，国内外常用的聚合物改性沥青包括以下三大类。

5.1.5.1　热塑性树脂类改性沥青

用作沥青改性的树脂主要是热塑性树脂，常被采用的为聚乙烯（PE）和聚丙烯（PP）。它们所组成的改性沥青性能，主要是提高沥青的黏度，改善高温抗流动性，同时可增大沥青的韧性。所以它们对改善沥青高温性能是肯定的，但对低温的性能改善有时并不明显。此外，无规聚丙烯（APP）由于具有更为优越的经济性，所以也经常被用来生产改性沥青油毡，与前述相似，其高温改善效果较好，低温效果不明显，并且抗疲劳性能较差。研究认为，价格低廉和耐寒性好的低密度聚乙烯（LDPE）与其他高聚物组成合金，可以得到优良的改性沥青。

5.1.5.2　橡胶类改性沥青

橡胶类改性沥青的性能，主要取决于沥青的性能、橡胶的种类和制备工艺等因素。当前合成橡胶类改性沥青中，通常认为改性效果较好的是丁苯橡胶（SBR）。丁苯橡胶改性沥青的性能主要表现为：①在常规指标上，针入度值减小，软化点升高，常温（25℃）延度稍有增加，5℃延度有较明显的增加；②不同温度下的黏度均有增加，随着温度降低，黏度差逐渐增大；③热流动性降低，热稳定性明显提高；④韧度明显提高；⑤黏附性亦有所提高。

5.1.5.3　共聚物类改性沥青

共聚物是一类新型的高分子材料，是通过两种或两种以上的单体共同聚和而形成的，也称作热塑型橡胶。如苯乙烯系热塑性弹性体（SBS）就是苯乙烯和丁二烯的嵌段共聚物，它同时兼具了树脂和橡胶的优点，是一种优良的沥青改性剂。目前国际上 40% 左右的改性沥青都采用了 SBS。采用 SBS 作为沥青的改性剂，可以同时改善沥青的高温性能和低温性能。

5.2　沥青混合料

5.2.1　沥青混合料的定义及分类

按照现代沥青路面的施工工艺，沥青与不同组成的矿质集料可以修建成不同结构的沥青路面。最常用的沥青路面结构包括沥青表面处治、沥青贯入式、沥青混凝土和沥青碎石四种。而后面两种需要在室内进行沥青混凝土混合料和沥青碎石混合料设计的路面结构，在我国的应用也较为广泛。

5.2.1.1 定义

沥青混合料是将适当比例的粗集料、细集料和填料组成符合规定级配的矿料与沥青结合料拌合而成的混合料的总称。

5.2.1.2 沥青混合料的分类

通常根据沥青混合料中材料的组成特性、施工工艺等不同分类。

（1）根据矿质混合料的级配类型进行划分　根据矿料级配组成的特点及压实后剩余空隙率的大小，可以将沥青混合料分为以下几类：

① 连续密级配沥青混凝土混合料。密级配沥青混凝土混合料是按密实级配原则设计的连续型密级配沥青混合料，但其粒径递减系数较小，剩余空隙率小于10%。

② 连续半开级配沥青混合料。特点是空隙率较大，一般在10%左右，粗细集料含量相对密级配要多，填料较少或不加填料。主要代表混合料有：沥青碎石混合料AM，适用于三级及三级以下公路、乡村公路，此时表面应设置致密的上封层。

③ 间断级配沥青混合料。采用间断级配，即矿料级配组成中缺少一个或几个档次而形成的级配，粗集料和填料含量较多，中间集料含量较少。代表混合料如沥青玛𤧛脂SMA。

（2）按矿料的最大粒径分类

① 特粗粒式沥青混合料，集料最大粒径等于或大于34.5mm的沥青混合料。

② 粗粒式沥青混合料，集料最大粒径等于或大于26.5mm的沥青混合料。

③ 中粒式沥青混合料，集料最大粒径为16mm或19mm的沥青混合料。

④ 细粒式沥青混合料，集料最大粒径为9.5mm或13.2mm的沥青混合料。

⑤ 砂粒式沥青混合料，集料最大粒径等于或小于4.75mm的沥青混合料，也称为沥青石屑或沥青砂。

（3）根据结合料的类型分类　根据沥青混合料中所用沥青结合料的不同，可分为石油沥青混合料（包括黏稠石油沥青及液体石油沥青）和煤沥青混合料，但煤沥青对环境污染严重，一般工程中很少采用煤沥青混合料。

（4）根据沥青混合料拌合与铺筑温度分类　可分为热拌热铺沥青混合料和常温沥青混合料。前者主要采用黏稠石油沥青作为结合料，需要将沥青与矿料在热态下拌合、热态下摊铺碾压成型；后者则采用乳化沥青、改性乳化沥青或液体沥青在常温下与矿料拌合后铺筑而成。

（5）根据强度形成原理分类　沥青混合料的组成材料不同，其强度形成原理也不同，一般可以分为嵌挤原则和密实原则两大类。

按嵌挤原则构成的沥青混合料的结构强度主要是以矿料颗粒之间的嵌挤力和内摩阻力为主，以沥青结合料的黏结力为辅形成的，如沥青贯入式、沥青表处和沥青碎石等路面结构均属于此类。

按密实原则构成的沥青混合料则主要是以沥青与矿料之间的黏结力为主，矿料间的嵌挤力和内摩阻力为辅，一般的沥青混凝土都属于此类。

5.2.2　沥青混合料的组成结构

由于材料组成分布、矿料及矿料与沥青间的相互作用、剩余空隙率的大小等不同，混合料可分为悬浮密实结构、骨架空隙结构、骨架密实结构三大类（图5-8）。

5.2.2.1　悬浮-密实结构

如图5-8(a)所示，该结构组成的基本特点有：采用连续级配，矿料颗粒连续存在，而且细集料含量较多，将较大颗粒撑开，使大颗粒不能相互靠拢形成紧密骨架，而较小颗粒与沥青胶浆比较充分，将空隙填充密实，使大颗粒悬浮于较小颗粒与沥青胶浆之间，形成"悬浮-密实"结构。

代表类型：按照连续密级配原理设计的 DAC 型沥青混合料是典型的悬浮-密实结构。

力学特点：大颗粒未形成骨架，内摩阻力较小；小颗粒与沥青胶浆含量允分，黏结力较大。

路用性能特点：由于压实后密实度大，该类混合料水稳定性、低温抗裂性和耐久性较好；但其高温性能对沥青的品质依赖性较大，由于沥青黏度降低，往往导致混合料高温稳定性变差。

5.2.2.2 骨架-空隙结构

如图 5-8(b) 所示，该结构组成的基本特点：采用连续开级配，粗集料含量高，彼此相互接触形成骨架；但细集料含量很少，不能充分填充粗集料之间的空隙，形成所谓的"骨架-空隙"结构。

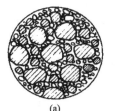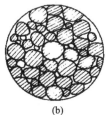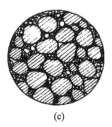

(a) (b) (c)

图 5-8 沥青混合料组成结构示意图

代表类型：沥青碎石（AM）和开级配沥青磨耗层混合料（OGFC）等。

力学特点：大颗粒形成骨架，内摩阻力较大；小颗粒与沥青胶浆含量不充分，黏结力较低。

路用性能特点：粗集料的骨架作用，使之高温稳定性好；由于细集料含量少，空隙未能充分填充，耐水害、抗疲劳和耐久性能较差，所以一般要求采用高黏稠沥青，以防止沥青老化和剥落。

5.2.2.3 骨架-密实结构

如图 5-8(c) 所示，其结构组成特点：采用间断级配，粗、细集料含量较高，中间料含量很少，使得粗集料能形成骨架，细集料和沥青胶浆又能充分填充骨架间的空隙，形成"骨架-密实"结构。

代表类型：沥青玛蹄脂碎石混合料（SMA）。

力学性能特点：粗集料的骨架作用，内摩阻力较大；小颗粒与沥青胶浆含量充分，黏结力也较大，综合力学性能较优。

路用性能特点：该类混合料高低温性能均较好，具有较强的疲劳耐久特性；但间断级配在施工拌合过程中易产生离析现象，施工质量难以保证，使得混合料很难形成"骨架-密实"结构。随着施工技术的发展，这类结构得以普遍使用，但一定防止混合料在拌合生产、运输和摊铺等施工过程中混合料产生离析。

5.2.3 沥青混合料的技术性能和测试方法

在沥青路面中，沥青混合料直接承受车辆荷载的作用，首先应具备一定力学强度；除了交通的作用外，还受到各种自然因素的影响，因此还必须具备有抵抗自然因素作用的耐久性；在现代交通的条件下，为保证行车安全、舒适，还需要具备有特殊表面特性（即抗滑性）；为便利施工还应具备施工的和易性。

5.2.3.1 高温稳定性

沥青混合料是一种典型的流变性材料，它的强度和劲度模量随着温度的升高而降低。所以沥青混凝土路面在夏季高温时，在重交通的重复作用下，由于交通的渠化，在轮迹带逐渐形成变形下凹、两侧鼓起的所谓"车辙"，是现代高等级沥青路面最常见的病害。

高温稳定性是指沥青混合料在高温条件（通常为60℃）下，能够抵抗车辆荷载的反复作用，不发生显著永久变形，保证路面平整度的特性。

高温条件下或长时间承受荷载作用，沥青混合料会产生显著的变形，其中不能恢复的部分成为永久变形，这种特性是导致沥青路面产生车辙、波浪及拥包等病害的主要原因。在交通量大，重车比例高和经常变速路段的沥青路面上，车辙是最严重、最有危害的破坏形式之一。我国最常用的评价方法是马歇尔稳定度试验和车辙试验。

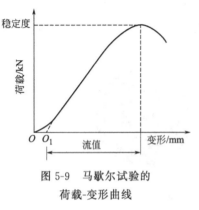

图 5-9 马歇尔试验的荷载-变形曲线

① 马歇尔稳定度试验。马歇尔试验用于测定沥青混合料试件的破坏荷载和抗变形能力，得到马歇尔稳定度（MS）、流值（FL）和马歇尔模数（T）三项指标。

将沥青混合料制备成规定尺寸的圆柱状试件，试验室将试件横向置于两个半圆形压模中，使试件受到一定的侧限。在规定温度和加荷速度下，对试件施加压力，记录试件所受压力与变形曲线，见图5-9。

马歇尔试验中主要力学指标为马歇尔稳定度和流值，马歇尔稳定度是指标准尺寸试件在规定温度和加荷载速度下，在马歇尔仪中最大的破坏荷载（kN）；流值是达到最大破坏荷载时试件的垂直变形（以0.1mm计）；而马歇尔模数为稳定度除以流值的商，即

$$T=\frac{MS\times 10}{FL} \tag{5-3}$$

式中　T——马歇尔模数，kN/mm；

　　　MS——稳定度，kN；

　　　FL——流值，0.1mm。

② 车辙试验：车辙试验方法是采用标准方法成型沥青混合料板状（300mm×300mm×50mm）试件，在规定的温度条件下（一般为60℃），试验轮以（42±1）次/min的频率，沿着试件表面同一轨迹上反复行走，测试试件表面在试验轮反复作用下所形成的车辙深度，以产生1mm车辙变形所需要的行走次数，即动稳定度指标评价沥青混合料的抗车辙能力。

5.2.3.2 低温抗裂性

沥青混合料不仅应具备高温的稳定性，同时还要具有低温的抗裂性，以保证路面在冬季低温时不产生裂缝。

沥青混合料的低温抗裂性是保证沥青路面在低温时不产生裂缝的能力。

沥青路面低温开裂的原因是当冬季气温降低时，沥青面层将产生体积收缩，而在基层结构与周围材料的约束作用下，沥青混合料不能自由收缩，将在面层中产生温度应力。由于沥青混合料具有一定的应力松弛能力，当降温速率较慢时，所产生的温度应力会随着时间而松弛减小，不会对沥青路面产生较大的危害。但当气温骤降时，所产生的温度应力来不及松弛，当温度应力超过沥青混合料的容许应力值时，沥青混合料被拉裂，导致沥青路面出现裂缝，造成路面的损坏。因此要求沥青混合料具备一定的低温抗裂性能，即要求沥青混合料具

有较高的低温强度或较大的低温变形能力。混合料的低温脆化一般用不同温度下的弯拉破坏试验来评定，低温收缩可采用低温收缩试验评定，温度疲劳可采用低频疲劳试验来评定。

5.2.3.3　耐久性

沥青混合料在路面中，长期受自然因素（阳光、热、水分等）的作用，为使路面具有较长的使用年限，必须具有较好的耐久性。沥青混合料的耐久性与组成材料的性质和配合比有密切关系。首先，沥青在大气因素作用下，组分会产生转化，油分减少，沥青质增加，使沥青的塑性逐渐减小，脆性增加，路面的使用品质下降。其次，以耐久性考虑，沥青混合料应有较高的密实度和较小的空隙率，但空隙率过小将影响沥青混合料的高温稳定性。因此，在我国的有关规范中，对空隙率和饱和度均提出了要求。目前，沥青混合料耐久性常用浸水马歇尔试验或真空饱水马歇尔试验评价。

5.2.3.4　抗滑性

沥青路面的抗滑性对于保障道路交通安全至关重要，随着现代高速公路的发展，对沥青混合料路面的抗滑性提出了更高要求。而沥青路面的抗滑性与矿质集料的表面纹理构造、颗粒形状与尺寸、抗磨性等因素有着密切关系，同时，沥青路面的抗滑性能还必须通过合理的设计与施工来保证。矿料表面构造深度取决于矿料的矿物组成、化学成分及风化程度；颗粒形状与尺寸既受到矿物组成的影响，也与矿料的加工方法有关；抗磨光性则受到上述所有因素加上矿物成分硬度的影响。采取适当增大集料粒径、减少沥青用量及控制沥青蜡含量等措施，均可提高路面的抗滑性。

5.2.3.5　施工和易性

要保证室内配料在现场施工条件下的顺利实现，沥青混合料除了应具备前述的技术要求外，还应具备适宜的施工和易性。影响沥青混合料施工和易性的因素很多，诸如组成材料的技术品质、用量比例，当地气温，以及施工条件等。生产上对沥青混合料的工艺性能，大都凭目力鉴定，目前尚无直接评价混合料施工和易性的方法和指标。

5.2.4　沥青混合料的组成材料

沥青混合料的路用性能决定于组成材料的性质、组成配合的比例和混合料的制备工艺等因素。为保证沥青混合料的路用性能，首先应正确选择符合质量要求的组成材料。沥青混合料中各组成材料的技术要求如下。

5.2.4.1　沥青

拌制沥青混合料用沥青材料的技术性质，随气候条件、交通性质、沥青混合料的类型和施工条件以及当地使用经验等，经技术论证后确定。通常对较热的气候区、较繁重的交通，细粒式或砂粒式的混合料则应采用稠度较高的沥青，反之，则采用稠度较低的沥青。在其他配料条件相同的情况下，较黏稠的沥青配制的混合料具有较高的力学强度和稳定性，但如果稠度过高，则沥青混合料的低温变形能力较差，沥青路面容易产生裂缝。反之，在其他配料条件相同的条件下，采用稠度较低的沥青，虽然配制的混合料在低温时具有较好的变形能力，但在夏季高温时往往稳定性不足而使路面产生推挤现象。

沥青路面面层用的沥青标号，宜根据气候条件、施工季节、路面类型、施工方法和矿料类型等选用。其他各层的沥青可采用相同的标号，也可采用不同的标号。通常是面层的上层宜用较稠的沥青，下层或连接层宜用较稀的沥青。对于渠化交通的道路，宜采用较稠的沥青。当沥青标号不符合使用要求时，可采用不同标号的沥青掺配，其掺配比例由试验确定，但掺配后的技术指标应符合要求。

道路石油沥青的质量应符合表 5-3 规定的技术要求。各个沥青等级的适用范围应符合表 5-4 的规定。

表 5-3　道路石油沥青技术要求

指标	单位	等级	160号④	130号④	110号	90号	70号④	50号	30号④	试验方法①
针入度(25℃,5s,100g)	dmm		140~200	120~140	100~120	80~100	60~80	40~60	20~40	T 0604
适用的气候分区②			注④	注④	2-1　2-2　3-2	1-1　1-2　1-3　2-2　2-3	1-1　1-2　1-3　1-4　2-2　2-3　2-4	1-4	注④	附录A⑥
针入度指数 PI②		A	$-1.5\sim+1.0$							T 0604
		B	$-1.8\sim+1.0$							
软化点(R&B) 不小于	℃	A	38	40	43	45	46	49	55	T 0606
		B	36	39	42	43	44	46	53	
		C	35	37	41	42	43	45	50	
60℃动力黏度② 不小于	Pa·s	A	—	60	120	160	180	200	260	T 0620
10℃延度② 不小于	cm	A	50	50	40	45　30　20	25　20　15	15	10	T 0605
		B	30	30	30	30　20　15	20　15　10	10	8	
15℃延度 不小于	cm	A,B	100							T 0605
		C	80	80	60	50	40	30	20	
蜡含量(蒸馏法) 不大于	%	A	2.2							T 0615
		B	3.0							
		C	4.5							
闪点 不小于	℃		230		245		260			T 0611
溶解度 不小于	%		99.5							T 0607
密度(15℃)	g/cm³		实测记录							T 0603
TFOT(或RTFOT)后⑤										T 0610 或 T 0609
质量变化 不大于	%		±0.8							T 0610 或 T 0609
残留针入度比 不小于	%	A	48	54	55	57	61	63	65	T 0604
		B	45	50	52	54	58	60	62	
		C	40	45	48	50	54	58	60	
残留延度(10℃) 不小于	cm	A	12	12	10	8	6	4	—	T 0605
		B	10	10	8	6	4	2	—	
残留延度(15℃) 不小于	cm	C	40	35	30	20	15	10	—	T 0605

① 试验方法按照现行《公路工程沥青及沥青混合料试验规程》(JTJ 052)规定的方法执行。用于仲裁试验求取 PI 时的 5 个温度的针入度关系的相关系数不得小于 0.997。

② 经建设单位同意，表中 PI 值、60℃动力黏度、10℃延度可作为选择性指标，也可不作为施工质量检验指标。

③ 70号沥青可根据需要要求供应商提供针入度范围为 60~70 或 70~80 的沥青，50号沥青可提供针入度范围为 40~50 或 50~60 的沥青。

④ 30号沥青仅适用于沥青稳定基层。130号和160号沥青除寒冷地区可直接在中低级公路上直接应用外，通常用作乳化沥青、稀释沥青、改性沥青的基质沥青。

⑤ 老化试验以 TFOT 为准，也可以 RTFOT 代替。

⑥ 气候分区见《公路工程沥青及沥青混合料试验规程》附录 A。

表 5-4　道路石油沥青的适用范围

沥青等级	适　用　范　围
A 级沥青	各个等级的公路,适用于任何场合和层次。
B 级沥青	①高速公路、一级公路沥青下面层及以下的层次,二级及二级以下公路的各个层次; ②用作改性沥青、乳化沥青、改性乳化沥青、稀释沥青的基质沥青。
C 级沥青	三级及三级以下公路的各个层次。

5.2.4.2　粗集料

沥青层用粗集料包括碎石、破碎砾石、筛选砾石、钢渣、矿渣等,但高速公路和一级公路不得使用筛选砾石和矿渣。粗集料必须由具有生产许可证的采石场生产或施工单位自行加工。

粗集料应该洁净、干燥、表面粗糙,质量应符合表 5-5 的规定。当单一规格集料的质量指标达不到表中要求,而按照集料配比计算的质量指标符合要求时,工程上允许使用。对受热易变质的集料,宜采用经拌合机烘干后的集料进行检验。

表 5-5　沥青混合料用粗集料质量技术要求

指　　标		单位	高速公路及一级公路		其他等级公路	试验方法 (JTG E 42)
			表面层	其他层次		
石料压碎值	不大于	%	26	28	30	T0316
洛杉矶磨耗损失	不大于	%	28	30	35	T0317
表观相对密度	不小于	t/m³	2.60	2.50	2.45	T0304
吸水率	不大于	%	2.0	3.0	3.0	T0304
坚固性	不大于	%	12	12	—	T0314
针片状颗粒含量(混合料) 其中粒径大于 9.5mm 其中粒径小于 9.5mm	不大于 不大于 不大于	% % %	15 12 18	18 15 20	20 — —	T 0312
水洗法<0.075mm 颗粒含量	不大于	%	1	1	1	T 0310
软石含量	不大于	%	3	3	5	T 0320

注:1. 坚固性试验可根据需要进行。

2. 用于高速公路、一级公路时,多孔玄武岩的视密度可放宽至 2.45t/m³,吸水率可放宽至 3%,但必须得到建设单位的批准,且不得用于 SMA 路面。

3. 对 S14 即 3~5 规格的粗集料,针片状颗粒含量可不予要求,<0.075mm 含量可放宽到 3%。粗集料的粒径规格应按表 5-6 的规定生产和使用。

表 5-6　沥青混合料用粗集料规格

规格 名称	公称粒径 /mm	通过下列筛孔(mm)的质量百分率/%												
		106	75	63	53	34.5	31.5	26.5	19.0	13.2	9.5	4.75	2.36	0.6
S1	40~75	100	90~ 100	—	—	0~15	—	0~5						
S2	40~60		100	90~ 100	—	0~15	—	0~5						
S3	30~60		100	90~ 100	—		0~15	—	0~5					
S4	25~50			100	90~ 100	—	—	0~15	—	0~5				

续表

规格名称	公称粒径/mm	通过下列筛孔(mm)的质量百分率/%												
		106	75	63	53	34.5	31.5	26.5	19.0	13.2	9.5	4.75	2.36	0.6
S5	20~40				100	90~100	—	—	0~15	—	0~5			
S6	15~30					100	90~100	—	—	0~15	—	0~5		
S7	10~30					100	90~100	—	—	0~15	0~5			
S8	10~25						100	90~100	—	0~15	—	0~5		
S9	10~20							100	90~100	—	0~15	0~5		
S10	10~15								100	90~100	0~15	0~5		
S11	5~15								100	90~100	40~70	0~15	0~5	
S12	5~10									100	90~100	0~15	0~5	
S13	3~10									100	90~100	40~70	0~20	0~5
S14	3~5										100	90~100	0~15	0~3

采石场在生产过程中必须彻底清除覆盖层及泥土夹层。生产碎石用的原石不得含有土块、杂物，集料成品不得堆放在泥土地上。

高速公路、一级公路沥青路面的表面层（或磨耗层）的粗集料的磨光值应符合表5-7的要求。除 SMA、OGFC 路面外，允许在硬质粗集料中掺加部分较小粒径的磨光值达不到要求的粗集料，其最大掺加比例由磨光值试验确定。

表 5-7　粗集料与沥青的黏附性、磨光值的技术要求

雨量气候区	1(潮湿区)	2(湿润区)	3(半干区)	4(干旱区)	试验方法
年降雨量/mm	>1000	1000~500	500~250	<250	
粗集料的磨光值 PSV　不小于					
高速公路、一级公路表面层	42	40	38	36	T 0321①
粗集料与沥青的黏附性　不小于					
高速公路、一级公路表面层	5	4	4	3	T 0616②
高速公路、一级公路的其他层次及其他等级公路的各个层次	4	4	3	3	T 0663②

①《公路工程集料试验规程》(JTG E 42)。

②《公路工程沥青及沥青混合料试验规程》(JTJ 052)。

粗集料与沥青的黏附性应符合表 5-7 的要求，当使用不符合要求的粗集料时，宜掺加消石灰、水泥或用饱和石灰水处理后使用，必要时可同时在沥青中掺加耐热、耐水、长期性能好的抗剥落剂，也可采用改性沥青，使沥青混合料的水稳定性检验达到要求。掺加外加剂的剂量由沥青混合料的水稳定性检验确定。

破碎砾石应采用粒径大于 50mm、含泥量不大于 1% 的砾石轧制，破碎砾石的破碎面应符合表 5-8 的要求。

表 5-8　粗集料对破碎面的要求

路面部位或混合料类型	具有一定数量破碎面颗粒的含量/%		试验方法 (JTG E 42)
	1 个破碎面	2 个或 2 个以上破碎面	
沥青路面表面层 高速公路、一级公路 其他等级公路	100 80	90 60	T 0346
沥青路面中下面层、基层 高速公路、一级公路 其他等级公路	90 70	80 50	
SMA 混合料	100	90	
贯入式路面	80	60	

5.2.4.3　细集料

沥青路面的细集料包括天然砂、机制砂、石屑。细集料必须由具有生产许可证的采石场、采砂场生产。

细集料应洁净、干燥、无风化、无杂质，并有适当的颗粒级配，其质量应符合表 5-9 的规定。细集料的洁净程度，天然砂以小于 0.075mm 含量的百分数表示，石屑和机制砂以砂当量（适用于 0～4.75mm）或亚甲蓝值（适用于 0～2.36mm 或 0～0.15mm）表示。

表 5-9　沥青混合料用细集料质量要求

项　　目		单位	高速公路、一级公路	其他等级公路	试验方法(JTG E 42)
表观相对密度	不小于	t/m³	2.50	2.45	T 0328
坚固性（>0.3mm 部分）	不小于	%	12	—	T 0340
含泥量（小于 0.075mm 的含量）	不大于	%	3	5	T 0333
砂当量	不小于	%	60	50	T 0334
亚甲蓝值	不大于	g/kg	25	—	T 0349
棱角性（流动时间）	不小于	s	30	—	T 0345

注：坚固性试验可根据需要进行。

天然砂可采用河砂或海砂，通常宜采用粗、中砂，其规格应符合表 5-10 的规定，砂的含泥量超过规定时应水洗后使用，海砂中的贝壳类材料必须筛除。开采天然砂必须取得当地政府主管部门的许可，并符合水利及环境保护的要求。热拌密级配沥青混合料中天然砂的用量通常不宜超过集料总量的 20%，SMA 和 OGFC 混合料不宜使用天然砂。

表 5-10　沥青混合料用天然砂规格

筛孔尺寸/mm	通过各孔筛的质量百分率/%		
	粗砂	中砂	细砂
9.5	100	100	100
4.75	90～100	90～100	90～100
2.36	65～95	75～90	85～100
1.18	35～65	50～90	75～100
0.6	15～30	30～60	60～84
0.3	5～20	8～30	15～45
0.15	0～10	0～10	0～10
0.075	0～5	0～5	0～5

石屑是采石场破碎石料时通过 4.75mm 或 2.36mm 的筛下部分，其规格应符合表 5-11 的要求。采石场在生产石屑的过程中应具备抽吸设备，高速公路和一级公路的沥青混合料，宜将 S14 与 S16 组合使用，S15 可在沥青稳定碎石基层或其他等级公路中使用。

表 5-11　沥青混合料用机制砂或石屑规格

规格	公称粒径 /mm	水洗法通过各筛孔的质量百分率/%							
		9.5	4.75	2.36	1.18	0.6	0.3	0.15	0.075
S15	0～5	100	90～100	60～90	40～75	20～55	7～40	2～20	0～10
S16	0～3	—	100	80～100	50～80	25～60	8～45	0～25	0～15

注：当生产石屑采用喷水抑制扬尘工艺时，应特别注意含粉量不得超过表中要求。

机制砂宜采用专用的制砂机制造，并选用优质石料生产，其级配应符合 S16 的要求。

5.2.4.4　填料

沥青混合料的矿粉必须采用石灰岩或岩浆岩中的强基性岩石等憎水性石料经磨细得到的矿粉，原石料中的泥土杂质应除净。矿粉应干燥、洁净，能自由地从矿粉仓流出，其质量应符合表 5-12 的技术要求。

表 5-12　沥青混合料用矿粉质量要求

项　目	单　位	高速公路、一级公路	其他等级公路	试验方法
表观相对密度　不小于	t/m³	2.50	2.45	T 0352[①]
含水量　不大于	%	1	1	T 0103　烘干法[②]
粒度范围＜0.6mm	%	100	100	
＜0.15mm	%	90～100	90～100	T 0351[①]
＜0.075mm	%	75～100	70～100	
外观		无团粒结块		
亲水系数		＜1		T 0353[①]
塑性指数		＜4		T 0354[①]
加热安定性		实测记录		T 0355[①]

① JTG E 42

② JTG E 40

拌合机的粉尘可作为矿粉的一部分回收使用。但每盘用量不得超过填料总量的 25%，掺有粉尘填料的塑性指数不得大于 4%。

粉煤灰作为填料使用时，用量不得超过填料总量的 50%，粉煤灰的烧失量应小于 12%，与矿粉混合后的塑性指数应小于 4%，其余质量要求与矿粉相同。高速公路、一级公路的沥青面层不宜采用粉煤灰作填料。

5.2.4.5　纤维稳定剂

在沥青混合料中掺加的纤维稳定剂宜选用木质素纤维、矿物纤维等，木质素纤维的质量应符合表 5-13 的技术要求。

纤维应在 250℃的干拌温度不变质、不发脆，使用纤维必须符合环保要求，不危害身体健康。纤维必须在混合料拌合过程中能充分分散均匀。

矿物纤维宜采用玄武岩等矿石制造，易影响环境及造成人体伤害的石棉纤维不宜直接使用。

纤维应存放在室内或有棚盖的地方，松散纤维在运输及使用过程中应避免受潮，不结团。纤维稳定剂的掺加比例以沥青混合料总量的质量百分率计算，通常情况下用于 SMA 路面的木质素纤维不宜低于 0.3%，矿物纤维不宜低于 0.4%，必要时可适当增加纤维用量。
纤维掺加量的允许误差宜不超过±5%。

表 5-13　木质素纤维质量技术要求

项　　目		单位	指　标	试 验 方 法
纤维长度	不大于	mm	6	水溶液用显微镜观测
灰分含量		%	18±5	高温 590~600℃燃烧后测定残留物
pH 值			4.5±1.0	水溶液用 pH 试纸或 pH 计测定
吸油率	不小于		纤维质量的 5 倍	用煤油浸泡后放在筛上经振敲后称量
含水率(以质量计)	不大于	%	5	105℃烘箱烘 2h 后冷却称量

5.2.5　热拌沥青混合料配合比设计方法

沥青混合料的配合比设计应通过目标配合比设计、生产配合比设计及生产配合比验证三
个阶段，确定沥青混合料的材料品种及配比、矿料级配、最佳沥青用量。

我国现行规范推荐马歇尔法设计热拌密级配沥青混合料的目标配合比步骤如图 5-10。

5.2.5.1　矿质混合料的配合组成设计

矿质混合料配合组成设计的目的是选配一个具有足够密实度并且有较高内摩阻力的矿质
混合料。通常是采用规范推荐的矿质混合料级配范围来确定，按现行规范《公路沥青路面施
工技术规范》(JTG F40—2004) 的规定，可按以下步骤进行。

(1) 确定工程设计级配范围　沥青路面工程的混合料设计级配宜在规范规定的级配范围
内，密级配沥青混合料的设计级配可根据公路等级、工程性质、气候及交通条件，通过对条
件大体相当的工程使用情况进行调查研究后调整确定，必要时允许超出规范级配范围。密级
配沥青稳定碎石混合料可直接以规范规定的级配范围作设计级配范围。经确定的工程设计级
配范围是配合比设计的依据，不得随意变更。

调整工程设计级配范围宜遵循以下原则。

① 首先按表 5-14 确定采用粗型（C 型）或细型（F 型）的混合料。对夏季温度高、高
温持续时间长，重载交通多的路段，宜选用粗型密级配沥青混合料（AC-C 型），并取较高
的设计空隙率。对冬季温度低、且低温持续时间长的地区，或者重载交通较少的路段，宜选
用细型密级配沥青混合料（AC-F 型），并取较低的设计空隙率。

表 5-14　粗型和细型密级配沥青混凝土的关键性筛孔通过率

混合料类型	公称最大粒径/mm	用以分类的关键性筛孔/mm	粗型密级配		细型密级配	
			名称	关键性筛孔通过率/%	名称	关键性筛孔通过率/%
AC-25	26.5	4.75	AC-25C	<40	AC-25F	>40
AC-20	19	4.75	AC-20C	<45	AC-20F	>45
AC-16	16	2.36	AC-16C	<38	AC-16F	>38
AC-13	13.2	2.36	AC-13C	<40	AC-13F	>40
AC-10	9.5	2.36	AC-10C	<45	AC-10F	>45

② 为确保高温抗车辙能力，同时兼顾低温抗裂性能的需要，配合比设计时宜适当减少
公称最大粒径附近的粗集料用量，减少 0.6mm 以下部分细粉的用量，使中等粒径集料较
多，形成 S 型级配曲线，并取中等或偏高水平的设计空隙率。

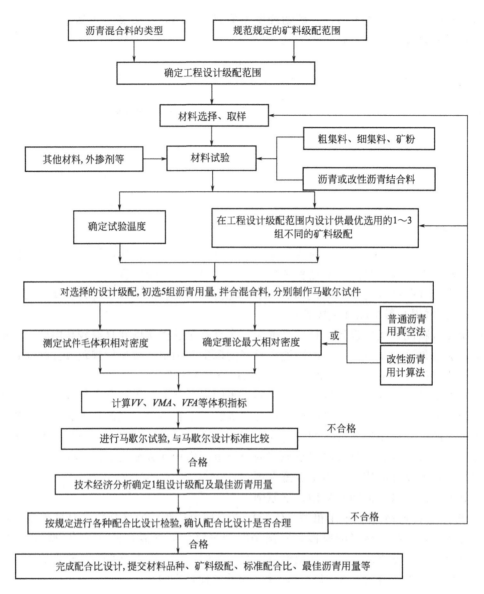

图 5-10　密级配沥青混合料目标配合比设计流程图

③ 确定各层的工程设计级配范围时应考虑不同层位的功能需要，经组合设计的沥青路面应能满足耐久、稳定、密水、抗滑等要求。

④ 根据公路等级和施工设备的控制水平，确定的工程设计级配范围应比规范级配范围窄，其中 4.75mm 和 2.36mm 通过率的上下限差值宜小于 12%。

⑤ 沥青混合料的配合比设计应充分考虑施工性能，使沥青混合料容易摊铺和压实，避免造成严重的离析。

（2）矿质混合料配合比例计算

① 组成材料的原始数据测定。根据现场取样，对粗集料、细集料和矿粉进行筛析试验，按筛析结果分别绘出各组成材料的筛分曲线（如图 5-11）。同时测出各组成材料的相对密度，以供计算物理常数备用。

② 计算组成材料的配合比。高速公路和一级公路沥青路面矿料配合比设计宜借助

电子计算机的电子表格用试配法进行，其他等级公路沥青路面可参照此法或采用图解法进行。

矿料级配曲线按《公路工程沥青及沥青混合料试验规程》规定的方法绘制（图 5-11）。以原点与通过集料最大粒径 100% 的点的连线作为沥青混合料的最大密度线，见表 5-15 和表 5-16。

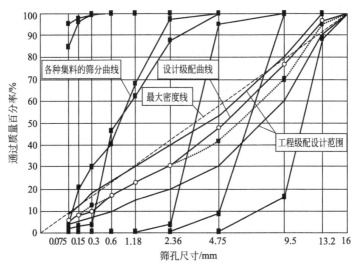

图 5-11 矿料级配曲线示例

表 5-15 泰勒曲线的横坐标

d_i	0.075	0.15	0.3	0.6	1.18	2.36	4.75	9.5
$x=d_i^{0.45}$	0.312	0.426	0.582	0.795	1.077	1.472	2.016	2.754
d_i	13.2	16	19	26.5	31.5	34.5	53	63
$x=d_i^{0.45}$	3.193	3.482	3.762	4.370	4.723	5.109	5.969	6.452

表 5-16 矿料级配设计计算表例

筛孔/%	10-20 /%	5-10 /%	3-5 /%	石屑 /%	黄砂 /%	矿粉 /%	消石灰 /%	合成级配 /%	工程设计级配范围 中值	工程设计级配范围 下限	工程设计级配范围 上限
16	100	100	100	100	100	100	100	100.0	100	100	100
13.2	85.6	100	100	100	100	100	100	96.7	95	90	100
9.5	16.6	99.7	100	100	100	100	100	76.6	70	60	80
4.75	0.4	5.7	94.9	100	100	100	100	44.7	41.5	30	53
2.36	0.3	0.7	3.7	94.2	84.9	100	100	30.6	30	20	40
1.18	0.3	0.7	0.5	64.8	62.2	100	100	22.8	22.5	15	30
0.6	0.3	0.7	0.5	40.5	46.4	100	100	14.2	16.5	10	23
0.3	0.3	0.7	0.5	30.2	3.7	99.8	99.2	9.5	12.5	7	18
0.15	0.3	0.7	0.5	20.6	3.1	96.2	94.6	5.1	5.5	5	12
0.075	0.2	0.6	0.3	4.2	1.9	84.7	95.6	5.5	6	4	8
配比	28	26	14	12	15	3.3	1.7	100.0			

③ 调整配合。计算得到的合成级配应根据下列要求进行必要的配合比调整。

通常情况下，合成级配曲线宜尽量接近设计级配中限，尤其应使 0.075mm、2.36mm 和 4.75mm 筛孔的通过量尽量接近设计级配范围的中限。

对高速公路和一级公路，宜在工程设计级配范围内计算 1～3 组粗细不同的配比，绘制设计级配曲线，分别位于工程设计级配范围的上方、中值及下方。

设计合成级配不得有太多的锯齿形交错，且在 0.3～0.6mm 范围内不出现"驼峰"。当反复调整不能满意时，宜更换材料设计。

根据当地的实践经验选择适宜的沥青用量，分别制作几组级配的马歇尔试件，测定 VMA，初选一组满足或接近设计要求的级配作为设计级配。

5.2.5.2　马歇尔试验

沥青混合料的最佳沥青用量可以通过各种理论计算的方法求得。但是，由于实际材料性质的差异，按理论公式计算得到的最佳沥青用量，仍然要通过试验方法修正。因此，理论法只能为试验法提供一个参考数据。我国现行《公路沥青路面施工技术规范》规定密级配沥青混合料最佳沥青用量的确定方法是马歇尔试验法，马歇尔试验按以下步骤进行。

(1) 材料准备

① 按确定的矿质混合料配合比，计算各种矿质材料的用量。

② 根据理论公式计算的沥青用量范围或经验沥青用量范围，估计适宜的沥青用量（或油石比）。

③ 沥青混合料试件的制作温度按我国《公路沥青路面施工技术规范》规定的方法确定，并与施工实际温度相一致，如缺乏黏温曲线时，普通沥青混合料可参照表 5-17 进行试件制作，改性沥青混合料的成型温度在此基础上再提高 10～20℃。

表 5-17　普通热拌沥青混合料试件的制作温度　　　　　　单位：℃

施工工序	石油沥青的标号				
	50 号	70 号	90 号	110 号	130 号
沥青加热温度	160～170	155～165	150～160	145～155	140～150
矿料加热温度	集料加热温度比沥青温度高 10～30(填料不加热)				
沥青混合料拌合温度	150～170	145～165	140～160	135～155	130～150
试件击实成型温度	140～160	135～155	130～150	125～145	120～140

注：表中混合料温度，并非拌合机的油浴温度，应根据沥青的针入度、黏度选择，不宜都取中值。

(2) 确定物理指标　为确定沥青混合料的最佳沥青用量，需首先确定沥青混合料的下列物理指标。

① 计算矿料的合成毛体积相对密度。矿料混合料的合成毛体积相对密度 γ_{sb} 可按式 (5-4) 计算。

$$\gamma_{sb} = \frac{100}{\dfrac{P_1}{\gamma_1} + \dfrac{P_2}{\gamma_2} + \cdots + \dfrac{P_n}{\gamma_n}} \tag{5-4}$$

式中　P_1、$P_2 \cdots P_n$——各种矿料成分的配比，其和为 100；

　　　　γ_1、$\gamma_2 \cdots \gamma_n$——各种矿料相应的毛体积相对密度，粗集料按《公路工程集料试验规程》中 T 0304 方法测定，机制砂及石屑可按 T 0330 方法测定，也可以用筛出的 2.36～4.75mm 部分的毛体积相对密度代替，矿粉（含消石灰、水泥）以表观相对密度代替[1]。

② 计算矿料的合成表观相对密度。矿质混合料的合成表观相对密度 γ_{sa} 按式(5-5) 计算。

$$\gamma_{sa}=\frac{100}{\dfrac{P_1}{\gamma_1'}+\dfrac{P_2}{\gamma_2'}+\cdots+\dfrac{P_n}{\gamma_n'}} \tag{5-5}$$

式中　P_1、$P_2\cdots P_n$——为各种矿料成分的配比，其和为 100；

　　　γ_1、$\gamma_2\cdots\gamma_n$——为各种矿料按试验规程方法测定的表观相对密度。

③ 预估沥青混合料的适宜油石比。按下式预估沥青混合料的适宜的油石比 P_a 或沥青用量为 P_b。

$$P_a=\frac{P_{a1}\times\gamma_{sb1}}{\gamma_{sb}} \tag{5-6}$$

$$P_b=\frac{P_a}{100+\gamma_{sb}}\times100 \tag{5-7}$$

式中　P_a——预估的最佳油石比（与矿料总量的百分比），%；

　　　P_b——预估的最佳沥青用量（占混合料总量的百分数），%；

　　　P_{a1}——已建类似工程沥青混合料的标准油石比，%；

　　　γ_{sb}——集料的合成毛体积相对密度；

　　　γ_{sb1}——已建类似工程集料的合成毛体积相对密度。

作为预估最佳油石比的集料密度，原工程和新工程也可均采用有效相对密度。

④ 确定矿料的有效相对密度。

a. 对非改性沥青混合料，宜以预估的最佳油石比拌合两组的混合料，采用真空法实测最大相对密度，取平均值，然后由式(5-8) 反算合成矿料的有效相对密度 γ_{se}。

$$\gamma_{se}=\frac{100-P_b}{\dfrac{100}{\gamma_t}-\dfrac{P_b}{\gamma_b}} \tag{5-8}$$

式中　γ_{se}——合成矿料的有效相对密度；

　　　P_b——试验采用的沥青用量（占混合料总量的百分数），%；

　　　γ_t——试验沥青用量条件下实测得到的最大相对密度，无量纲；

　　　γ_b——沥青的相对密度（25℃/25℃），无量纲。

b. 对改性沥青及 SMA 等难以分散的混合料，有效相对密度宜直接由矿料的合成毛体积相对密度与合成表观相对密度按式(5-9) 计算确定，其中沥青吸收系数 C 值根据材料的吸水率由式(5-10) 求得，材料的合成吸水率按式(5-11) 计算：

$$\gamma_{se}=C\gamma_{sa}+(1-C)\gamma_{sb} \tag{5-9}$$

$$C=0.033W_x-0.2936W_x+0.9339 \tag{5-10}$$

$$W_x=\left(\frac{1}{\gamma_{sb}}-\frac{1}{\gamma_{sa}}\right)\times100 \tag{5-11}$$

式中　γ_{se}——合成矿料的有效相对密度；

　　　C——合成矿料的沥青吸收系数，可按矿料的合成吸水率从式(5-10) 求取；

---

[1]　沥青混合料配合比设计时，均采用毛体积相对密度（无量纲），不采用毛体积密度，故无需进行密度的水温修正；生产配合比设计时，当细料仓中的材料混杂各种材料而无法采用筛分替代法时，可将 0.075mm 部分筛除后以统货实测值计算。

W_x——合成矿料的吸水率，按式(5-11)求取，%；

γ_{sb}——材料的合成毛体积相对密度，按式(5-8)求取，无量纲；

γ_{sa}——材料的合成表观相对密度，按式(5-9)求取，无量纲。

（3）试件制作 以预估的油石比为中值，按一定间隔（对密级配沥青混合料通常为0.5%，对沥青碎石混合料可适当缩小间隔为0.3%～0.4%），取5个或5个以上不同的油石比分别成型马歇尔试件。❶ 每一组试件的试样数按现行试验规程的要求确定，对粒径较大的沥青混合料，宜增加试件数量。

（4）测定压实沥青混合料试件的毛体积相对密度和吸水率 压实沥青混合料试件的毛体积相对密度 γ_f 和吸水率的测试方法应遵照以下规定：

① 通常采用表干法测定毛体积相对密度；

② 对吸水率大于2%的试件，宜改用蜡封法测定的毛体积相对密度。❷

（5）确定沥青混合料的最大理论相对密度

① 对非改性的普通沥青混合料，在成型马歇尔试件的同时，用真空法实测各组沥青混合料的最大理论相对密度 γ_{ti}。当只对其中一组油石比测定最大理论相对密度时，也可按式(5-12)或式(5-13)计算其他不同油石比时的最大理论相对密度 γ_{ti}。

② 对改性沥青或SMA混合料宜按式(5-12)或式(5-13)计算各个不同沥青用量混合料的最大理论相对密度。

$$\gamma_{ti} = \frac{100 + P_{ai}}{\dfrac{100}{\gamma_{se}} + \dfrac{P_{ai}}{\gamma_b}} \tag{5-12}$$

$$\gamma_{ti} = \frac{100}{\dfrac{P_{si}}{\gamma_{se}} + \dfrac{P_{bi}}{\gamma_b}} \tag{5-13}$$

式中 γ_{ti}——相对于计算沥青用量 P_{bi} 时沥青混合料的最大理论相对密度，无量纲；

P_{ai}——所计算的沥青混合料中的油石比，%；

P_{bi}——所计算的沥青混合料的沥青用量，$P_{bi} = P_{ai}/(1 + P_{ai})$，%；

P_{si}——所计算的沥青混合料的矿料含量，$P_{si} = 100 - P_{bi}$，%；

γ_{se}——矿料的有效相对密度，按式(5-4)或式(5-5)计算，无量纲；

γ_b——沥青的相对密度，无量纲。

（6）计算试件的体积指标 沥青混合料试件的空隙率 VV、矿料间隙率 VMA、有效沥青的饱和度 VFA 等体积指标按式(5-14)、式(5-15)、式(5-16)计算，取1位小数，进行体积组成分析。

$$VV = \left(1 - \frac{\gamma_f}{\gamma_t}\right) \times 100 \tag{5-14}$$

$$VMA = \left(1 - \frac{\gamma_f}{\gamma_{sb}} \times P_s\right) \times 100 \tag{5-15}$$

$$VFA = \frac{VMA - VV}{VMA} \times 100 \tag{5-16}$$

---

❶ 5个不同油石比不一定选整数，例如预估油石比4.8%，可选3.8%、4.3%、4.8%、5.3%、5.8%等。实测最大相对密度通常与此同时进行。

❷ 对吸水率小于0.5%的特别致密的沥青混合料，在施工质量检验时，允许采用水中重法测定的表观相对密度作为标准密度，钻孔试件也采用相同方法。但配合比设计时不得采用水中重法。

式中　VV——试件的空隙率，%；

$\quad VMA$——试件的矿料间隙率，%；

$\quad VFA$——试件的有效沥青饱和度（有效沥青含量占 VMA 的体积比例），%；

$\quad \gamma_f$——试件的毛体积相对密度，无量纲；

$\quad \gamma_t$——沥青混合料的最大理论相对密度，无量纲；

$\quad P_s$——各种矿料占沥青混合料总质量的百分率之和，即 $P_s=100-P_b$，%；

$\quad \gamma_{sb}$——矿料混合料的合成毛体积相对密度。

（7）测定力学指标　为确定沥青混合料的沥青最佳用量，应进行马歇尔试验，测定沥青混合料的力学指标——马歇尔稳定度和流值。

5.2.5.3　马歇尔试验结果分析——确定最佳沥青用量（或油石比）

（1）绘制油石比与马歇尔各指标的关系曲线　由马歇尔试验得到的试验结果，按图5-12的方法，以油石比或沥青用量为横坐标，以马歇尔试验的各项指标为纵坐标，将试验结果点入图中，连成圆滑的曲线。确定均符合规范规定的沥青混合料技术标准的沥青用量范围 $OAC_{min}\sim OAC_{max}$。选择的沥青用量范围必须涵盖设计空隙率的全部范围，并尽可能涵盖沥青饱和度的要求范围，并使密度及稳定度曲线出现峰值。如果没有涵盖设计空隙率的全部范围，试验必须扩大沥青用量范围重新进行。

注：绘制曲线时含 VMA 指标，且应为下凹型曲线，但确定 $OAC_{min}\sim OAC_{max}$ 时不包括 VMA。

（2）确定沥青混合料的最佳沥青用量 OAC_1　根据试验曲线的走势，按下列方法确定沥青混合料的最佳沥青用量 OAC_1。

① 在曲线图 5-12 上求取相应于密度最大值、稳定度最大值、目标空隙率（或中值）、沥青饱和度范围的中值的沥青用量 a_1、a_2、a_3、a_4。按式(5-17)取平均值作为 OAC_1。

$$OAC_1=(a_1+a_2+a_3+a_4)/4 \tag{5-17}$$

② 如果在所选择的沥青用量范围未能涵盖沥青饱和度的要求范围，按式(5-18)求取 3 者的平均值作为 OAC_1。

$$OAC_1=(a_1+a_2+a_3)/3 \tag{5-18}$$

③ 对所选择试验的沥青用量范围，密度或稳定度没有出现峰值（最大值经常在曲线的两端）时，可直接以目标空隙率所对应的沥青用量 a_3 作为 OAC_1，但 OAC_1 必须介于 $OAC_{min}\sim OAC_{max}$ 的范围内。否则应重新进行配合比设计。

（3）确定满足各指标要求的最佳沥青用量 OAC_2　以各项指标均符合技术标准（不含 VMA）的沥青用量范围 $OAC_{min}\sim OAC_{max}$ 的中值作为 OAC_2。

$$OAC_2=(OAC_{min}+OAC_{max})/2 \tag{5-19}$$

（4）确定最佳沥青用量　通常情况下取 OAC_1 及 OAC_2 的中值作为计算的最佳沥青用量 OAC。

$$OAC=(OAC_1+OAC_2)/2 \tag{5-20}$$

（5）OAC 的检验　按式(5-20)计算的最佳油石比 OAC，从图 5-12 中得出所对应的空隙率和 VMA 值，检验是否能满足表 5-18 或表 5-19 关于最小 VMA 值的要求。OAC 宜位于 VMA 凹形曲线最小值的贫油一侧。当空隙率不是整数时，最小 VMA 按内插法确定，并将其画入图 5-12 中。

检查图 5-12 中相应于此 OAC 的各项指标是否均符合马歇尔试验技术标准。

（6）OAC 的调整　根据实践经验和公路等级、气候条件、交通情况，调整确定最佳沥青用量 OAC。

表 5-18 密级配沥青混凝土混合料马歇尔试验技术标准

（本表适用于公称最大粒径≤26.5mm 的密级配沥青混凝土混合料）

试验指标		单位	高速公路、一级公路				其他等级公路	行人道路
			夏炎热区(1-1、1-2、1-3、1-4 区)		夏热区及夏凉区(2-1、2-2、2-3、2-4、3-2 区)			
			中轻交通	重载交通	中轻交通	重载交通		
击实次数(双面)		次	75				50	50
试件尺寸		mm	ϕ101.6mm×63.5mm					
空隙率 VV	深约 90mm 以内	%	3～5	4～6②	2～4	3～5	3～6	2～4
	深约 90mm 以下	%	3～6		2～4	3～6	3～6	—
稳定度 MS 不小于		kN	8				5	3
流值 FL		mm	2～4	1.5～4	2～4.5	2～4	2～4.5	2～5
矿料间隙率 VMA/% 不小于	设计空隙率 /%	相应于以下公称最大粒径(mm)的最小 VMA 及 VFA 技术要求/%						
		26.5	19	16	13.2		9.5	4.75
	2	10	11	11.5	12		13	15
	3	11	12	12.5	13		14	16
	4	12	13	13.5	14		15	17
	5	13	14	14.5	15		16	18
	6	14	15	15.5	16		17	19
沥青饱和度 VFA/%			55～70	65～75			70～85	

注：1. 对空隙率大于5%的夏炎热区重载交通路段，施工时应至少提高压实度1%。

2. 当设计的空隙率不是整数时，由内插确定要求的 VMA 最小值。

3. 对改性沥青混合料，马歇尔试验的流值可适当放宽。

表 5-19 沥青稳定碎石混合料马歇尔试验配合比设计技术标准

试验指标	单位	密级配基层(ATB)		半开级配面层(AM)	排水式开级配磨耗层(OGFC)	排水式开级配基层(ATPB)
公称最大粒径	mm	26.5mm	等于或大于31.5mm	等于或小于26.5mm	等于或小于26.5mm	所有尺寸
马歇尔试件尺寸	mm	ϕ101.6mm×63.5mm	ϕ152.4mm×95.3mm	ϕ101.6mm×63.5mm	ϕ101.6mm×63.5mm	ϕ152.4mm×95.3mm
击实次数(双面)	次	75	112	50	50	75
空隙率 VV①	%	3～6		6～10	不小于18	不小于18
稳定度 不小于	kN	4.5	15	3.5	3.5	—
流值	mm	1.5～4	实测	—	—	—
沥青饱和度 VFA	%	55～70		40～70	—	—
密级配基层 ATB 的矿料间隙率 VMA/% 不小于	设计空隙率/%	ATB-40		ATB-30		ATB-25
	4	11		11.5		12
	5	12		12.5		13
	6	13		13.5		14

注：在干旱地区，可将密级配沥青稳定碎石基层的空隙率适当放宽到8%。

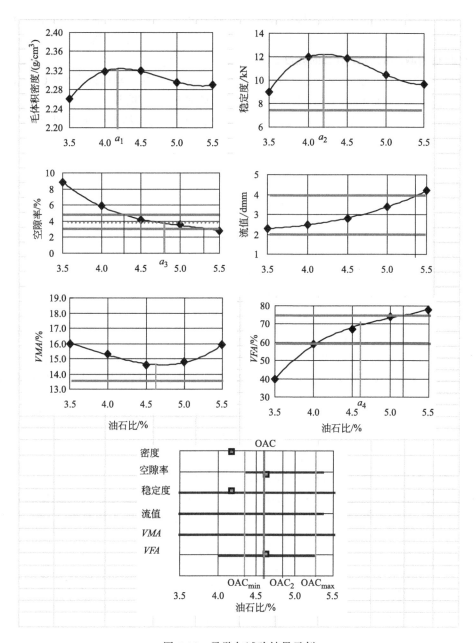

图 5-12　马歇尔试验结果示例

注：图中 $a_1 = 4.2\%$，$a_2 = 4.25\%$，$a_3 = 4.8\%$，$a_4 = 4.7\%$；$OAC_1 = 4.49\%$（由 4 个平均值确定），$OAC_{min} = 4.3\%$，$OAC_{max} = 5.3\%$，$OAC_2 = 4.8\%$，$OAC = 4.64\%$。此例中相对于空隙率 4% 的油石比为 4.6%

① 调查当地各项条件相接近的工程的沥青用量及使用效果，论证适宜的最佳沥青用量。检查计算得到的最佳沥青用量是否相近，如相差甚远，应查明原因，必要时重新调整级配，进行配合比设计。

② 对炎热地区公路以及高速公路、一级公路的重载交通路段，山区公路的长、大坡度路段，预计有可能产生较大车辙时，宜在空隙率符合要求的范围内将计算的最佳沥青用量减小 0.1%～0.5% 作为设计沥青用量。此时，除空隙率外的其他指标可能会超出马歇尔试验配合比设计技术标准，配合比设计报告或设计文件必须予以说明。但配合比设计报告必须要

求采用重型轮胎压路机和振动压路机组合等方式加强碾压，以使施工后路面的空隙率达到未调整前的原最佳沥青用量时的水平，且渗水系数符合要求。如果试验段试拌试铺达不到此要求时，宜调整所减小的沥青用量的幅度。

③ 对寒区公路、旅游公路、交通量很少的公路，最佳沥青用量可以在 OAC 的基础上增加 $0.1\%\sim0.3\%$，以适当减小设计空隙率，但不得降低压实度要求。

（7）计算有效沥青含量　按式(5-21)及式(5-22)计算沥青结合料被集料吸收的比例及有效沥青含量。

$$P_{ba} = \frac{\gamma_{se} - \gamma_{sb}}{\gamma_{se} \times \gamma_{sb}} \gamma_b \times 100 \tag{5-21}$$

$$P_{be} = P_b - \frac{P_{ba}}{100} P_s \tag{5-22}$$

式中　P_{ba}——沥青混合料中被集料吸收的沥青结合料比例，%；

$\quad\quad P_{be}$——沥青混合料中的有效沥青用量，%；

$\quad\quad \gamma_{se}$——集料的有效相对密度，无量纲；

$\quad\quad \gamma_{sb}$——材料的合成毛体积相对密度，无量纲；

$\quad\quad \gamma_b$——沥青的相对密度（25℃/25℃），无量纲；

$\quad\quad P_b$——沥青含量，%；

$\quad\quad P_s$——各种矿料占沥青混合料总质量的百分率之和，即 $P_s = 100 - P_b$，%。

如果需要，可按式(5-23)及式(5-24)计算有效沥青的体积百分率 V_{be} 及矿料的体积百分率 V_g。

$$V_{be} = \frac{\gamma_f P_{be}}{\gamma_b} \tag{5-23}$$

$$V_g = 100 - (V_{be} + VV) \tag{5-24}$$

（8）检验最佳沥青用量时的粉胶比和有效沥青膜厚度

按式(5-25)计算沥青混合料的粉胶比，宜符合 $0.6\sim1.6$ 的要求。对常用的公称最大粒径为 $13.2\sim19\text{mm}$ 的密级配沥青混合料，粉胶比宜控制在 $0.8\sim1.2$ 范围内。

$$FB = \frac{P_{0.075}}{P_{be}} \tag{5-25}$$

式中　FB——粉胶比，沥青混合料的矿料中 0.075mm 通过率与有效沥青含量的比值，无量纲；

$\quad\quad P_{0.075}$——矿料级配中 0.075mm 的通过率（水洗法），%；

$\quad\quad P_{be}$——有效沥青含量，%。

按式(5-26)的方法计算集料的比表面，按式(5-27)估算沥青混合料的沥青膜有效厚度。各种集料粒径的表面积系数按表 5-20 采用。

$$SA = \sum(P_i \times FA_i) \tag{5-26}$$

$$DA = \frac{P_{be}}{\gamma_b SA} \times 10 \tag{5-27}$$

式中　SA——集料的比表面积，m^2/kg；

$\quad\quad P_i$——各种粒径的通过百分率，%；

$\quad\quad FA_i$——相应于各种粒径的集料的表面积系数，如表 5-21 所列；

$\quad\quad DA$——沥青膜有效厚度，μm；

$\quad\quad P_{be}$——有效沥青含量，%；

γ_b——沥青的相对密度（25℃/25℃），无量纲。

各种公称最大粒径混合料中大于 4.75mm 尺寸集料的表面积系数 FA 均取 0.0041，且只计算一次，4.75mm 以下部分的 FA_i 如表 5-20 示例。该例的 $SA = 6.60\text{m}^2/\text{kg}$。若混合料的有效沥青含量为 4.65%，沥青的相对密度 1.03，则沥青膜厚度为 $DA = 4.65/(1.03 \times 6.60) \times 10 = 6.83\mu\text{m}$。

表 5-20　集料的表面积系数计算示例

筛孔尺寸/mm	19	16	13.2	9.5	4.75	2.36	1.18	0.6	0.3	0.15	0.075	集料比表面总和 SA/(m²/kg)
表面积系数 FA_i	0.0041	—	—	—	0.0041	0.0082	0.0164	0.0287	0.0614	0.1229	0.3277	
通过百分率 P_i/%	100	92	85	76	60	42	32	23	16	12	6	
比表面 $FA_i \times P_i$/(m²/kg)	0.41	—	—	—	0.25	0.34	0.52	0.66	0.98	1.47	1.97	6.60

5.2.5.4　配合比设计检验

（1）对用于高速公路和一级公路的密级配沥青混合料　需在配合比设计的基础上按规范要求进行各种使用性能的检验，不符合要求的沥青混合料，必须更换材料或重新进行配合比设计。

（2）配合比设计检验按计算确定的设计最佳沥青用量在标准条件下进行　如按照以上计算有效沥青含量的方法将计算的设计沥青用量调整后作为最佳沥青用量，或者改变试验条件时，各项技术要求均应适当调整，不宜照搬。

（3）高温稳定性检验　对公称最大粒径等于或小于 19mm 的混合料，按规定方法进行车辙试验，动稳定度应符合表 5-21 的规范要求。对公称最大粒径大于 19mm 的密级配沥青混凝土或沥青稳定碎石混合料，由于车辙试件尺寸不能适用，不宜按本方法进行车辙试验和弯曲试验。如需要检验可加厚试件厚度或采用大型马歇尔试件。

表 5-21　沥青混合料车辙试验动稳定度技术要求

气候条件与技术指标			相应于下列气候分区所要求的动稳定度/(次/mm)									试验方法 (JTJ 052)
七月平均最高气温/℃ 及气候分区			>30				20～30				<20	
			1. 夏炎热区				2. 夏热区				3. 夏凉区	
			1-1	1-2	1-3	1-4	2-1	2-2	2-3	2-4	3-2	
普通沥青混合料		不小于	800		1000		600		800		600	T 0719
改性沥青混合料		不小于	2400		2800		2000		2400		1800	
SMA 混合料	非改性	不小于	1500									
	改性	不小于	3000									
OGFC 混合料			1500（一般交通路段）、3000（重交通量路段）									

注：1. 如果其他月份的平均最高气温高于七月时，可使用该月平均最高气温。

2. 在特殊情况下，如钢桥面铺装、重载车特别多或纵坡较大的长距离上坡路段、厂矿专用道路，可酌情提高动稳定度的要求。

3. 对因气候寒冷确需使用针入度很大的沥青（如大于 100），动稳定度难以达到要求，或因采用石灰岩等不很坚硬的石料，改性沥青混合料的动稳定度难以达到要求等特殊情况，可酌情降低要求。

4. 为满足炎热地区及重载车要求，在配合比设计时采取减少最佳沥青用量的技术措施时，可适当提高试验温度或增加试验荷载进行试验，同时增加试件的碾压成型密度和施工压实度要求。

5. 车辙试验不得采用二次加热的混合料，试验必须检验其密度是否符合试验规程的要求。

6. 如需要对公称最大粒径等于和大于 26.5mm 的混合料进行车辙试验，可适当增加试件的厚度，但不宜作为评定合格与否的依据。

（4）水稳定性检验　按规定的试验方法进行浸水马歇尔试验和冻融劈裂试验，残留稳定度及残留强度比均必须符合表 5-22 的规定。

表 5-22　沥青混合料水稳定性检验技术要求

气候条件与技术指标		相应于下列气候分区的技术要求/%				试验方法 (JTJ 052)
年降雨量/mm 及气候分区		>1000	500～1000	250～500	<250	
		1. 潮湿区	2. 湿润区	3. 半干区	4. 干旱区	
浸水马歇尔试验残留稳定度/%　　　　不小于						
普通沥青混合料		80		75		T 0709
改性沥青混合料		85		80		
SMA 混合料	普通沥青	75				
	改性沥青	80				
冻融劈裂试验的残留强度比/%　　　　不小于						
普通沥青混合料		75		70		T 0729
改性沥青混合料		80		75		
SMA 混合料	普通沥青	75				
	改性沥青	80				

调整沥青用量后，马歇尔试件成型可能达不到要求的空隙率条件。当需要添加消石灰、水泥、抗剥落剂时，需重新确定最佳沥青用量后试验。

（5）低温抗裂性能检验　对公称最大粒径等于或小于 19mm 的混合料，按规定方法进行低温弯曲试验，其破坏应变宜符合表 5-23 要求。

表 5-23　沥青混合料低温弯曲试验破坏应变（$\mu\varepsilon$）技术要求

气候条件与技术指标		相应于下列气候分区所要求的破坏应变（$\mu\varepsilon$）								试验方法 (JTJ 052)
年极端最低气温/℃ 及气候分区		<−34.0		−21.5～ −34.0			−9.0～ −21.5		>−9.0	
		1. 冬严寒区		2. 冬寒区			3. 冬冷区		4. 冬温区	
		1-1	2-1	1-2	2-2	3-2	1-3	2-3	1-4	2-4
普通沥青混合料	不小于	2600		2300			2000			T 0715
改性沥青混合料	不小于	3000		2800			2500			

（6）渗水系数检验　利用轮碾机成型的车辙试件进行渗水试验检验的渗水系数宜符合表 5-24 要求。

表 5-24　沥青混合料试件渗水系数技术要求

级配类型		渗水系数/（mL/min）	试验方法 (JTJ 052)
密级配沥青混凝土	不大于	120	
SMA 混合料	不大于	80	T 0730
OGFC 混合料	不小于	实测	

（7）钢渣活性检验　对使用钢渣作为集料的沥青混合料，应按现行《沥青及沥青混合料试验规程》进行活性和膨胀性试验，钢渣沥青混凝土的膨胀量不得超过 1.5%。

根据需要，可以改变试验条件进行配合比设计检验，如按调整后的最佳沥青用量、变化最佳沥青用量 OAC±0.3%、提高试验温度、加大试验荷载、采用现场压实密度进行车辙试验，在施工后的残余空隙率（如 7%～8%）的条件下进行水稳定性试验和渗水试验等，但不宜用规范规定的技术要求进行合格评定。

思　考　题

1. 试述石油沥青的四大组分及其特性。各组分与其性质有什么关系？
2. 沥青可分为几种胶体结构，各有什么特点？
3. 石油沥青主要有哪些技术性质？各用什么指标表示？
4. 煤沥青与石油沥青比较有什么特点？
5. 表征沥青黏性的试验方法有哪些？
6. 常用哪些指标来表征沥青的温度敏感性？
7. 改性沥青的改性剂有哪些？各有什么特点？
8. 沥青混合料按组成结构可分为哪三类？各种类型的沥青混合料各有什么特点？
9. 道路沥青混合料的主要技术性质有哪些？如何评价？影响这些性质的主要因素有哪些？
10. 马歇尔试验测试指标有哪些？
11. 沥青混合料的最佳沥青用量是如何确定的？
12. 简述沥青混凝土混合料配合比设计步骤。

第6章　砌体材料

【本章提要】　砌体材料是房屋建筑主要的围护和结构材料，具有围护、隔断、承重和传力等作用。本章主要介绍墙砖、砌块、板材以及石材等砌体材料。本章的学习目标是熟悉和掌握各种材料的生产、性质及特点，在工程设计与施工中正确选择和合理使用各种材料。

墙体由砌体材料砌筑而成，是建筑物的重要组成部分，具有承重、围护或分隔空间的作用。墙体按墙体受力情况和材料分为承重墙和非承重墙。合理使用墙体材料对构筑物的功能、自重、工期、安全、造价以及工程能耗等均有着直接的关系。用于墙体的材料品种较多，主要有墙砖、砌块和板材三类。近年来，我国大力开发和推广使用轻质、高强、大尺寸、耐久、多功能（保温隔热、隔声、防潮、防火、防水、抗震等）、节土、节能和可工业化生产的新型砌体材料。

6.1　砌墙砖

凡是由黏土、工业废料或其他地方资源为主要原料，以不同的工艺制成的在建筑物中用于承重墙和非承重墙的砖统称为砌墙砖。

砌墙砖可分为普通砖和空心砖两大类。普通砖是没有孔洞或孔洞率（砖面上孔洞总面积占砖面积的百分率）小于15％的砖；而孔洞率等于或大于15％的砖称为空心砖，其中孔的尺寸小而数量多的砖又称为多孔砖。

按照生产工艺分为烧结砖和非烧结砖。烧结砖是经焙烧而制成的砖，常结合主要原料命名，如烧结黏土砖、烧结页岩砖、烧结煤矸石砖等；非烧结砖是通过非烧结工艺制成的，如蒸养砖、碳化砖等。

我国的传统墙材主要是烧结黏土砖，为了保护土地资源，走可持续发展之路，有关部门已经明令禁止使用实心黏土砖。未来的建筑中黏土砖将不再作为普通的墙体材料使用，主要会用于一些特殊的、仿古的建筑。而以煤矸石、粉煤灰等工业废渣为原料的烧结普通砖或者非烧结砖的开发和应用将越来越受到重视。

6.1.1　烧结砖和烧结砌块

6.1.1.1　烧结普通砖

（1）烧结普通砖的定义及分类　烧结普通砖是以黏土、页岩、煤矸石、粉煤灰为主要原料，经配料、制坯、干燥、焙烧而成的普通砖。按主要原料分为烧结黏土砖（符号为 N）、烧结页岩砖（符号为 Y）、烧结煤矸石砖（符号为 M）和烧结粉煤灰砖（符号为 F）。

以黏土为主要原料而成的烧结普通砖，简称为黏土砖。利用窑内的不同气氛可制得不同颜色的烧结黏土砖，如果砖坯在氧化气氛中焙烧，则可制得红砖，红色是因为黏土矿物中的铁被氧化为高价氧化铁（Fe_2O_3）；如果砖坯在氧化气氛中烧成后，再经浇水闷窑，使窑内形成还原气氛，可促使砖内的高价氧化铁还原成青灰色的低价氧化铁（FeO），即可制得青砖。青砖一般比红砖结实、耐碱、耐久性好，是我国古代建筑的主要墙体材料。

如果烧结温度过低，熔融液相物的生成量少，则砖的孔隙率大，强度低，吸水率大，耐久性差，颜色浅，敲击时声哑，称为"欠火砖"。如果烧结温度过高，生成的液相熔融物较多，坯体容易软化变形，则容易造成外形尺寸不规则，色深、敲击时声脆，称为"过火砖"。

近年来我国还开发了内燃烧砖法，是将煤渣、煤矸石等可燃性工业废渣以适量比例掺入制坯黏土中作为内燃料，焙烧到一定温度时，内燃料在坯体内也开始燃烧，这样烧成的砖称为内燃砖。这种方法可节省大量外投煤，节约黏土原料 5%～10%，且强度可提高 20%左右，表观密度减小，隔音保温性能增强。

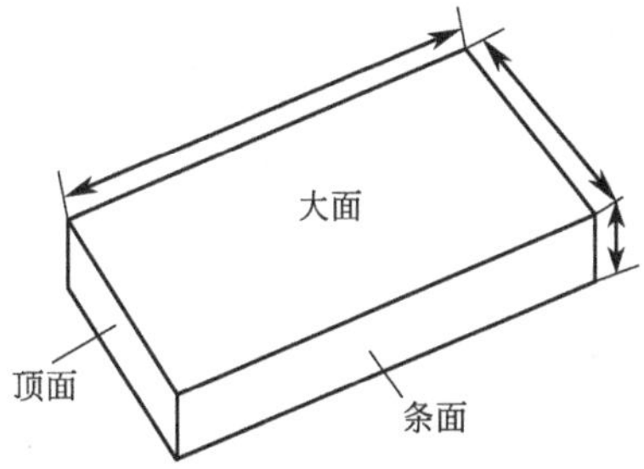

图 6-1　砖的尺寸及平面名称

（2）烧结普通砖的主要技术性质　根据《烧结普通砖》（GB/T 5101—2003）规定，强度和抗风化性能合格的砖，根据砖的尺寸偏差、外观质量、泛霜和石灰爆裂的程度将其分为优等品（A）、一等品（B）和合格品（C）三个质量等级。

① 尺寸规格。烧结普通砖的外形为直角六面体，公称尺寸是 240mm×115mm×53mm，在砌筑时加上灰缝宽度 10mm，每 4 块砖长、8 块砖宽或 16 块砖厚均为 1m，则 1m³ 砖砌体需用 512 块砖。每块砖的不同面分别称为大面、条面、顶面，如图 6-1 所示。砖的尺寸允许偏差应符合相应规范的要求。

② 外观质量。烧结普通砖的外观质量包括两条面高度差、弯曲、杂质凸出高度、缺棱掉角、裂纹、完整面、颜色等内容，分别应符合相应规范的要求。

③ 强度等级。烧结普通砖是通过取 10 块砖样进行抗压强度试验，根据抗压强度平均值和标准值方法或抗压强度平均值和最小值方法来评定砖的强度等级。具体评定方法如下。

第一步，按照式(6-1)分别计算 10 块砖的抗压强度值，精确至 0.1MPa。

$$f_{mc} = \frac{F}{LB} \tag{6-1}$$

式中　f_{mc}——抗压强度，MPa；

　　　F——最大破坏荷载，N；

　　　L——受压面（连接面）的长度，mm；

　　　B——受压面（连接面）的宽度，mm。

第二步，按式（6-2）～式（6-5）计算 10 块砖强度变异系数、抗压强度的平均值和标准值。

$$\delta = \frac{s}{\overline{f}_{mc}} \tag{6-2}$$

$$\overline{f}_{mc} = \sum_{i=1}^{10} f_{mc,i} \tag{6-3}$$

$$s = \sqrt{\frac{1}{9}\sum_{i=1}^{10}(f_{mc,i} - \overline{f}_{mc})^2} \tag{6-4}$$

$$f_k = \overline{f}_{mc} - 1.8\delta \tag{6-5}$$

式中　δ——砖强度变异系数，精确至 0.01MPa；

　　　$\overline{f}_{mc}$——10 块砖抗压强度的平均值，精确至 0.1MPa；

　　　s——10 块砖抗压强度的标准差，精确至 0.01MPa；

$f_{mc,i}$——分别为 10 块砖的抗压强度值（$i=1\sim10$），精确至 0.1MPa；

f_k——抗压强度标准值，精确至 0.1MPa。

第三步，强度等级评定。根据标准中强度等级规定的指标（见表 6-1），当变异系数 $\delta\leqslant$ 0.21 时，按实际测定的砖抗压强度平均值和强度标准值，评定砖的强度等级。当变异系数 $\delta>0.21$ 时，按抗压强度平均值、单块最小值评定砖的强度等级。

表 6-1　烧结普通砖强度等级划分规定

强度等级	抗压强度/MPa		
	抗压强度平均值 $\bar{f}\geqslant$	变异系数 $\delta\leqslant0.21$	变异系数 $\delta>0.21$
		抗压强度标准值 $f_k\geqslant$	单块最小抗压强度值 $f_{min}\geqslant$
MU30	30.0	22.0	25.0
MU25	25.0	18.0	22.0
MU20	20.0	14.0	16.0
MU15	15.0	10.0	12.0
MU10	10.0	6.5	7.5

④ 泛霜和石灰爆裂。泛霜是指在新砌筑的砖砌体表面，有时会出现一层白色的粉状物。国家标准严格规定烧结制品中优等产品不允许出现泛霜，一等产品不允许出现中等泛霜，合格产品不允许出现严重泛霜。

石灰爆裂是烧结砖的原料中夹杂着石灰石，焙烧时石灰石被烧成生石灰块，在使用过程中生石灰吸水熟化转变为熟石灰，固相体积增大近一倍造成制品爆裂的现象。

⑤ 抗风化性能。抗风化性能是指材料在干湿变化、温度变化、冻融变化等物理因素作用下不破坏并保持原有性质的能力，是烧结普通砖耐久性的重要标志之一。抗风化性能越好，砖的使用寿命越长。通常以抗冻性、吸水率和饱和系数等指标来判定砖的抗风化性能。

我国按风化指数将各省市划分为严重风化区和非严重风化区，东北、西北及华北各省区划为严重风化区，将山东省、河南省及黄河以南地区划为非严重风化区。用于东北、内蒙古及新疆这些严重风化区的烧结普通砖，必须进行冻融试验。冻融试验后，每块砖样不允许出现裂纹、分层、掉皮、缺棱、掉角等冻坏现象，且质量损失不大于 2% 时，评为抗风化性能合格。其他省区的烧结普通砖，其抗风化性能按吸水率及饱和系数来评定。当符合表 6-2 的规定时，可不做冻融试验，评为抗风化性能合格，否则，必须进行冻融试验。

表 6-2　抗风化性能

砖的种类	严重风化区				非严重风化区			
	5h 沸煮吸水率/%≤		饱和系数≤		5h 沸煮吸水率/%≤		饱和系数≤	
	平均值	单块最大值	平均值	单块最大值	平均值	单块最大值	平均值	单块最大值
黏土砖	18	20	0.85	0.87	19	20	0.88	0.90
粉煤灰砖	21	23			23	25		
页岩砖	16	18	0.74	0.77	18	20	0.78	0.8
煤矸石砖								

注：粉煤灰掺入量（体积比）小于 30% 时，按黏土砖规定判定。

6.1.1.2　烧结多孔砖（砌块）和烧结空心砖（砌块）

用多孔砖或空心砖代替实心砖可使建筑物自重减轻 1/3 左右，节约原料 20%～30%，节省燃料 10%～20%，且烧成率高，造价降低 20%，施工效率提高 40%，并能改善砖的绝热和隔声性能，在相同的热工性能要求下，用空心砖砌筑的墙体厚度可减薄半砖左右。一些较发达国家多孔砖占砖总产量的 70%～90%，我国目前也正在大力推广，而且发展很快。

（1）烧结多孔砖和多孔砌块　　根据《烧结多孔砖和多孔砌块》（GB 13544—2011）的规定，以黏土、页岩、煤矸石、粉煤灰、淤泥（江河湖淤泥）及其他固体废物等为主要原料，经焙烧制成主要用于建筑物承重部位的砖，即为烧结多孔砖和多孔砌块。

烧结多孔砖和多孔砌块按主要原料分为黏土砖和黏土砌块（N）、页岩砖和页岩砌块（Y）、煤矸石砖和煤矸石砌块（M）、粉煤灰砖和粉煤灰砌块（F）、淤泥砖和淤泥砌块（U）、固体废物砖和固体废物砌块（G）。

烧结多孔砖和多孔砌块的技术要求主要包括尺寸允许偏差、外观质量、密度等级、强度等级、孔型孔结构及孔洞率、泛霜、石灰爆裂、抗风化性能、放射性核素限量，并要求产品中不允许有欠火砖（砌块）、酥砖（砌块）。

① 外形尺寸。砖和砌块的外形一般为直角六面体，在与砂浆的接合面上应设有增加结合力的粉刷槽和砌筑砂浆槽，并符合下列要求。

粉刷槽：混水墙用砖和砌块，应在条面和顶面上设有均匀分布的粉刷槽或类似结构，深度不小于 2mm。

砌筑砂浆槽：砌块至少应在一个条面或顶面上设立砌筑砂浆槽。两个条面或顶面都有砌筑砂浆槽时，砌筑砂浆槽深应大于 15mm 且小于 25mm；只有一个条面或顶面有砌筑砂浆槽时，砌筑砂浆槽深应大于 30mm 且小于 40mm。砌筑砂浆槽宽应超过砂浆槽所在砌块面宽度的 50%。

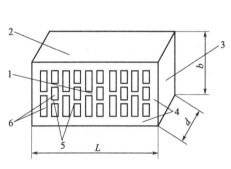

图 6-2　多孔砖各部位名称
1—大面（坐浆面）；2—条面；3—顶面；
4—外壁；5—肋；6—孔洞；
L—长度；b—宽度；
d—高度

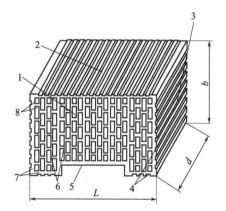

图 6-3　多孔砌块各部位名称
1—大面（坐浆面）；2—条面；3—顶面；
4—粉刷沟槽；5—砂浆槽；6—肋；
7—外壁；8—孔洞；L—长度；
b—宽度；d—高度

砖和砌块的外形各部位的名称如图 6-2 和图 6-3 所示。砖和砌块的长度、宽度、高度尺寸应符合下列要求，砖规格尺寸（mm）：290、240、190、180、140、115、90；砌块规格尺寸（mm）：490、440、390、340、290、240、190、150、140、115、90；其他规格尺寸由供需双方协商确定。

砖和砌块的尺寸允许偏差应符合相应规范的要求。

① 外观质量。砖和砌块的外观质量应符合相应规范的要求。

② 密度等级。密度等级应符合表 6-3 的规定。

表 6-3 密度等级

密度等级		砖或砌块干燥表观密度平均值
砖	砌块	
—	900	≤900
1000	1000	900～1000
1100	1100	1000～1100
1200	1200	1100～1200
1300	—	1200～1300

③ 强度等级。砖和砌块根据抗压强度分成 MU30、MU25、MU20、MU15、MU10 五个强度等级。产品强度等级应符合表 6-4 的规定。

表 6-4 强度等级

强度等级	抗压强度平均值 $\bar{f}$/MPa ≥	抗压强度标准值 f_k/MPa ≥
MU30	30.0	22.0
MU25	25.0	18.0
MU20	20.0	14.0
MU15	15.0	10.0
MU10	10.0	6.5

④ 孔型、孔结构及孔洞率。孔型、孔结构及孔洞率应符合相应规范的要求。

⑤ 产品标记。砖和砌块的产品标记按产品名称、品种、规格、强度等级、密度等级和标准编号顺序编写。

标记示例：规格尺寸 290mm×140mm×90mm、强度等级 MU25、密度 1200 级的黏土烧结多孔砖，其标记为：烧结多孔砖 N 290×140×90 MU25 1200 GB 13544—2011。

（2）烧结空心砖和空心砌块 根据国家标准《烧结空心砖和空心砌块》（GB 13545—2003）规定，以黏土、页岩、煤矸石为主要原料，经焙烧而成的主要用于建筑物非承重部位的空心砖和空心砌块（以下简称砖和砌块）。

① 外形尺寸。砖和砌块的外形为直角六面体（见图 6-4），其长度、宽度、高度尺寸应符合下列要求：390mm、290mm、190mm、140mm、90mm；240mm、180 (175)mm；115mm。

其他规格尺寸由供需双方协商确定。

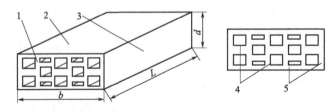

图 6-4 烧结空心砖和空心砌块示意图

1—顶面；2—大面；3—条面；4—肋；5—壁；L—长度；b—宽度；d—高度

② 质量等级。根据密度分为 800、900、1000 三个密度级别。根据抗压强度分为 MU10、MU7.5、MU5.0、MU3.5、MU2.5 五个强度级别。密度、强度和抗风化性能合格

的砖和砌块，根据尺寸偏差、外观质量、孔洞及其结构、泛霜、石灰爆裂、吸水率分为优等品（A）、一等品（B）和合格品（C）三个质量等级。

③ 产品标记。砖和砌块的产品标记按产品名称、品种、密度级别、规格、强度级别、质量等级和标准编号顺序编写。

示例：规格尺寸 290mm×190mm×90mm、密度 800 级、强度级别 MU7.5、优等品的页岩空心砖，其标记为：烧结空心砖 Y 800（290×190×90）7.5A　GB 13545。

6.1.2　非烧结砖

不需经过焙烧而制成的砖统称为非烧结砖，也称为免烧砖。蒸压（养）砖是以含钙材料（石灰、电石渣等）和含硅材料（砂子、粉煤灰、煤矸石、灰渣、炉渣等）与水拌合，经压制成型，在自然条件下或人工热合成条件下（常压或高压蒸汽养护）反应生成以水化硅酸钙、水化铝酸钙为主要胶结料的硅酸盐建筑制品。主要品种有灰砂砖、粉煤灰砖、煤渣砖等。

6.1.2.1　蒸压灰砂砖

蒸压灰砂砖是用磨细生石灰和天然砂，经混合搅拌、陈化（使生石灰充分熟化）、压制成型、蒸压养护（175～191℃，0.8～1.2MPa 的饱和蒸汽）而成。

灰砂砖的外形尺寸与烧结普通砖相同，颜色有彩色（Co）和本色（N）两类。根据蒸压灰砂砖（GB 11945—1999）的规定，根据尺寸偏差和外观质量、强度及抗冻性分为优等品（A）、一等品（B）、合格品（C）三个质量等级。根据抗压强度和抗折强度分为：MU25、MU20、MU15、MU10 分为四个强度等级。灰砂砖的尺寸偏差和外观应符合相应规范的要求；灰砂砖的抗压强度和抗折强度应符合表 6-5 的规定。

表 6-5　灰砂砖的强度等级和抗冻性指标

强度级别	抗压强度/MPa		抗折强度/MPa		抗冻性指标	
	平均值（≥）	单块值（≥）	平均值（≥）	单块值（≥）	冻后抗压强度平均值（≥）/MPa	单块砖的干质量损失（≤）/%
MU25	25.0	20.0	5.0	4.0	20.0	2.0
MU20	20.0	16.0	4.0	3.2	16.0	2.0
MU15	15.0	12.0	3.3	2.6	12.0	2.0
MU10	10.0	8.0	2.5	2.0	8.0	2.0

灰砂砖产品标记采用产品名称（LSB）、颜色、强度级别、质量等级、标准编号的顺序进行，如强度级别为 MU20，优等品的彩色灰砂砖标记为：LSB Co 20A GB 11954。

强度等级为 MU15、MU20、MU25 的砖可用于基础及其他建筑；MU10 的砖仅可用于防潮层以上的建筑。灰砂砖不得用于长期受热 200℃ 以上，受急冷急热和有酸性介质侵蚀的建筑部位。

6.1.2.2　蒸压（养）粉煤灰砖

粉煤灰砖是以粉煤灰、石灰或水泥为主要原料，掺加适量石膏、外加剂、颜料和集料等，以坯料制备、成型、高压或常压养护而制成的实心粉煤灰砖。砖的颜色分为本色（N）和彩色（Co）。

《粉煤灰砖》（JC 239—2001）规定，粉煤灰砖的外形尺寸与烧结普通砖相同。根据尺寸偏差、外观质量、强度等级、干燥收缩分为优等品（A）、一等品（B）、合格品（C）三个质量等级。

按抗折强度和抗压强度分为 MU30、MU25、MU20、MU15、MU10 五个强度等级。

强度等级应符合表 6-6 的规定，优等品砖的强度等级应不低于 MU15。

表 6-6　粉煤灰砖强度等级

强度等级	抗压强度/MPa		抗折强度/MPa	
	10 块平均值≥	单块值≥	10 块平均值≥	单块值≥
MU30	30.0	24.0	6.2	5.0
MU25	25.0	20.0	5.0	4.0
MU20	20.0	16.0	4.0	3.2
MU15	15.0	12.0	3.3	2.6
MU10	10.0	8.0	2.5	2.0

粉煤灰砖产品标记按产品名称（FB）、颜色、强度等级、质量等级、标准编号顺序编写。强度等级为 MU20 级、优等品的彩色粉煤灰砖标记为：FB Co 20A JC 231—2001。

粉煤灰砖可用于工业与民用建筑的墙体和基础，但用于基础或用于易受冻融和干湿交替作用的建筑部位必须使用 MU15 及以上强度等级的砖。粉煤灰砖不得用于长期受热（200℃以上）、受急冷急热和有酸性介质侵蚀的建筑部位。

6.2　常用建筑砌块

建筑砌块是一种体积比砖大、比板小的新型墙体材料，其外形多为直角六面体，也有各种异形的砌块。

砌块按规格可分为大型（高度＞980）、中型（高度 380～980）和小型（高度 115～380）；按用途可分为承重砌块和非承重砌块；按孔洞率分为实心砌块、空心砌块；按原料的不同可分为蒸压加气混凝土砌块、普通混凝土砌块、轻集料混凝土砌块。

6.2.1　蒸压加气混凝土砌块（代号 ACB）

蒸压加气混凝土砌块（简称加气混凝土砌块），代号 ACB，是以钙质材料（水泥、石灰）和硅质材料（砂、矿渣、粉煤灰）为基本原料，经过磨细，并以铝粉为发气剂，按一定比例配合，再经过料浆浇筑、发气成型、坯体切割和蒸压养护等工艺制成的一种轻质、多孔的建筑材料。

如以粉煤灰、石灰、石膏和水泥等为基本原料制成的砌块，称为蒸压粉煤灰加气混凝土砌块；以磨细砂、矿渣粉和水泥等为基本原料制成的砌块，称为蒸压矿渣砂加气混凝土砌块。

6.2.1.1　蒸压加气混凝土砌块的规格尺寸

其公称尺寸见表 6-7。

表 6-7　砌块的规格尺寸　　　　　　　　　　　　　　单位：mm

长度 L	宽度 B	高度 H
600	100　120　125　150　180　200　240　250　300	200　240　250　300

注：如需要其他规格，可由供需双方协商解决。

6.2.1.2　蒸压加气混凝土砌块的主要技术要求

根据《蒸压加气混凝土砌块》（GB/T 11968—2006）的规定，加气混凝土砌块按抗压强度分为 A1.0、A2.0、A2.5、A3.5、A5.0、A7.5、A10.0 七个强度级别，各级别的立方体抗压强度值见表 6-8。砌块按体积密度分为 B03、B04、B05、B06、B07、B08（如 B04 为体积密度≤400kg/m³）六个体积密度级别。砌块按尺寸偏差、外观质量、体积密度和抗压强度分为优等品（A）、合格品（B）两个质量等级。该标准还对砌块的收缩性、抗冻性和导热系数（干态）进行了相关规定。蒸压加气混凝土砌块采用产品名称（ACB）、强度等级、干表观密度等级、规格尺寸、质量等级、标准编号的顺序进行标记。如强度级别为 A3.5、干密度级别为 B05、优等品、规格尺寸为 600mm×200mm×250mm 的蒸压加气混凝土砌块，其标记为：ACB A3.5 B05 600mm×200mm×250mm A GB 11968。

表 6-8　砌块的强度级别

强度级别	立方体抗压强度/MPa	
	平均值不小于	单组最小值不小于
A1.0	1.0	0.8
A2.0	2.0	1.6
A2.5	2.5	2.0
A3.5	3.5	2.8
A5.0	5.0	4.0
A7.5	7.5	6.0
A10.0	10.0	8.0

6.2.1.3　蒸压加气混凝土砌块的应用

蒸压加气混凝土砌块质量轻，表观密度约为黏土砖的 1/3，具有保温、隔热、隔声性能好，抗震性强、耐火性好、易于加工、施工方便等特点，是应用较多的轻质墙体材料之一。适用于低层建筑的承重墙、多层建筑的间隔墙和高层框架结构的填充墙，也可用于一般工业建筑的围护墙，作为保温隔热材料也可用于复合墙板和屋面结构中。

6.2.2　蒸养粉煤灰砌块（代号 FB）

粉煤灰砌块（代号 FB）是硅酸盐砌块中常用品种之一。

硅酸盐砌块是以粉煤灰、炉渣等硅质材料为主要原料，掺入适量石灰、石膏和集料（炉渣、矿渣）加水拌匀，经振动成型、蒸汽养护而成。

6.2.2.1　技术要求

粉煤灰砌块的主要规格尺寸有两种：880mm×380mm×240mm、880mm×430mm×240mm。

砌块端面应加灌浆槽，坐浆面宜设抗剪槽。砌块的强度等级按立方体抗压强度分为 10 和 13 两个强度等级。按其外观质量、尺寸偏差和干缩性能分为一等品（B）和合格品（C）。

6.2.2.2　应用

粉煤灰砌块的干缩值比水泥混凝土大，弹性模量低于同强度的水泥制品，可用于耐久性要求不高的一般工业和民用建筑的围护结构和基础，但不适用于有酸性介质侵蚀、长期受高温影响和经受较大振动影响的建筑物。

6.2.3　普通混凝土小型空心砌块（代号 NHB）

普通混凝土小型砌块（代号 NHB）是以水泥为胶结材料，砂、碎石或卵石（普通混凝土），加水搅拌，振动加压成型，养护而成的小型砌块。

砌块的主规格尺寸为 390mm×190mm×190mm，砌块按尺寸偏差和外观质量分为优等品（A）、一等品（B）和合格品（C）三个质量等级。砌块的主要技术要求包括外观质量、强度等级、相对含水率、抗渗性及抗冻性。按抗压强度分为 MU3.5、MU5.0、MU7.5、MU10.0、MU15.0、MU20.0 六个强度等级。

6.2.4 轻集料混凝土小型空心砌块（代号 LHB）

轻集料混凝土小型空心砌块（代号 LHB），是由水泥、砂（轻砂或普通砂）、轻粗集料、水等经搅拌、成型而得。

轻集料混凝土小型空心砌块按砌块孔的排数分为五类：实心（0）、单排孔（1）、双排孔（2）、三排孔（3）和四排孔（4）。

按其密度可分为 500、600、700、800、900、1000、1200、1400 八个等级；按其强度可分为 1.5、2.5、3.5、5.0、7.5、10.0 六个等级；按尺寸允许偏差和外观质量分为一等品（B）、合格品（C）两个等级。

主要用于保温墙体或非承重墙体（<3.5MPa）、承重保温墙体（≥3.5MPa）。

6.3 墙用板材

轻质复合墙板一般是由强度和耐久性较好的普通混凝土板或金属板作结构层或外墙面板，采用矿棉、聚氨酯棉和聚苯乙烯泡沫塑料、加气混凝土作保温层，采用各类轻质板材做面板或内墙面板。

6.3.1 水泥类墙用板材

6.3.1.1 玻璃纤维增强水泥轻质多孔隔墙条板

玻璃纤维增强水泥（简称 GRC）轻质多孔隔墙条板是以低碱水泥为胶结料，耐碱玻璃纤维或其网格布为增强材料，膨胀珍珠岩为轻集料（也可用炉渣、粉煤灰等），并配以发泡剂和防水剂等，经配料、搅拌、浇筑、振动成型、脱水、养护而成。

该板具有质量轻，强度高，防火性好，防水、防潮性好，抗震性好，干缩变形小，制作简便、安装快捷等特点。

6.3.1.2 纤维增强低碱度水泥建筑平板

纤维增强低碱度水泥建筑平板是以温石棉、抗碱玻璃纤维等为增强材料，以低碱水泥为胶结材料，加水混合成浆，经制坯、压制、蒸养而成的薄型平板。按石棉掺入量分为掺石棉纤维增强低碱度水泥建筑平板（代号为 TK）与无石棉纤维增强低碱度水泥建筑平板（代号为 NTK）。

平板质量轻、强度高、防潮、防火，不易变形，可加工性好，适用于各类建筑物室内的非承重内隔墙和吊顶平板等。

6.3.2 石膏类墙用板材

由于石膏具有自重轻、保温隔热、隔声、防火、抗震、可调节室内湿度、加工性好、施工简便等优点，石膏类板材在内墙板中用量较多。主要有以下几种。

6.3.2.1 纸面石膏板

纸面石膏板是以熟石膏为主要原料，掺入适量的添加剂和纤维做板芯，以特制的纸板做护面，连续成型、切割、干燥等工艺加工而成。按其用途分为普通纸面石膏板、耐水纸面石膏板和耐火纸面石膏板三种。

纸面石膏板表面平整、尺寸稳定，适用于建筑物的非承重墙、内墙和吊顶，也可用于活动房、民用住宅、办公楼等。

6.3.2.2　纤维石膏板

纤维石膏板（或称石膏纤维板，无纸石膏板）是一种以建筑石膏粉为主要原料，以各种纤维为增强材料的一种新型建筑板材。纤维石膏板由于外表省去了护面纸板，其综合性能优于纸面石膏板，如厚度为 12.5mm 的纤维石膏板的螺丝握裹力为纸面石膏板的 6 倍，所以纤维石膏板具有可钉性。

6.3.2.3　石膏刨花板

石膏刨花板的主要原料是木质刨花、建筑石膏以及适量的缓凝剂。增强材料除木质刨花外，还可使用非木材植物和麻类纤维。石膏刨花板的生产方法有湿法、干法和半干法，其中半干法具有节能、节水和确保质量、无污染、无废水排放等优点，故目前现行的生产工艺中也多采用半干法来生产石膏刨花板。

6.3.3　复合墙板

常用的复合墙板主要由承受（或传递）外力的结构层（多为混凝土或金属板）组成，其优点是承重材料和轻质保温材料的功能得到合理利用。轻型复合板是以绝热材料为芯材，以金属材料、非金属材料为面材，经不同方式复合而成，可分为工厂预制和现场复合两种。

6.3.3.1　钢丝网架水泥夹芯板

钢丝网架水泥夹芯板以芯材不同分为聚苯乙烯泡沫板、岩棉、矿渣棉、膨胀珍珠岩等，面层都以水泥砂浆抹面。此类板材包含了泰柏系列、3D 板系列等。

泰柏板是一种新型建筑材料，选用强化钢丝焊接而成的三维笼为构架，阻燃 EPS 泡沫塑料芯材组成，是目前取代轻质墙体最理想的材料，是以阻燃聚苯泡沫板，或岩棉板为板芯，两侧配以直径为 2mm 冷拔钢丝网片，钢丝网目 50mm×50mm，腹丝斜插过芯板焊接而成，主要用于建筑的围护外墙、轻质内隔断等。适用于高层、多层工业与民用建筑物。

泰柏板（双面钢丝网架板）广泛用于建筑业、装饰业内隔墙，围护墙，保温复合外墙和双轻体系（轻板，轻框架）的承重墙；可用于楼面，屋面，吊顶，新旧楼房加层和卫生间隔墙等；面层可作任何贴面装修。泰柏板作为一种新型建材，广泛用于框架结构的隔墙、轻型层面，可以减少使用黏土砖，降低能耗，减少生产污染。

6.3.3.2　金属面夹芯板

金属面夹芯板是指上下两层为金属薄板，芯材为有一定刚度的保温材料，如岩棉、硬质泡沫塑料等，在专用的自动化生产线上复合而成的具有承载力的结构板材，也称为"三明治"板。常用品种如下。

（1）按面层材料分类　镀锌钢板夹芯板、热镀锌彩钢夹芯板、电镀锌彩钢夹芯板、镀铝锌彩钢夹芯板和各种合金铝夹芯板等。

（2）按芯材材质分类　金属泡沫塑料夹芯板，如金属聚氨酯夹芯板（PUR）、金属聚苯夹芯板（EPS）；金属无机纤维夹芯板，如金属岩棉夹芯板、金属矿棉夹芯板、金属玻璃棉夹芯板等。

（3）按建筑物的使用部位分类　屋面板、墙板、隔墙板、吊顶板等。

6.4　天然石材

石材是指具有一定的物理、化学性能，可用作建筑材料的岩石。它分天然形成的和人工制造的两大类，用作砌体材料的一般是天然石材。天然石材资源丰富，使用历史悠久，是古老的建筑材料之一。由于天然石材具有抗压强度高、耐久性和耐磨性良好，资源分布广，便于就地取材等优点至今仍被广泛应用。但岩石也具有性质较脆、抗拉强度低、表观密度大、硬度高的特点，因此开采和加工都比较困难。

6.4.1 岩石的形成和分类

天然岩石按形成的原因不同可分为岩浆岩（火成岩）、沉积岩、变质岩 3 大类。

6.4.1.1 岩浆岩

岩浆岩又称火成岩，是由地壳内部熔融岩浆上升冷却结晶而成的岩石，它是组成地壳的主要岩石，具有结晶构造而没有层理。根据岩浆冷凝情况的不同，岩浆岩又分为以下 3 种。

① 深成岩。深成岩是地壳深处的岩浆在受到上部覆盖层压力的作用下，经缓慢冷凝而形成的岩石。其特点是矿物全部结晶而且晶粒较粗，呈块状结构，构造致密。具有抗压强度高，吸水率小，表观密度大及抗冻性好等性质。建筑工程常用的深成岩有花岗岩、正长岩、橄榄岩等。

② 喷出岩。喷出岩是岩浆冲破覆盖层喷出地表时，在压力骤减和迅速冷却的条件下而形成的岩石。由于其大部分岩浆喷出后还来不及完全结晶即凝固，因而常呈隐晶质（细小的结晶）或玻璃质结构。当喷出的岩浆形成较厚的岩层时，其岩石的结构和性质与深成岩相似；当形成较薄的岩层时，由于冷却速度快及气压作用而易形成多孔结构的岩石，其性质近似于火山岩。建筑工程常用喷出岩有玄武岩、辉绿岩、安山岩等。

③ 火山岩。火山岩是火山爆发时，岩浆喷到空中而急速冷却后形成的岩石。呈多孔玻璃质结构，表观密度小。建筑工程常用的火山岩有火山灰、浮石、火山凝灰岩等。

6.4.1.2 沉积岩

沉积岩又称水成岩。沉积岩是由露出地表的各种岩石经自然界的风化、搬运、沉积并重新成岩而形成的岩石，主要存在于地表及不太深的地下。其特点是层状结构，外观多层理，表观密度小，孔隙率和吸水率大，强度较低，耐久性较差。由于分布较广，加工较容易，在建筑上应用较广。根据沉积岩的生成条件可分为以下 3 种。

① 机械沉积岩。由自然风化而逐渐破碎松散的岩石及砂等，经风、雨、冰川、沉积等机械力的作用而重新压实或胶结而成的岩石，如砂岩、页岩等。

② 化学沉积岩。由溶解于水中的矿物质经聚积、沉积、重结晶、化学反应等过程而形成的岩石，如石膏、白云石等。

③ 有机沉积岩。由各种有机体的残骸沉积而成的岩石，如石灰岩、硅藻土等。

6.4.1.3 变质岩

变质岩是地壳中原有岩浆岩或沉积岩在地层的压力或温度作用下，原岩石在固体状态下发生再结晶作用，使其矿物成分、结构构造乃至化学成分发生部分或全部改变而形成的新岩石。其性质决定于变质前的岩石成分和变质过程。沉积岩形成变质岩后其建筑性能有所提高，如石灰岩和白云岩变质后得到的大理岩，比原来的岩石坚固耐久。而岩浆岩经变质后产生片状构造，性能反而下降，如花岗岩变质后成为片麻岩，则易于分层剥落、耐久性变差。

6.4.2 建筑石材的技术性能

6.4.2.1 表观密度

天然石材按表观密度大小分为：轻质石材表观密度≤1800kg/m³；重质石材表观密度＞1800kg/m³。

石材表观密度与其矿物组成和孔隙率有关，它能间接反映石材的致密程度和孔隙多少，在通常情况下，同种石材的表观密度愈大，其抗压强度愈高，吸水率愈小，耐久性愈好。

6.4.2.2 抗压强度

砌筑用石材的抗压强度是以边长为 70mm 的立方体抗压强度值来表示，根据抗压强值的大小，天然石材强度等级分为 MU100、MU80、MU60、MU50、MU40、MU30、MU20、MU15、MU10 等 9 个等级。常用岩石的性能、特点及用途见表 6-9。

表 6-9　常用岩石的性能、特点及用途

岩石种类	火成岩	沉积岩		变质岩
常用岩石	花岗岩	石灰岩	砂岩	大理岩
表观密度/(kg/m³)	2500~2700	1800~2600	2200~2500	2600~2700
抗压强度/MPa	110~250	22~140	47~140	70~110
抗折强度/MPa	8.5~15.0	1.8~20.0	3.5~14.0	6.0~16.0
抗剪强度/MPa	13.0~19.0	7.0~14.0	8.5~18.0	7.0~12.0
吸水率/%	0.2~1.7	0.1~6.0	0.7~13.8	0.1~0.8
耐用年限/年	75~200	20~200	20~200	40~200
特点	坚硬、耐腐蚀、耐冻、耐火性差	不耐酸侵蚀，强度差异大，细粒状的较坚硬，抗风化能力强	由硅、铁、钙质胶结的砂岩坚硬，强度较高	常呈层状结构，硬度较大，易风化，可磨光
用途	基础、桥、路、台阶、水利工程，耐酸工程、永久性纪念建筑	基础、墙、筑路、集料、烧制石灰及水泥的原料	基础、踏步、墙身、路面等	多用于室内装饰，如台面、地面、柱面、墙面及艺术品

石材的抗压强度大小，取决于矿物组成、结构与构造特征、胶结物种类及均匀性等因素。例如，组成花岗岩的主要矿物中石英是坚硬的矿物，其含量愈高则花岗岩的强度也愈高，云母为片状矿物，易于分裂成柔软薄片，因此，云母含量越多则其强度越低。结晶质石材比玻璃质石材料强度高，等颗粒状结构的强度比斑状的高，构造致密的强度比疏松多孔的高。具有层状、带状或片状结构的石材，其垂直于层理方向的抗压强度比平行于层理方向的高。沉积岩由硅质矿物胶结的，其抗压强度较高，由石灰质矿物胶结的次之，泥质矿物胶结的则较小。

6.4.2.3 耐水性

石材的耐水性用软化系数表示。根据软化系数大小，石材可分为 3 个等级，高耐水性石材：软化系数大于 0.90；中耐水性石材：软化系数在 0.7~0.9 之间；低耐水性石材：软化系数在 0.6~0.7 之间。一般软化系数低于 0.6 的石材，不允许用于重要建筑。

6.4.2.4 抗冻性

石材的抗冻性是用冻融循环次数来表示。也就是石材在水饱和状态下能经受规定条件下数次冻融循环，而强度降低值不超过 25%，重量损失不超过 5% 时，则认为抗冻性合格。石材的抗冻标号分为 D5、D10、D15、D25、D50、D100、D200 等。

石材的抗冻性与其矿物组成、晶粒大小及分布均匀性、胶结物的胶结性质等有关。

6.4.2.5 硬度

石材的硬度以莫氏或肖氏硬度表示。它取决于矿物的硬度与构造。凡由致密、坚硬矿物组成的石材，其硬度较高。石材的硬度与抗压强度具有良好的相关性，一般抗压强度越高，其硬度也越高。硬度越高，其耐磨性和抗刻划性越好，但表面加工越困难。

6.4.2.6 耐磨性

耐磨性是指石材在使用条件下抵抗摩擦、边缘剪切以及冲击等复杂作用的性质。石材的耐磨性以单位面积磨耗量表示。石材的耐磨性与其矿物的硬度、结构、构造特征以及石材的抗压强度和冲击韧性等有关。矿物愈坚硬、构造愈致密以及石材的抗压强度和冲击韧性愈高，石材的耐磨性愈好。

6.4.3 石材的加工类型及选用

6.4.3.1 毛石

毛石指形状不规则的块石。根据其外形又分为乱毛石和平毛石两种。乱毛石指各个面的形状均不规则的块石；平毛石指对乱毛石略经加工，形状较整齐，但表面粗糙的块石。

毛石主要用于砌筑基础、勒脚、墙身、挡土墙、堤坝等。

6.4.3.2 料石

料石指经人工凿琢或机械加工而成的规则六面体块石。按表面加工的平整度可分为四种，①毛料石：表面不经加工或稍加修整的料石；②粗料石：表面加工成凹凸深度不大于20mm的料石；③半细料石：表面加工成凹凸深度不大于10mm的料石；④细料石：表面加工成凹凸深度不大于2mm的料石。

料石常用致密的砂岩、石灰岩、花岗岩等开凿而成，常用于砌筑墙身、地坪、踏步、柱、拱和纪念碑等；形状复杂的料石制品也可用于柱头，柱基、窗台板、栏杆和其他装饰等。

6.4.3.3 板材

板材是用致密的岩石凿平或锯解而成的石材，一般使用大理石或花岗岩板材。它们具有耐磨、耐久性好、美观、无裂缝等特点。大理石板材主要用于室内装饰，但当空气中含有二氧化硫时，大理石面层会因风化而失去光泽和改变颜色并逐渐破损。花岗岩板材主要用于建筑工程的室外饰面。

6.4.3.4 石渣

石渣是将天然石材破碎加工而成的。石渣应颗粒坚硬，粒径均匀。有棱角，洁净，不含有风化的颗粒和其他杂质。石渣可作为水刷石、水磨石等装饰墙面的材料。

思 考 题

1. 普通黏土砖的强度等级是怎样划分的？砖的质量等级是依据哪些具体性能划分的？
2. 什么是红砖、青砖、内燃砖？如何鉴别欠火砖和过火砖？
3. 何为烧结普通砖的泛霜和石灰爆裂？它们对砌筑工程有何影响？
4. 简要说明普通黏土砖存在的缺点，并提出其可行的发展方向。
5. 试说明普通黏土砖耐久性的内容及规定这些内容的意义。
6. 砌筑 $10m^2$ 的 240 厚的砖墙需用普通黏土砖的块数是多少？
7. 空心砖的主要特点有哪些？与普通黏土砖相比，它有哪些优点？
8. 常用石材的种类有哪些？分别适合用在哪些环境？

第7章 合成高分子材料

【本章提要】 本章主要介绍合成高分子材料的基本知识、高分子材料在土木工程中的应用。学习目标：初步了解高分子材料的分子特征和性能特点；了解塑料及胶黏剂的组成与主要品种；区分土工合成材料的品种和应用。

高分子材料及其复合材料在土木工程中已得到广泛应用，世界上用于土木工程中的塑料约占土木工程材料用量的 11%，估计还会增加。高分子材料本身还存在一些缺陷，若与其他材料复合，可扬长避短，在土木工程中得到更好的应用。如塑钢门窗、聚合物混凝土、塑钢管道、塑铝管道等复合材料在土木工程中应用已显示出优势。其中，铝塑板这种高分子复合材料在土木工程中的应用发展是一个典例。

20 世纪 60 年代，为满足运输行业对材料轻、薄、表面质量好，以及提高成型性能从而减少加工成本的要求，德国技术人员利用工字钢原理发明了铝塑复合板。铝塑板是以塑料为芯层，外贴铝板的三层复合板材，并在表面施加装饰材料或保护性涂层。铝塑复合板以其质量轻、装饰性强、施工方便的特点，在国内外得到广泛应用。而其本身质量也在不断提高和发展。

在 20 世纪 60 年代，随着各项建筑规范更加苛刻和严格，德国、瑞士及法国等发达国家对以聚乙烯为芯材的复合板的防火性能提出了疑问，并规定了使用高度的限制。为适应市场的新要求，于 1990 年又开发出达到不燃级防火的铝塑复合板。该产品在任何国家都没有使用高度上的限制要求。

铝塑板的发展历史，正是一个建材产品不断创新、不断完善的历程。我们可以从中得到许多有益的启示。

高分子化合物又称高分子聚合物（简称高聚物），高聚物是组成单元相互多次重复连接而构成的物质，因此其分子量很大，但化学组成都比较简单，都是由许多低分子化合物聚合而形成的。例如，聚乙烯分子结构为：

$$-CH_2-CH_2-CH_2-CH_2\left.\right[CH_2-CH_2\left.\right]_n$$

这种很长的结构称为分子链，可简写为：

$$\left[CH_2-CH_2\right]_n$$

可见聚乙烯是由低分子化合物乙烯聚合而成，这种可以聚合成高聚物的低分子化合物，称为"单体"，而组成高聚物最小重复结构单元称为"链节"，如 $-CH_2-CH_2-$，高聚物中所含链节的数目 n 称为"聚合度"，高聚物的聚合度一般为 $1\times10^3 \sim 1\times10^7$，因此其分子量必然很大。

7.1 合成高分子材料的基本知识

7.1.1 合成高分子材料的分子特征

高分子化合物按其链节在空间排列的几何形状，可分为线型聚合物和体型聚合物两类。

7.1.1.1 线型聚合物

线型聚合物各链节连接成一个长链 [图 7-1(a)]，或带有支链 [图 7-1(b)]。这种聚合物可以溶解在一定溶剂中，可以软化，甚至熔化。属于线型无支链结构的聚合物有：聚苯乙烯（PS）、用低压法制造的高密度聚乙烯（HDPE）和聚酯纤维素分子等。属于线型带支链结构的聚合物有：低密度聚乙烯（LDPE）和聚醋酸乙烯（PVAC）等。

7.1.1.2 体型聚合物

体型聚合物是线型大分子间相互交联，形成网状的三维聚合物 [图 7-1(c)]。这种聚合物制备成型后再加热时不软化，也不能流动。属于体型高分子（网状体结构）的聚合物有：酚醛树脂（PF）、不饱和聚酯（UP）、环氧树脂（EP）、脲醛树脂（UF）等。

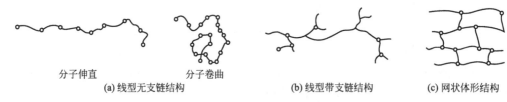

|分子伸直 | 分子卷曲 | | |
| (a) 线型无支链结构 | | (b) 线型带支链结构 | (c) 网状体形结构 |

图 7-1 高分子化合物结构示意图

7.1.2 合成高分子材料的性能特点

高分子材料之所以能在建筑中得到如此广泛的应用，是由于它与其他建筑材料相比，其性能具有如下优缺点。

7.1.2.1 合成高分子材料的性能优点

（1）优良的加工性能　如塑料可以采用比较简便的方法加工成多种形状的产品。

（2）质轻　如大多数塑料密度在 $0.9 \sim 2.2 g/cm^3$ 之间，平均为 $1.45 g/cm^3$，约为钢的 1/5。

（3）导热系数小　如泡沫塑料的导热系数只有 $0.02 \sim 0.046 W/(m \cdot K)$，约为金属的 1/1500，混凝土的 1/40，砖的 1/20，是理想的绝热材料。

（4）化学稳定性较好　一般塑料对酸、碱、盐及油脂均有较好的耐腐蚀能力。其中最为稳定的聚四氟乙烯，仅能与熔融的碱金属反应，与其他化学物品均不起作用。

（5）电绝缘性好

（6）功能的可设计性强　可通过改变组成配方与生产工艺，在相当大的范围内制成具有各种特殊性能的工程材料，如强度超过钢材的碳纤维复合材料，密封、防水材料等。

（7）出色的装饰性能　比如各种塑料制品，不仅可以着色，而且色彩鲜艳耐久，并可通过照相制版印刷，模仿天然材料的纹理（如木纹、花岗石、大理石纹等），达到以假乱真的程度。装饰涂料可根据需要调成任何颜色，甚至多彩。

7.1.2.2 合成高分子材料的性能缺点

（1）易老化　老化是指高分子化合物在阳光、空气、热以及环境介质中的酸、碱、盐等作用下，分子组成和结构发生变化，致使其性质变化，如失去弹性、出现裂纹、变硬、变脆或变软、发黏失去原有的使用功能的现象。塑料、有机涂料和有机胶黏剂都会出现老化。目前采用的防老化措施主要有改变聚合物的结构，加入防老化剂的化学方法和涂防护层的物理方法。

（2）可燃性及毒性　高分子材料一般属于可燃的材料，但可燃性受其组成和结构的影响有很大差别。如聚苯乙烯遇火会很快燃烧起来，聚氯乙烯则有自熄性，离开火焰会自动熄灭。部分高分子材料燃烧时发烟，产生有毒气体。一般可通过改进配方制成自熄和难燃甚至不燃的产品。不过其防火性仍比无机材料差，在工程应用中应予以注意。

（3）耐热性差　高分子材料的耐热性能普遍较差，如使用温度偏高会促进其老化，甚至分解；塑料受热会发生变形，在使用中要注意其使用温度的限制。

7.2　建筑塑料

7.2.1　建筑塑料的基本组成

建筑上常用的塑料制品绝大多数都是以合成树脂（即合成高分子化合物）和添加剂组成的多组分材料，但也有少部分建筑塑料制品例外，如"有机玻璃"，它是由聚甲基丙烯酸甲酯（PMMA）的合成的树脂，在聚合反应中不加入其他组分，制成的具有较高机械强度和良好抗冲击性能，且有高透明度的有机高分子材料。

7.2.1.1　合成树脂

合成树脂在塑料中主要起胶结作用，通过胶结作用把填充料等胶结成坚实整体。因此，塑料的性质主要取决于树脂的性质。在一般塑料中合成树脂约占30%～60%。

7.2.1.2　添加剂

为了改善塑料的某些性能而加入的物质统称为添加剂。不同塑料所加入的添加剂不同，常用的添加剂类型有如下几种。

① 填料。填料又称填充剂，它是绝大多数建筑塑料制品中不可缺少的原料，填料又常常占塑料组成材料的40%～70%。其作用有：提高塑料的强度和刚度；减少塑料在常温下的蠕变现象及改善热稳定性；降低塑料制品的成本，增加产量；在某些建筑塑料中，填料还可以提高塑料制品的耐磨性、导热性、导电性及阻燃性，并可改善加工性能。常用的填充有木屑、滑石粉、石灰石粉、炭黑、铝粉和玻璃纤维等。

② 增塑剂。增塑剂在塑料中掺加量不多，但却是不可缺少助剂之一。其作用有：提高塑料加工时的可塑性及流动性；改善塑料制品的柔韧性。常用的增塑剂有：用于改善加工性能及常温的柔韧性的邻苯二甲酸二丁酯（DBP），邻苯二甲酸二辛酯（DOP）；属于耐寒增塑剂的脂肪族二元酸酯类增塑剂等。

③ 其他添加剂。根据建筑塑料使用及成型加工中的需要，还有着色剂、固化剂、稳定剂、偶联剂、润滑剂、抗静电剂、发泡剂、阻燃剂、防霉剂等。

7.2.2　建筑塑料的分类及主要性能

建筑上常用的塑料可分为热塑性塑料和热固性塑料，其主要性能见表7-1。

表 7-1　建筑上常用塑料的性能

性　能	热塑性塑料					热固性塑料	
	聚氯乙烯（硬）	聚氯乙烯（软）	聚乙烯	聚苯乙烯	聚丙烯	酚醛	有机硅
密度/(g/cm³)	1.35～1.45	1.3～1.7	0.92	1.04～1.07	0.90～0.91	1.25～1.36	1.65～2.00
拉伸强度/MPa	35～65	7～25	11～13	35～63	30～63	49～56	—
伸长率/%	20～40	200～400	200～550	1～1.3	>200	1.0～1.5	
抗压强度/MPa	55～90	7～12.5	—	80～110	39～56	70～210	110～170
抗弯强度/MPa	70～110	—		55～110	42～56	85～105	48～54

续表

性　能	热塑性塑料					热固性塑料	
	聚氯乙烯（硬）	聚氯乙烯（软）	聚乙烯	聚苯乙烯	聚丙烯	酚醛	有机硅
弹性模量/MPa	2500～4200	—	130～250	2800～4200	—	5300～7000	—
线膨胀系数/$10^{-5}℃^{-1}$	5～18.5	—	16～18	6～8	10.8～11.2	5～6.0	5～5.8
耐热/℃	50～70	65～80	100	65～95	100～120	120	300
耐溶剂性	溶于环己酮	溶于环己酮	室温下无溶剂	溶于芳香族溶剂	室温下无溶剂	不溶于任何溶剂	溶于芳香族溶剂

7.2.3　塑料型材及管材

7.2.3.1　塑料型材

（1）塑料地板　塑料地板包括用于地面装饰的各类塑料块板和铺地卷材。塑料地板不仅起着装饰、美化环境的作用，还赋予步行者以舒适的脚感、御寒保温，对减轻疲劳、调整心态有重要作用。塑料地板可应用于绝大多数的公用建筑，如办公楼、商店、学校等地面。另外，以乙炔黑作为导电填料的防静电 PVC 地板广泛用于邮电部门、实验室、计算机房、精密仪表控制车间等的地面铺设，以消除静电危害。

为了保护人民群众的身体健康，国家制订的《室内装饰装修材料　聚氯乙烯卷材地板中有害物质限量》(GB 18586—2001)中除规定禁止使用铅盐做稳定剂外，在标准限量指标上也着重控制氯乙烯单体、铅、镉含量和有机化合物挥发总量，具体指标见表 7-2。

表 7-2　聚乙烯卷材地板中有害物质限量值

	发泡类卷材地板		非发泡类卷材地板	
	玻璃纤维基材	其他基材	玻璃纤维基材	其他基材
挥发物限量/(g/m²)	≤75	≤35	≤40	≤10
氯乙烯单体	不大于 5mg/kg			
可溶性铅	不大于 20mg/kg			
可溶性镉	不大于 20mg/kg			

（2）塑料门窗　由于塑料具有容易加工成型和易拼装的优点，其门窗结构型式的设计有更大的灵活性，常见的塑料窗有侧开窗（又称推拉窗）和平开窗两种。

塑料门按其结构形式主要有以下三种：镶板门、框板门和折叠门。

塑料门窗与钢、木门窗及铝合金门窗相比有以下特点。

① 隔热性能优异。常用聚氯乙烯（PVC）的导热系数虽与木材相近，但由于塑料门窗框、扇均为中空异型材，密闭空气层导热系数极低，所以它的保温隔热性能远优于木门窗，比钢门窗可节约大量能源。

② 气密性、水密性好。塑料门窗所用的中空异型材，抗压成形，尺寸准确，而且型材侧面带有嵌固弹性密封条的凹槽，使密封性大为改善，如当风速为 40km/h 时，空气泄漏量仅为 0.03m³/min。密封性的改善不仅提高了水密性、气密性，也减少了进入室内的尘土，改善了生活、工作环境。

③ 装饰性好。塑料制品可根据需要设计出各种颜色和样式，门窗尺寸准确，一次成型，具有良好的装饰性。考虑到吸热及老化问题，外窗多为白色。

④ 加工性能好。利用塑料易加工成型的优点,只要改变模具,即可挤压出适合不同风压强度要求及建筑功能要求的复杂断面的中空异型材。

⑤ 隔声性能好。塑料窗的隔声效果优于普通窗。按德国工业标准 DIN4109 试验,塑料门窗隔声达 30dB,而普通窗的隔声只有 25dB。

另外,塑料门窗应具有较好的耐老化性能。生产时应在塑料门窗用树脂中加入适当的抗老化剂,使其抗老化性有可靠的保证。德国最早使用的塑料门窗至今已有 30 余年,除光泽稍有变化外,性能无明显变化。

(3) 塑料墙纸　塑料墙纸是以一定材料为基材,表面进行涂塑后,再经过印花、压花或发泡处理等多种工艺而制成的一种墙面装饰材料。它是目前国内外使用广泛的一种室内墙面装饰材料,也可用于天棚、梁柱以及车辆、船舶、飞机的表面的装饰。塑料墙纸一般分为三类:普通墙纸、发泡墙纸和特种墙纸。

此外,按壁纸生产的原材料还有纸质壁纸、纺织纤维壁纸、麻草壁纸、金属壁纸、木片壁纸、静电植绒壁纸、玻璃纤维墙布、无纺贴墙布和化纤装饰贴墙布等。每类壁纸的特性与所用原材料的性能有密切关系。

(4) 玻璃钢建筑制品　常见的玻璃钢建筑制品是用玻璃纤维及其织物为增强材料,以热固性不饱和聚酯树脂(UP)或环氧树脂(EP)等为胶黏材料制成的一种复合材料。它的质量小,强度接近钢材,因此人们常把它称为玻璃钢。常见的玻璃钢建筑制品有玻璃钢波形瓦、玻璃钢采光罩、玻璃钢卫生洁具等。

7.2.3.2　塑料管材

(1) 硬质聚氯乙烯(UPVC)塑料管　UPVC 管是使用最普遍的一种塑料管,约占全部塑料管材的 80%。UPVC 管的特点是有较高的硬度和刚度,许用应力一般在 10MPa 以上,价格比其他塑料管低,故 UPVC 管在产量中居第一位。UPVC 管分有Ⅰ型、Ⅱ型和Ⅲ型产品。Ⅰ型是高强度聚氯乙烯管,这种管在加工过程中,树脂添加剂中增塑剂成分为最低,所以通常称作未增塑聚氯乙烯管,因而具有较好的物理和化学性能,其热变形温度为 70℃,最大的缺点是低温下较脆,冲击强度低。Ⅱ型管又称耐冲击聚氯乙烯管,它是在制造过程中,加入了 ABS、CPE 或丙烯酸树脂等改性剂,因此其抗冲击性能比Ⅰ型高,热变形温度比Ⅰ型低,为 60℃。Ⅲ型管为氯化聚氯乙烯管,使用温度可达 100℃,可作沸水管道用材。UPVC 管的使用范围很广,可用作给水、排水、灌溉、供气、排气等管道,住宅生活用管道,工矿业工艺管道以及电线、电缆套管等。

(2) 聚乙烯(PE)塑料管　聚乙烯塑料管的特点是比重小、强度与重量比值高,脆化温度低(-80℃),优良的低温性能和韧性使其能抗车辆和机械振动、冰冻和解冻及操作压力突然变化的破坏。聚乙烯管性能稳定,在低温下亦能经受搬运和使用中的冲击;不受输送介质中液态烃的化学腐蚀;管壁光滑,介质流动阻力小。高密度聚乙烯(HDPE)管耐热性能和机械性能均高于中密度和低密度聚乙烯管,是一种难透气、透湿,最低渗透性的管材。中密度聚乙烯(MDPE)管既有高密度聚乙烯管的刚性和强度,又有低密度聚乙烯管良好的柔性和耐蠕变性,比高密度聚乙烯管有更高的热熔连接性能,对管道安装十分有利,其综合性能高于高密度聚乙烯管。低密度聚乙烯(LDPE)管的特点是化学稳定性和高频绝缘性能十分优良;柔软性、伸长率、耐冲击和透明性比高、中密度聚乙烯管好,但管材许用应力仅为高密度聚乙烯管的一半(高密度聚乙烯管为 5MPa,低密度聚乙烯为 2.5~3MPa)。聚乙烯管材中,中密度和高密度管材最适宜作城市燃气和天然气管道,特别是中密度聚乙烯管材更受欢迎。低密度聚乙烯管宜作饮用水管、电缆导管、农业喷洒管道、泵站管道,特别是用于需要移动的管道。

（3）聚丙烯（PP）塑料管和无规共聚聚丙烯（PP-R）塑料管

① 聚丙烯（PP）塑料管。聚丙烯（PP）塑料管与其他塑料管相比，具有较高的表面硬度、表面光洁度，流体阻力小，使用温度范围为 100℃ 以下；许用应力为 5MPa；弹性模量为 130MPa。聚丙烯管多用作化学废料排放管、化验室废水管、盐水处理管及盐水管道。

② 无规共聚聚丙烯（PP-R）塑料管。聚丙烯塑料管的使用温度有一定的限制，为此可以在聚合时掺入少量的其他单体，如乙烯、1-丁烯等进行共聚。由丙烯和少量其他的单体共聚的聚丙烯称为共聚聚丙烯，共聚聚丙烯可以减少聚丙烯高分子链的规整性，从而减少聚丙烯的结晶度，达到提高聚丙烯韧性的目的。共聚聚丙烯又分为嵌段共聚聚丙烯和无规共聚聚丙烯。无规共聚聚丙烯具有优良的韧性和抗温度变形性能，能耐 95℃ 以上的沸水，低温脆化温度可降至 −15℃，是制作热水管的优良材料，现已在建筑工程中广泛应用。

（4）其他塑料管

① ABS 塑料管。ABS 塑料管使用温度为 90℃ 以下，许用压力在 7.6MPa 以上。由于 ABS 塑料管具有比硬聚乙烯管、聚乙烯管更高的冲击韧性和热稳定性，因此可用作工作温度较高的管道。在国外，ABS 塑料管常用作卫生洁具下水管、输气管、污水管、地下电气导管、高腐蚀工业管道等。

② 聚丁烯（PB）塑料管。聚丁烯柔性与中密度聚乙烯相似，强度特性介于聚乙烯和聚丙烯之间，聚丁烯具有独特的抗蠕变（冷变形）性能。因此需要较大负荷才能达到破坏，这为管材提供了额外安全系数，使之能反复绞缠而不折断。其许应力为 8MPa，弹性模量为 50MPa，使用温度范围为 95℃ 以下。聚丁烯塑料管在化学性质上不活泼，能抗细菌、藻类或霉菌，因此，可用作地下埋设管道。聚丁烯塑料管主要用作给水管、热水管、楼板采暖供热管、冷水管及燃气管道。

③ 玻璃钢（FRP）管。玻璃纤维增强塑料俗称玻璃钢。玻璃钢管具有强度高、质量小、耐腐蚀、不结垢、阻力小、耗能低、运输方便、拆装简便、检修容易等优点。玻璃钢管主要用作石油化工管道和大口径给排水管。

④ 复合塑料管。随着材料复合技术的迅速发展，以及各行各业对管材性能愈来愈高的要求，出现了塑料管材的复合化。复合的类型主要有如下几种：热固性树脂玻璃钢复合热塑性塑料管材、热固性树脂玻璃钢复合热固性塑料管材、不同品种热塑性塑料的双层或多层复合管材以及与金属复合的管材等。

7.3　胶黏剂

7.3.1　胶黏剂的基本要求

胶黏剂是能将各种材料紧密地黏结在一起的物质的总称。

为将材料牢固地黏结在一起，胶黏剂必须具有以下基本要求：适宜的黏度，适宜的流动性；具有良好的浸润性，能很好地浸润被黏结材料的表面；在一定的温度、压力、时间等条件下，可通过物理和化学作用固化，并可调节其固化速度；具有足够的黏结强度和较好的其他性能。

除此之外，胶黏剂还必须对人体无害。我国已制定了《室内装饰装修材料　胶粘剂中有害物质限量》（GB 18583—2008）的强制性国家标准。胶黏剂中有害物质限量见表 7-3 和表7-4。

表 7-3　溶剂型胶黏剂中有害物质限量值

项　目	指　标			
	氯丁橡胶胶黏剂	SBS 胶黏剂	聚氨酯类胶黏剂	其他胶黏剂
游离甲醛/(g/kg)	≤0.50		—	—
苯/(g/kg)	≤5.0			
甲苯＋二甲苯/(g/kg)	≤200	≤150	≤150	≤150
甲苯二异氰酸酯/(g/kg)	—		≤10	—
二氯甲烷/(g/kg)	总量≤5.0	≤50	—	≤50
1,2-二氯乙烷/(g/kg)		总量≤5.0		
1,1,2-三氯乙烷/(g/kg)				
三氯乙烯/(g/kg)				
总挥发性有机物/(g/L)	≤700	≤650	≤700	≤700

注：如产品规定了稀释比例或产品有双组分或多组分组成时，应分别测定稀释剂和各组分中的含量，再按产品规定的配比计算混合后的总量。如稀释剂的使用量为某一范围时，应按照推荐的最大稀释量进行计算。

表 7-4　水基型胶黏剂中有害物质限量值

项　目	指　标				
	缩甲醛类胶黏剂	聚乙酸乙烯酯胶黏剂	橡胶类胶黏剂	聚氨酯类胶黏剂	其他胶黏剂
游离甲醛/(g/kg)	≤1.0	≤1.0	≤1.0	—	≤1.0
苯/(g/kg)	≤0.20				
甲苯＋二甲苯/(g/kg)	≤10				
总挥发性有机物(g/L)	≤350	≤110	≤250	≤100	≤350

7.3.2　胶黏剂的基本组成材料

胶黏剂一般都是由多组分物质所组成，常用胶黏剂的主要组成成分有以下几种。

7.3.2.1　黏结料

黏结料简称黏料，它是胶黏剂中最基本的组分，它的性质决定了胶黏剂的性能、用途和使用工艺。一般胶黏剂是用黏料的名称来命名的。

7.3.2.2　固化剂

有的胶黏剂（如环氧树脂）若不加固化剂本身不能变坚硬的固体。固化剂也是胶黏剂的主要成分，其性质和用量对胶黏剂的性能起着重要作用。

7.3.2.3　增韧剂

为了提高胶黏剂硬化后的韧性和抗冲击能力，常根据胶黏剂种类，加入适量的增韧剂。

7.3.2.4　填料

填料一般在胶黏剂中不发生化学反应，但加入填料可以改善胶黏剂的机械性能。同时，填料价格便宜，可显著降低胶黏剂的成本。

7.3.2.5　稀释剂

加稀释剂主要是为了降低胶黏剂的黏度，便于操作，提高胶黏剂的湿润性和流动性。

7.3.2.6　改性剂

为了改善胶黏剂某一性能，满足特殊要求，常加入一些改性剂。如为提高胶接强度，可加入偶联剂。另外，还有防老化剂、稳定剂、防腐剂、阻燃剂等多种。

7.3.3 土木工程常用的胶黏剂性能特点及应用

7.3.3.1 热塑性树脂胶黏剂

聚醋酸乙烯胶黏剂是常用的热塑性树脂胶黏剂，俗称白乳胶。它是一种使用方便、价格便宜，应用广泛的一种非结构胶。它对各种极性材料有较高的黏附力，但耐热性、对溶剂作用的稳定性及耐水性较差，只能作为室温下使用的非结构胶。

还需指出的是，原广泛使用的聚乙烯醇缩醛胶黏剂已被淘汰。因为它不仅容易吸潮、发霉，而且会有甲醛释放，污染环境。

7.3.3.2 热固性树脂胶黏剂

① 不饱和聚酯树脂胶黏剂。它主要由不饱和聚酯树脂、引发剂（室温下引发固化反应的助剂）、填料等组成，改变其组成可以获得不同性质和用途的胶黏剂。不饱和聚酯树脂胶黏剂的粘接强度高，抗老化性及耐热性好，可在室温下和常压下固化，但固化时的收缩大，使用时须加入填料或玻璃纤维等。不饱和聚酯树脂胶黏剂可用于粘接陶瓷、玻璃、木材、混凝土和金属等结构构件。

② 环氧树脂胶黏剂。它主要由环氧树脂、固化剂、填料、稀释剂、增韧剂等组成。改变胶黏剂的组成可以得到不同性质和用途的胶黏剂。环氧树脂胶黏剂的耐酸、耐碱侵蚀性好，可在常温、低温和高温等条件下固化，并对金属、陶瓷、木材、混凝土、硬塑料等均有很高的黏附力。在粘接混凝土方面，其性能远远超过其他胶黏剂，广泛用于混凝土结构裂缝的修补和混凝土结构的补强与加固。

7.3.3.3 合成橡胶胶黏剂

① 氯丁橡胶胶黏剂。它是目前应用最广的一种橡胶胶黏剂，主要由氯丁橡胶、氧化锌、氧化镁、填料、抗老化剂和抗氧化剂等组成。氯丁橡胶胶黏剂对水、油、弱碱、弱酸、脂肪烃和醇类都具有良好的抵抗力，可在$-50\sim80℃$的温度下工作，但具有徐变性，且易老化。建筑上常用在水泥混凝土或水泥砂浆的表面上粘贴塑料或橡胶制品等。

② 丁腈橡胶胶黏剂。它的最大的优点是耐油性好，剥离强度高，对脂肪烃和非氧化性酸具有良好的抵抗力。根据配方的不同，它可以冷硫化，也可以在加热和加压过程中硫化。为获得良好的强度和弹性，可将丁腈橡胶与其他树脂混合使用。丁腈橡胶胶黏剂主要用于粘接橡胶制品，以及橡胶制品与金属、织物、木材等的粘接。

7.4 土工合成材料

土工合成材料是一种新型的岩土工程材料，它以人工合成的聚合物，即塑料、化学纤维、合成橡胶为原料，制造成各种类型的产品，置于土体内部、表面或各层土体之间，发挥过滤、排水、隔离、加筋、防渗、防护等作用。土工合成材料可分为土工织物、土工膜、复合土工合成材料和特种土工合成材料等类型，广泛用于水利、电力、公路、铁路、建筑、海港、采矿、机场、军工、环保等工程的各个领域。

土工合成材料在我国岩土工程和土木建筑工程中的应用，开始于 20 世纪 60 年代中期，首先是土工膜在渠道防渗方面的应用，较早的工程有河南人民胜利渠、陕西人民引渭渠、北京东北旺灌区和山西的几处灌区。其主要原料是聚氯乙烯，也有聚乙烯，土工膜厚度为 $0.12\sim0.38mm$，效果都很好。之后推广到水库、水闸和蓄水池等工程。1965 年，为了防治辽宁桓仁水电站混凝土支墩坝的裂缝漏水，用沥青聚氯乙烯热压膜锚固并粘贴于上游坝面，取得了良好的防渗效果，这是我国利用土工合成材料处理混凝土坝裂缝的首例。

7.4.1　土工合成材料的功能及主要应用

土工合成材料的功能是多方面的。综合起来，可以归纳为以下六种基本作用。

7.4.1.1　土工合成材料的过滤作用

把针刺土工织物置于土体表面或相邻土层之间，可以有效地阻止土颗粒通过，从而防止由于土颗粒的过量流失而造成土体的破坏。同时允许土中的水或气体穿过织物自由排出，以免由于孔隙水压力的升高而造成土体的失稳等不利后果。把土工织物置于挟有泥沙的流水之中，可以起截留泥沙的作用。

7.4.1.2　土工合成材料排水作用

有些土工合成材料可以在土体中形成排水通道，把土中的水分汇集起来，沿着材料的平面排出体外。较厚的针刺非织造土工布和某些具有较多孔隙的复合土工合成材料都可以起排水作用。

7.4.1.3　土工合成材料隔离作用

有些土工合成材料能够把两种不同粒径的土、砂、石料，或把土、砂、石料与地基或其他建筑材料隔离开来，以免相互混杂，失去各种材料和结构的完整性，或预期作用，或发生土粒流失现象。土工织物和土工膜都可以起隔离作用。

7.4.1.4　土工合成材料加筋作用

很多土工合成材料埋在土体之中，可以分布土体的应力，增加土体的模量，传递拉应力，限制土体侧向位移；还增加土体和其他材料之间的摩擦阻力，提高土体及有关构筑物的稳定性。土工织物、土工格栅、土工加筋带、土工网及一些特种或复合型的土工合成材料，都具有加筋功能。

7.4.1.5　土工合成材料防渗作用

土工膜和复合土工合成材料，可以防止液体的渗漏，气体的挥发，保护环境或建筑物的安全。

7.4.1.6　土工合成材料防护作用

多种土工合成材料对土体或水面，可以起防护作用。

7.4.2　土工合成材料的分类及产品

7.4.2.1　土工织物

土工织物属于透水的土工合成材料，以前叫土工布，所用的原材料一般为丙纶、涤纶或其他合成纤维。按制造工艺的不同，分为以下三大类：①针织土工织物，目前很少采用；②有纺织物或机织型土工织物，产量占土工织物总产量的 20% 左右；③无纺织物或非织造型土工织物，产量占土工织物总产量的 80% 以上。

7.4.2.2　土工膜

制造土工膜的合成聚合物细分为两类。①塑料类，主要有：聚氯乙烯、低密度聚乙烯、中密度聚乙烯、高密度聚乙烯等；②合成橡胶类，主要有：丁基橡胶、环氧丙烷橡胶、氯磺化聚乙烯、三元乙丙橡胶（EPDM）等。

7.4.2.3　其他土工合成材料

（1）土工网　土工网是聚合物条带或粗股条编织或合成树脂压制成的只有放大孔眼和刚度较大的平面结构，网孔的形状、大小、厚度和制造方法对土工网的特性影响很大，尤其是力学特性。土工网主要用作垫层加固软基、植草和复合排水材料的基材。

（2）土工格栅 首先在塑料板上冲孔，然后对塑料板沿一个方向或相互垂直的两个方向进行拉伸，实现分子的定向排列、大幅度地提高强度和弹性模量，形成带有矩形孔或方形孔的格栅状结构。原材料多为聚丙烯和聚乙烯。土工格栅的优点是强度高、延伸率低、弹性模量高、蠕变量小、强抗摩擦性、强抗腐蚀性和抗老化等。土工格栅按生产时拉伸的方向分为单向土工格栅和双向土工格栅。土工格栅主要用于加筋土和软基处理工程。

（3）土工格室 土工格室是用聚合物通过挤出加工方法制成的蜂窝状和网格状的三维结构，运输和储存时缩叠起来，施工时张开并充填土、砂、砾石或混凝土，能有效地限制格室内的填料，构成具有高侧向约束和高刚度的三维结构。土工格室可用作垫层处理软土地基，铺设在坡面作为坡面防护、建造支挡结构。

（4）土工席垫 土工席垫是由很多粗硬呈卷曲状的单丝相互缠绕并在接点融粘连接形成的三维透水网垫，网络疏松，孔隙率大，约为90%以上。土工席垫可以保护表土，保证植物根系的扎根与生长，防止风蚀和雨冲。

（5）土工模袋 土工模袋是双层聚合物化纤织物制成连续的或单独的袋状材料，可以代替模板用高压泵将混凝土或砂浆灌入模袋中形成板状，用于扩坡等工程。模袋在工厂制造，灌注在现场进行。根据模袋的材质和加工工艺的不同，土工模袋分为机制模袋和简易模袋。机制模袋按有无反滤排水点和充胀后的形状分为有反滤排水点模袋（FP 型）、无反滤排水点模袋（YP 型）、无排水点混凝土模袋（CX 型）、铰链块型模袋（RB 型）和框格形模袋（NB 型）。

思 考 题

1. 建筑塑料与传统建筑材料相比有哪些特点？
2. 热塑性塑料和热固性塑料在物理性质和机械性质方面有哪些差异？
3. 聚氯乙烯塑料在物理性质、机械性质和化学性质方面有哪些特点？
4. 何为玻璃钢？玻璃钢有哪些特点和用途？
5. 列举出 10 种日常生活中见到的建筑塑料制品名称。

第8章 木材

【本章提要】 主要介绍木材的分类与构造，木材的主要性质、应用及防护与防火等内容。学习目标是：掌握木材的主要性质和应用，熟悉木材的种类、防护与防火等内容。

8.1 木材的分类与构造

8.1.1 树木的分类

树木按树叶外观形状不同分针叶树和阔叶树两大类。

8.1.1.1 针叶树

针叶树树叶细长，树干通直高大，易得大材，其纹理顺直，材质均匀，木质较软而易于加工，故又称软木材。

针叶树材强度较高，表观密度和胀缩变形较小，耐腐性较强，是建筑工程中的主要用材，广泛用作承重构件、制作模板、门窗等。常用树种有松、杉、柏等。

8.1.1.2 阔叶树

阔叶树树叶宽大，多数树种的树干通直部分较短，材质坚硬，较难加工，故又称硬木材。

阔叶树材一般表观密度较大，胀缩和翘曲变形大，易开裂，在建筑中常用作尺寸较小的装修和装饰。阔叶树又可分为两种，一种材质较硬，纹理也清晰美观，如樟木、水曲柳、桐木、柞木、榆木等；另一种材质并不很坚硬（有些甚至与针叶树一样松软），且纹理也不很清晰，但质地较针叶木要更为细腻，属于这一类的木材主要有桦木、椴木、山杨、青杨等树种。

8.1.2 木材的构造

木材的构造决定其性质，针叶树和阔叶树的构造略有不同，故其性质有差异。了解木材的构造可从宏观和微观两个方面进行。

8.1.2.1 木材的宏观构造

木材的宏观构造是指用肉眼和放大镜就能观察到的木材组织。通常从树干的三个切面上来进行剖析，即横切面（垂直于树轴的面）、径切面（通过树轴的面）和弦切面（平行于树轴的面），如图 8-1 所示。

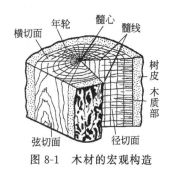

图 8-1 木材的宏观构造

树木是由树皮、木质部和髓心三部分组成（图 8-1），一般树的树皮均无使用价值。髓心在树干中心，质地松软，易于腐朽，对材质要求高的用材不得带有髓心。建筑使用的木材主要是树木的木质部。木质部的颜色不均，一般而言，接近树干中心者木色较深，称心材，靠近外围的部分颜色较浅，称边材。

从横切面上可看到木质部具有深浅相间的同心圆环，称为年轮，在同一年轮内，春天生长的木质，色较浅，质较松，称为春材（早材），夏秋两季生长的木质色较深，质较密，称为夏材（晚材）。相同树种，年轮越密而均匀，材质越好；夏材部分越多，木材强度越高。

从髓心向外的辐射线，称为木射线，木射线与周围连接较差，木材干燥时易沿木射线开裂，但木射线和年轮组成了木材美丽的天然纹理。

8.1.2.2　木材的微观结构

木材的微观结构是指在显微镜下观察到的木材组织。在显微镜中可以看到，木材是由无数管状细胞紧密结合而成，它们绝大部分为纵向排列，少数横向排列（如木射线）。每个细胞又由细胞壁和细胞腔两部分组成，细胞壁是由细纤维组成，细纤维之间可以吸附和渗透水分，细胞腔是由细胞壁包裹而成的空腔。细胞壁承受力的作用，所以木材的细胞壁越厚，细胞腔越小，木材越密实，其表观密度和强度也越大，但胀缩变形也大。与春材相比，夏材的细胞壁较厚。

针叶树显微结构简单而规则，它主要由管胞和木射线组成，且其木射线较细而不明显。阔叶树显微结构较复杂，其最大的特点是木射线很发达，粗大而明显。

8.2　木材的性能

8.2.1　木材的含水率及吸湿性

木材的含水率是指木材所含水量占干燥木材质量的百分数。含水率的大小对木材的湿胀干缩和强度影响很大。新伐木材的含水率常在35％以上；风干木材的含水率为15％～25％；室内干燥木材的含水率为8％～15％。

木材中主要有三种水，即自由水的变化只与木材的表观密度、含水率、燃烧性等有关。吸附水是被吸附在细胞壁内细纤维之间的水分。吸附水的变化是影响木材强度和胀缩变形的主要因素。结合水是指木材中的化合水，它在常温下不变化，故其对木材常温下性质无影响。

当木材细胞腔与细胞间隙中无自由水，而细胞壁内吸附水达到饱和时的含水率称为纤维饱和点。木材纤维饱和点是木材物理力学性质发生变化的转折点。

木材的吸湿性是双向的，即干燥木材能从周围空气中吸收水分，潮湿的木材也能在较干燥的空气中失去水分，其含水率随着环境的温度和湿度的变化而改变。当木材长时间处于一定温度和湿度的环境中时，木材中的含水量最后会达到与周围环境湿度相平衡，这时木材的含水率称为平衡含水率。它是木材进行干燥时的重要指标。平衡含水率随空气湿度的变大和温度的下降而增大，反之减少。我国北方木材的平衡含水率约为12％，南方约为18％，长江流域一般为15％左右。

8.2.2　木材的湿胀干缩与变形

湿胀干缩是指材料在含水率增加时体积膨胀，减少时体积收缩的现象。木材的湿胀干缩具有一定规律：当木材的含水率在纤维饱和点以下变化时，随着含水率的增加，木材体积产生膨胀，随着含水率减小，木材体积收缩；而当木材含水率在纤维饱和点以上变化时，只是自由水的增减，木材的体积不发生变化。木材含水率与其胀缩变形的关系见图8-2所示，从图中可以看出，木材的纤维饱和点是

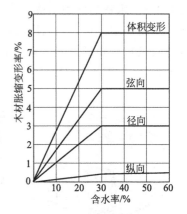

图 8-2　含水率对松木
胀缩变形的影响

木材发生湿胀干缩变形的转折点。

木材为非匀质构造，从其构造上可分为弦向、径向和纵向，其各方向胀缩变形不同，其中以弦向最大，径向次之，纵向（即顺纤维方向）最小。如木材干燥时，弦向干缩 6%～12%，径向干缩 3%～6%，纵向仅 0.1%～0.35%。木材弦向胀缩变形最大，是因受管胞横向排列的髓线与周围连接较差所致。木材的湿胀干缩变形还随树种不同而异，一般来说，表观密度大的、夏材含量多的木材，胀缩变形就较大。

木材显著的湿胀干缩变形，给木材的实际应用带来严重影响，干缩会造成木结构拼缝不严、接榫松弛、翘曲开裂，而湿胀又会使木材产生凸起变形。为了避免这种不利影响，在木材使用前预先将木材进行干燥处理，使木材含水率达到与使用环境湿度相适应的平衡含水率。

8.2.3　木材的力学性质

（1）木材的强度　木材构造的特点使木材的各种力学性能具有明显的方向性，在顺纹方向（作用力与木材纵向纤维平行的方向），木材的抗拉和抗压强度都比横纹方向（作用力与木材纵向纤维垂直的方面）高得多。土木工程中木材所受荷载主要有压、拉、弯、剪切等。

① 抗压强度。木材的顺纹抗压强度较高，仅次于顺纹抗拉和抗弯强度，且木材的疵病对其影响较小。木材用于受压构件非常广泛，由于构造的不均匀性，抗压强度可分为顺纹受压和横纹受压。顺纹受压破坏是木材细胞壁丧失稳定性的结果，并非纤维的断裂。工程中常见的柱、桩、斜撑及桁架等承重构件均是顺纹受压。木材横纹受压时，开始细胞壁发生弹性变形，此时变形与外力成正比。当超过比例极限时，细胞壁失去稳定，细胞腔被压扁，随即产生大量变形。所以，木材横纹抗压强度以使用中所限制的变形量来决定，通常取其比例极限作为横纹抗压强度极限指标。木材横纹抗压强度比顺纹抗压强度低得多，通常只有顺纹抗压强度的 10%～20%。

② 抗拉强度。木材顺纹抗拉强度是木材各种力学强度中最高的。木材单纤维的抗拉强度可达 80～200MPa。因此，顺纹受拉破坏时往往不是纤维被拉断而是纤维间被撕裂。顺纹抗拉强度为顺纹抗压强度的 2～3 倍。但木材在使用中不可能是单纤维受力，木材的疵病（木节、斜纹、裂缝等）会使木材实际能承受的作用力远远低于单纤维受力。例如，当树节断面等于受拉试件断面的 1/4 时，其抗拉强度约为无树节试件抗拉强度的 27%。同时，木材受拉杆件在连接处应力复杂，使顺纹抗拉强度被充分利用。木材的横纹抗拉强度很小，仅为顺纹抗拉强度的 1/10～1/40，这是因为木材纤维之间横向连接薄弱。另外，含水率对木材顺纹抗拉强度的影响不大。

③ 抗弯强度。木材受弯曲时内部应力十分复杂，上部是顺纹受压，下部为顺纹受拉，在水平面中还有剪切力作用。木材受弯破坏时，通常是受压区首先达到强度极限，形成微小的不明显的皱纹，这时并不立即破坏，随着外力增大，皱纹慢慢地在受压区扩展，产生大量塑性变形，当受拉区内纤维到强度极限时，因纤维本身的断裂及纤维间连接的破坏而最后破坏。木材的抗弯强度很高，为顺纹抗压强度的 1.5～2 倍。因此，在土木工程中常用作受弯构件，如用于桁架、梁、桥梁、地板等。但木节、斜纹等对木材的抗弯强度影响很大，特别是当它们分布在受拉区时尤为显著。

④ 抗剪强度。根据作用力与木材纤维方向的不同，木材的剪切有：顺纹剪切、横纹剪切和横纹切断三种，如图 8-3 所示。

顺纹剪切时 ［见图 8-3（a）］，木材的绝大部分纤维本身并不破坏，而只是破坏剪切面中纤维间的连接。所以，顺纹抗剪强度很小，一般为同一方向抗压强度（顺纹抗压强度）的 15%～30%。横纹剪切时 ［见图 8-3（b）］，剪切是破坏剪切面中纤维的横向连接，因此，木

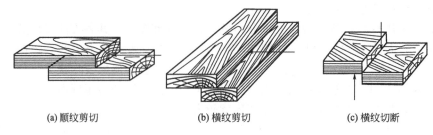

(a) 顺纹剪切　　　　　　　(b) 横纹剪切　　　　　　　(c) 横纹切断

图 8-3　木材的剪切

材的横纹剪切强度比顺纹剪切强度还要低。横纹切断时 [见图 8-3(c)]，剪切破坏是将木材纤维切断，因此，横纹切断强度较大，一般为顺纹剪切强度的 4～5 倍。为了便于比较，现将木材各种强度的大小关系列于表 8-1 中。我国土木工程中常用木材的主要物理和力学性质见表 8-2。

表 8-1　木材各种强度的大小关系

抗压		抗拉		抗弯	抗剪	
顺纹	横纹	顺纹	横纹		顺纹	横纹
1	1/10～1/3	2～3	1/20～1/3	1.5～2	1/7～1/3	1/2～1

表 8-2　我国土木工程中常用木材的主要物理和力学性质

树种名称	产地	气干表观密度/(g/cm³)	干缩系数		顺纹抗压强度/MPa	顺纹抗拉强度/MPa	抗弯强度/MPa	顺纹抗剪强度/MPa	
			径向	弦向				径面	弦面
针叶树:杉木	湖南	0.317	0.123	0.277	33.8	77.2	63.8	4.2	4.9
	四川	0.416	0.136	0.286	39.1	93.5	68.4	6.0	5.0
红松	东北	0.440	0.122	0.321	32.8	98.1	65.3	6.3	6.9
马尾松	安徽	0.533	0.140	0.270	41.9	99.0	80.7	7.3	7.1
落叶松	东北	0.641	0.168	0.398	55.7	129.9	109.4	8.5	6.8
鱼鳞云杉	东北	0.451	0.171	0.349	42.4	100.9	75.1	6.2	6.5
冷杉	四川	0.433	0.174	0.341	38.8	97.3	70.0	5.0	5.5
花旗松	美国、加拿大	0.545	—	—	50.1	—	88.6	—	9.5
阔叶树:柞栎	东北	0.766	0.199	0.316	55.6	155.4	124.0	11.8	12.9
麻栎	安徽	0.930	0.210	0.389	52.1	155.4	128.0	15.9	18.0
水曲柳	东北	0.686	0.197	0.353	52.5	138.1	118.6	11.3	10.5
榔榆	浙江	0.818	—	—	49.1	149.4	103.8	16.4	18.4

（2）影响木材强度的主要因素

① 含水率。木材的含水率对木材强度影响很大，当细胞壁中水分增多时，木纤维相互间的连接力减小，使细胞壁软化。含水率在纤维饱和点以上变化时，只是自由水的变化，因而不影响木材强度，在纤维饱和点以下时，随含水率降低，吸附水减少，细胞壁趋于紧密，木材强度增大，反之强度减小。试验证明，木材含水率的变化，对木材各种强度的影响程度是不同的，对抗弯和顺纹抗压影响较大，对顺纹抗拉影响较小，而对顺纹抗剪几乎没有影响，如图 8-4 所示。

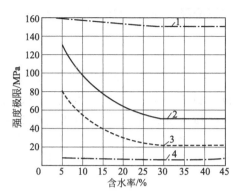

图 8-4　含水率对木材强度的影响
1—顺纹受拉；2—弯曲；
3—顺纹受压；4—顺纹受剪

② 负荷时间。木材抵抗长期荷载的能力低于抵抗短期荷载的能力。木材在外力长期作用下，只有当其应力在低于强度极限的某一范围时，才可避免木材因长期负荷而破坏。这是由于木材在外力作用下产生等速蠕滑，经过较长时间后，急剧产生大量连续变形的结果。木材在长期荷载下不引起破坏的最大强度，称为持久强度。木材的持久强度比短期荷载作用下的极限强度小得多，一般仅为极限强度的 50%～60%。木结构都是处于某一种负荷的长期作用下，因此，在设计木结构时应考虑负荷时间对木材强度的影响。

③ 温度。当环境温度升高时，木材中的胶结物质处于软化状态，其强度和弹性均降低。以木材含水率为零时，常温下的强度为 100%，则温度升至 50℃时，由于木质部分分解，强度大为降低。温度升至 150℃时，木质分解加速而且炭化，达到 275℃时木材开始燃烧。通常在长期受热环境中，如温度可能超过 50℃时，则不应采用木结构。当温度降至 0℃以下时，其中水分结冰，木材强度增大，但木材变得较脆。一旦解冻，各项强度都将比未解冻时的强度低。

④ 疵病。木材在生长、采伐、保存过程中，所产生的内部和外部的缺陷，统称为疵病。木材的疵病主要有木节、斜纹、裂纹、腐朽和虫害等。一般木材或多或少存在一些疵病，使木材的物理力学性质受到影响。木节可分活节、死节、松软节、腐朽节等几种，其中，活节影响较小。木节使木材顺纹抗拉强度显著降低，而对顺纹抗压影响较小；在横纹抗压和剪切时，木节反而会增加其强度。在木纤维与树轴成一定夹角时，形成斜纹。木材中的斜纹严重降低其顺纹抗拉强度，对抗弯强度也有较大影响，对顺纹抗压强度影响较小。裂纹、腐朽、虫害等疵病，会造成木材构造的不连续或破坏其组织，严重地影响木材的力学性质，有时甚至能使木材完全失去使用价值。

（3）木材的韧性　木材的韧性较好，因而木结构具有良好的抗震性。木材的韧性受很多因素影响，如木材的密度越大，冲击韧性越好；高温会使木材变脆，韧性降低，负温则会使湿木材变脆，而韧性降低；任何缺陷的存在都会严重降低木材的冲击韧性。

（4）木材的硬度和耐磨性　木材的硬度和耐磨性主要取决于细胞组织的紧密度，各个截面上相差显著。木材横截面的硬度和耐磨性都较径切面和弦切面为高。木髓线发达的木材，其弦切面的硬度和耐磨性均比径切面高。

8.3　木材及其制品的应用

在建筑工程中直接使用的木材常有原木、板材和枋材三种型式。原木是指去皮去枝梢后按一定规格锯成一定长度的木料；板材是指宽度为厚度的三倍或三倍以上的木料；枋材是指宽度不足厚度三倍的木料。除了直接使用木材外，还可对木材进行综合利用，制成各种人造板材。这样既提高木材使用率，又改善天然木材的不足。

各类人造板材及其制品是室内装饰装修的最主要的材料之一。室内装饰装修用人造板大多数存在游离甲醛释放问题。游离甲醛是室内环境主要污染物，对人体危害很大，已引起全社会的关注。《室内装饰装修材料　人造板及其制品中甲醛释放限量》(GB 18580—2001) 规定了各类板材中甲醛限量值。

8.3.1　条木地板

条木地板分空铺和实铺两种，空铺条木地板是由龙骨、水平撑和地板三部分构成，地板有单层和双层两种。双层条木地板下层为毛板，钉在龙骨上，面层为硬木板，硬木条板多选用水曲柳、柞木、枫木、柚木、榆木等硬质木材。单层条木地板直接钉在龙骨上或粘于地面，板材常选用松、杉等软木材。条木地板自重轻，弹性好，脚感舒适，其导热性小，冬暖夏凉，且易于清洁。它适用于办公室、会客室、旅馆客房，卧室等场所。

8.3.2　拼花木地板

拼花木地板是较高级的室内地面装修，分双层和单层两种，二者面层均用一定大小的硬木块镶拼而成，双层者下层为毛板层。面层拼花板材多选用柚木、水曲柳、柞木、核桃木、栎木、榆木、槐木等质地优良、不易腐朽开裂的硬木材。拼花小木条一般均带有企口。双层拼花木地板是将面层小板条用暗钉钉在毛板上固定，单层拼花木地板是采用适宜的黏结材料，将硬木面板条直接粘贴于混凝土基层上。拼花木地板适合宾馆、会议室、办公室、疗养院、托儿所、体育馆、舞厅、酒吧、民用住宅等的地面装饰。

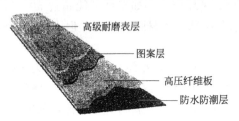

图 8-5　复合木地板结构示意图

（图中标注：高级耐磨表层、图案层、高压纤维板、防水防潮层）

8.3.3　复合木地板

强化木地板又称复合木地板，是以中密度纤维板或木板为基材，涂布三氧化二铝等作为覆盖材料而制成的一种板材，其构造如图 8-5 所示。它具有耐烫、耐污、耐磨、抗压、施工方便等特点。复合木地板安装方便，板与板之间可通过槽榫进行连接。在地面平整度保证的前提下，复合木地板可直接浮铺在地面上，而不需用胶粘接。复合木地板适用于办公室、会议室、商场、展览厅、民用住宅等的地面装饰。

8.3.4　胶合板

胶合板又称层压板，是用蒸煮软化的原木旋切成大张薄片，再用胶黏剂按奇数层以各层纤维互相垂直的方向黏合热压而成的人造板材。胶合板层数可达 15 层。根据木片层数的不同，而有不同的称谓，如三合板、五合板等。我国胶合板目前主要采用松木、水曲柳、椴木、桦木、马尾松及部分进口原木制成。

胶合板大大提高了木材的利用率，其主要特点是：由小直径的原木就能制得宽幅的板材；因其各层单板的纤维互相垂直，故能消除各向异性，得到纵横一样的均匀强度；干湿变形小；没有木节和裂纹等缺陷。胶合板广泛用作建筑室内隔墙板、天花板、门框、门面板以及各种家具及室内装修等。

8.3.5　刨花板、木丝板、木屑板

刨花板、木丝板、木屑板是分别以刨花碎片、短小废料刨制的木丝、木屑等为原料，经干燥后拌入胶料，再经热压而制成的人造板材。所用胶料可用合成树脂，也可用水泥等无机胶结料。这类板材一般表观密度较小，强度较低，主要用作绝热和吸声材料，但不易用于潮湿处。其表面可粘贴塑料贴面或胶合板作饰面层，这样既增加了板材的强度，又使板材具有装饰性，可用作吊顶、隔墙、家具等。

8.4　木材的防护与防火

木材具有很多优点，但也存在两大缺点，一是易腐，一是易燃，因此建筑工程中应用木材时，必须考虑木材的防腐和防火问题。

8.4.1　木材的腐朽与防腐

民间谚语称木材"干千年，湿千年，干干湿湿两三年"。意思是说，木材只要一直保持通风干燥或完全浸于水中，就不会腐朽破坏，但是如果木材干干湿湿，则极易腐朽。

木材的腐朽是真菌侵害所致。真菌在木材中生存和繁殖必须具备三个条件，即水分、适宜的温度和空气中的氧。所以木材完全干燥和完全浸入水中（缺氧）都不易腐朽。了解了木材产生腐朽的原因，也就有了防止木材腐朽的方法。通常防止木材腐朽的措施有以下下两种：一是破坏真菌生存的条件，最常用的办法是，使木结构、木制品和储存的木材保持通风干燥的状态，并对木结构和木制品表面进行油漆处理，油漆涂层既使木材隔绝了空气，又隔绝了水分。二是将化学防腐剂注入木材中，使真菌无法寄生。木材防腐剂种类很多，一般分水溶性防腐剂、油质防腐剂和膏状防腐剂三类。

8.4.2　木材的防虫

木材除受真菌侵蚀而腐朽外，还会遭受昆虫的蛀蚀。常见的蛀虫有白蚁、天牛等。木材虫蛀的防护方法，主要是采用化学药剂处理。木材防腐剂也能防止昆虫的危害。

8.4.3　木材的防火

木材属木质纤维材料，易燃烧，它是具有火灾危险性的有机可燃物。所谓木材的防火，就是将木材经过具有阻燃性能的化学物质处理后，变成难燃的材料，以达到遇小火能自熄，遇大火能延缓或阻滞燃烧蔓延的目的，从而赢得扑救的时间。

常用木材防火处理方法是在木材表面涂刷或覆盖难燃材料和用防火剂浸注木材。

思　考　题

1. 木材的主要优缺点有哪些？
2. 影响木材强度的因素有哪些？
3. 木材含水率对其胀缩变形有何影响？
4. 木材为何要做干燥处理？
5. 人造板材主要有哪些品种？与天然板材相比，它们有何特点？

第9章 建筑功能材料

【本章提要】 主要介绍建筑防水材料、保温隔热材料、吸声隔声材料、建筑涂料、建筑玻璃、建筑陶瓷、饰面石材等内容。本章的学习目标是：熟悉各类功能材料的种类、特性及应用。

建筑功能材料是以材料的力学性能以外的功能为特征的材料，它赋予建筑物防水、绝热、装饰等功能。建筑物用途的拓展以及人们物质需求的提高，使其对建筑功能材料方面的要求越来越高。目前，国内外现代建筑中常用的建筑功能材料有：防水堵水材料、保温隔热材料、吸声材料、装饰材料、光学材料、防火材料、建筑加固修复材料等。

9.1 建筑防水材料

9.1.1 防水材料的分类与组成

防水材料根据其特性可分为柔性和刚性两类。柔性防水材料是指具有一定柔韧性和较大延伸率的防水材料，如防水卷材、有机涂料，它们构成柔性防水层。刚性防水材料是指采用较高强度和无延伸能力的防水材料，如防水砂浆、防水混凝土等，它们构成刚性防水层。

随着现代科学技术的发展，建筑防水材料的品种、数量越来越多，性能各异。依据建筑防水材料的外观形态可分为防水卷材、防水涂料、密封材料和刚性防水材料四大系列。此外，地下防水工程中还用塑料板和金属板等防水材料构成板材防水层。

9.1.2 防水材料的性能与选用

9.1.2.1 防水卷材

防水卷材是可卷曲成卷状的柔性防水材料。它是目前我国使用量最大的防水材料。防水卷材主要包括普通沥青防水卷材、改性沥青防水卷材和合成高分子防水卷材三个系列。

（1）普通沥青防水卷材 普通沥青防水卷材是以沥青为主要浸涂材料所制成的卷材。分有胎卷材和无胎卷材两类。有胎沥青防水卷材是以原纸、纤维毡、纤维布、金属箔、塑料膜等材料中的一种或数种复合为胎基，浸涂沥青、改性沥青或改性焦油，并用隔离材料覆盖其表面所制成的防水卷材，即含有增强材料的油毡。无胎沥青防水卷材是以橡胶或树脂、沥青、各种配合剂和填料为原料，经热融混合后成型而制成的防水卷材，即不含有增强材料的油毡。

普通沥青防水卷材中最具代表性的是石油沥青纸胎油毡、油纸。用低软化点的石油沥青浸渍原纸，即构成油纸，如果再用高软化点的石油沥青涂盖油纸的两面，再涂或撒布隔离材料则制成油毡。隔离材料是防止油毡包装时卷材各层彼此黏结而起隔离作用，油毡按所用隔离材料分为"粉毡"和"片毡"，分别代表所用的隔离材料为粉状（如滑石粉）和片状（如云母片）。隔离材料在使用前应扫掉。

油毡的标号按所用原纸 $1m^2$ 的质量（克）数划分，共分为 200 号、350 号和 500 号三种标号，各标号油毡质量应符合有关规范规定。按浸渍材料总量和物理性能，油毡分为合格品、一等品和优等品三个等级。油纸有 200 号、350 号两个标号。200 号油毡适用于简易防水、临时性建筑防水、防潮及包装等；350 号和 500 号油毡适用于多层建筑防水。

沥青纸胎防水卷材是传统的防水卷材，它抗拉能力低、易腐烂、耐久性差，但由于其价格较低，在我国的建筑防水工程中仍然较广泛采用。近年来，通过对油毡胎体材料加以改进、开发，已由最初的纸胎油毡发展成为玻璃纤维胎沥青油毡、玻璃纤维布胎沥青油毡、聚酯毡胎沥青油毡等一系列沥青防水卷材。如石油沥青玻璃布胎油毡是以玻璃纤维织成的布代替纸作为胎体材料，这种油毡的抗拉强度、耐腐蚀性均优于沥青纸胎油毡。

（2）改性沥青防水卷材　改性沥青防水卷材是以改性沥青为涂盖层，纤维织物或纤维毡为胎体，粉状、片状、粒状或薄膜材料为覆盖层材料制成的可卷曲的片状防水材料。

改性沥青防水卷材改善了普通沥青防水卷材温度稳定性差、延伸率小等缺点，具有高温不流淌、低温不脆裂、拉伸强度较高、延伸率较大等特点。我国常用的改性沥青防水卷材有弹性体改性沥青防水卷材、塑性体改性沥青防水卷材、改性沥青聚乙烯胎防水卷材、沥青复合胎柔性防水卷材、自粘橡胶沥青防水卷材等。

① 弹性体改性沥青防水卷材。弹性体改性沥青防水卷材是以聚酯毡或玻纤毡为胎体、苯乙烯-丁二烯-苯乙烯（SBS）热塑性弹性体作改性剂，两面覆以隔离材料所制成的防水卷材。此防水卷材高温稳定性和低温柔韧性明显改善，抗拉强度和延伸率较高，耐疲劳性和耐老化性好，并将传统的油毡热施工改为冷施工。该类防水卷材广泛适用于各类建筑防水、防潮工程，尤其适用于寒冷地区的建筑物防水。

② 塑性体改性沥青防水卷材。塑性体改性沥青防水卷材是以聚酯毡或玻纤毡为胎体、无规聚丙烯（APP）或聚烯烃类聚合物（APAO、APO）作改性剂，两面覆以隔离材料所制成的防水卷材。常用塑性体改性沥青防水卷材为 APP 改性沥青防水卷材，其抗拉强度高，延伸率大，耐老化性、耐腐蚀性和耐紫外线老化性能好，可在 130℃ 以下的温度使用，因而适用于紫外线强烈及炎热地区的屋面使用。

（3）合成高分子防水卷材　合成高分子防水卷材是指以合成橡胶、合成树脂或两者共混体为基料，加入适量的化学助剂和填充料等，经不同工序而成的可卷曲的片状防水材料；或把上述材料与合成纤维等复合形成两层或两层以上可卷曲的片状防水材料。

合成高分子防水卷材具有多方面的优点，如高弹性、高延伸性、良好的耐老化性、耐高温和耐低温性等，因而已成为新型防水材料发展的主导方向，其主产品有聚氯乙烯防水卷材、氯化聚乙烯防水卷材、氯化聚乙烯-橡胶共混防水卷材、三元乙丙橡胶防水卷材和三元丁橡胶防水卷材等。其中三元乙丙橡胶防水卷材防水性能优异，耐候性好，耐臭氧性和耐化学腐蚀性好，弹性和抗拉强度高，对基层变形开裂的适应性强，使用温度范围宽，寿命长，但价格高，且需配套合适的黏结材料。

9.1.2.2　防水涂料

防水涂料是以高分子材料为主体，在常温下呈无定形液态，经涂布能在结构物表面固化形成具有相当厚度并有一定弹性的防水膜的物料总称。防水涂料广泛适用于工业与民用建筑的屋面防水工程、地下室防水工程和地面防潮、防渗等。按主要成膜物质可分为乳化沥青类防水涂料、改性沥青类防水涂料、合成高分子类防水涂料和水泥基防水涂料等。

防水涂料固化前呈黏稠状液态，不仅能在水平面施工，而且能在立面、阴角、阳角等复杂表面施工，因而特别适合于各种复杂、不规则部位的防水，能形成无接缝的完整防水膜。防水涂料大多采用冷施工，既减少了环境污染，又便于施工操作，改善工作环境。此外，涂布的防水涂料既是防水层的主体，又是黏结剂，因而施工质量容易保证，维修也较简单。尤其是对于基层裂缝、施工缝、雨水斗及贯穿管周围等一些容易造成渗漏的部位，极易进行增强涂刷、贴布等作业。施工时，防水涂料须采用刷子、刮板等逐层涂刷或涂刮，故防水膜的厚度很难做到像防水卷材那样均匀。

① 沥青基防水涂料。沥青基防水涂料是以沥青为基料配制而成的水乳型或溶剂型防水涂料。乳化沥青涂刷于材料基面，水分蒸发后，沥青微粒靠拢将乳化剂膜挤裂，相互团聚而黏结成连续的沥青膜层，成膜后的乳化沥青与基层黏结形成防水层。乳化沥青涂料的常用品种是石灰乳化沥青涂料，它以石灰膏为乳化剂，在机械强力搅拌下将沥青乳化制成厚质防水涂料。

乳化沥青的储存期不能过长（一般三个月左右），否则容易引起凝聚分层而变质。储存温度不得低于零度，不宜在 5℃ 以下施工，以免水结冰而破坏防水层，也不宜在夏季烈日下施工，以免表面水分蒸发过快而成膜，膜内水分蒸发不出而产生气泡。乳化沥青主要适用于防水等级较低的工业与民用建筑屋面、混凝土地下室和卫生间防水、防潮；粘贴玻璃纤维毡片（或布）作屋面防水层；拌制冷用沥青砂浆和混凝土铺筑路面等。

② 改性沥青类防水涂料。改性沥青类防水涂料指以沥青为基料，用合成高分子聚合物进行改性，制成的水乳型或溶剂型防水涂料。改性沥青类防水涂料在柔韧性、抗裂性、拉伸强度、耐高低温性能、使用寿命等方面比沥青基涂料有很大改善。这类涂料常用产品有氯丁橡胶沥青防水涂料、水乳型橡胶沥青防水涂料、APP 改性沥青防水涂料、SBS 改性沥青防水涂料等。这类涂料广泛应用各级屋面和地下、卫生间等的防水工程。

③ 合成高分子类防水涂料。合成高分子防水涂料指以合成橡胶或合成树脂为主要成膜物质制成的单组分或多组分的防水涂料。这类涂料具有高弹性、高耐久性及优良的耐高低温性能。常用产品有聚氨酯防水涂料、聚合物乳液建筑防水涂料、聚合物水泥防水涂料、聚氯乙烯防水涂料、有机硅防水涂料等。适用于高防水等级的屋面、地下室、水池及卫生间的防水工程。

由于聚氨酯防水涂料是反应型防水涂料，因而固化时体积收缩很小，可形成较厚的防水涂膜，具有弹性高、延伸率大、耐高低温性好、耐酸、耐碱、耐老化等优异性能。

还需说明的是，由煤焦油生产的聚氨酯防水涂料对人体有害，故这类涂料严禁用于冷库内壁及饮水池等防水工程。

9.1.2.3　密封材料

建筑密封材料是能承受位移以达到气密、水密目的而嵌入建筑接缝中的定型和不定型的材料。它可起到防水作用，同时也起到防尘、隔汽与隔声的作用。为了使建筑物或构筑物工程中各种构件的接缝能够形成连续体，并具有不透水性与气密性，密封材料应具有良好的变形性能、压缩循环性能和耐气候性以及耐水性。

密封材料可分为定型和不定型两大类：定型密封材料是指具有特定形状的密封衬垫（如密封条、密封带、密封垫等）；不定型密封材料是指一种黏稠状的材料（俗称密封膏或嵌缝膏）。

（1）建筑防水沥青嵌缝油膏　建筑防水沥青嵌缝油膏是以石油沥青为基料，加入改性材料、稀释剂及填充料混合制成的冷用膏状密封材料。主要用于各种混凝土屋面板、墙板等建筑构件节点的防水密封。

建筑防水沥青嵌缝油膏按耐热性和低温柔性划分标号，如 801 号的耐热温度不高于80℃，保温柔性温度不低于－10℃。

（2）聚氨酯建筑密封膏　聚氨酯建筑密封膏是以异氰酸基（—NCO）为基料，与含有活性氢化物的固化剂组成的一种常温固化弹性密封材料。聚氨酯密封膏有以下特点：具有易触变的黏度特性，因此不易流坠，施工性好；耐寒性好，在－50℃时仍具有弹性；耐热性差；聚氨酯预聚体遇水或湿气反应而产生碳酸气，留在密封材料内部产生气泡，发泡膨胀率可达 0～25％。

聚氨酯建筑密封膏广泛用于各种装配式建筑的屋面板、楼地板、阳台、窗框、卫生间等部位的接缝以及施工缝的密封；给排水管道、贮水池、游泳池、引水渠及土木工程等的接缝密封，混凝土裂缝的修补。

（3）聚硫建筑密封膏　聚硫建筑密封膏是由液态硫橡胶为主剂和金属过氧化物等硫化剂反应，在常温下形成的弹性体密封膏。国内多为双组分产品。

聚硫密封膏是一种饱和聚合物，不含有易引起老化的不饱和键，其硫化物在大气作用下有优良的抗老化性。它与一般橡胶相似，在高温时变软，低温时变硬。适用于金属幕墙、预制混凝土、玻璃窗、窗框四周、游泳池、贮水槽、地坪及构筑物接缝的防水处理及黏结。

（4）硅酮密封胶　硅酮密封胶是以有机硅氧烷为主剂，加入适量硫化剂、硫化促进剂、增强填充料和颜料等组成的。硅酮密封胶根据其功能可分为如下几类。

① 耐候密封胶（简称耐候胶）。是指用于嵌缝的具有较高变形能力的低模数密封胶，主要用于铝合金、玻璃、石材等的嵌缝。

② 结构密封胶（简称结构胶）。是指用于玻璃幕墙结构中玻璃与铝合金构件、玻璃板与玻璃板之间的黏结的密封胶。硅酮密封胶具有如下特性：良好的抗老化性能；良好的变形性能；有良好的压缩循环性能；耐热、耐寒性能好。

9.1.2.4　刚性防水材料

刚性防水材料是指以水泥、砂、石为原料或其内掺入少量外加剂、高分子聚合物等材料，通过调整配合比、抑制或减小孔隙率、改变孔隙特征、增加各原材料界面间的密实性等方法，配制成具有一定抗渗透能力的水泥砂浆、混凝土类防水材料。刚性防水材料可通过两种方法实现：①以硅酸盐水泥为基料，加入无机或有机外加剂配制而成的防水砂浆、防水混凝土。如外加剂防水混凝土、聚合物防水砂浆等。②以膨胀水泥为主的特种水泥为基材配制的防水砂浆、防水混凝土。

9.2　保温隔热材料

保温隔热材料按照它们的化学组成可以分为无机保温隔热材料和有机保温隔热材料。

9.2.1　常用无机保温隔热材料

（1）多孔轻质类无机保温隔热材料　蛭石是一种有代表性的多孔轻质类无机保温隔热材料，它主要含复杂的镁、铁含水铝硅酸盐矿物，由云母类矿物经风化而成，具有层状结构。将天然蛭石经破碎、预热后快速通过煅烧带可使蛭石膨胀 20～30 倍。膨胀蛭石的导热系数约为 0.046～0.070W/(m·K)，可在 1000℃的高温下使用。主要用于建筑夹层，但需注意防潮。

膨胀蛭石也可用水泥、水玻璃等胶结材胶结成板，用作板壁绝热，但导热系数值比松散状要大，一般为 0.08～0.10W/(m·K)。

（2）纤维状无机保温隔热材料

① 矿物棉。岩棉和矿渣棉统称矿物棉，由熔融的岩石经喷吹制成的纤维材料称为岩棉，由熔融矿渣经喷吹制成的纤维材料称为矿渣棉。将矿物棉与有机胶结剂结合可以制成矿棉板、毡、管壳等制品，其堆积密度约为 45～150kg/m³，导热系数约为 0.044～0.049 W/(m·K)。由于低堆积密度和矿棉内空气可发生对流而导热，因而，堆积密度低的矿物

棉导热系数反而略高。最高使用温度约为 600℃。矿棉也可制成粒状棉用作填充材料，其缺点是吸水性大、弹性小。

② 玻璃纤维。玻璃纤维一般分为长纤维和短纤维。短纤维由于相互纵横交错在一起，构成了多孔结构的玻璃棉，常用作保温隔热材料。玻璃棉堆积密度约 $45\sim150kg/m^3$，导热系数约为 $0.035\sim0.041W/(m\cdot K)$。玻璃纤维制品的纤维直径对其导热系数有较大影响，导热系数随纤维直径增大而增加。以玻璃纤维为主要原料的保温隔热制品主要有：沥青玻璃棉毡和酚醛玻璃棉板，以及各种玻璃毡、玻璃毯等，通常用于房屋建筑的墙体保温层。

（3）泡沫状无机保温隔热材料

① 泡沫玻璃。泡沫玻璃是用玻璃细粉和发泡剂（石灰石、碳化钙和焦炭）经粉磨、混合、装模、煅烧（800℃左右）而得到的多孔材料。泡沫玻璃导热系数小、抗压强度高、抗冻性好、耐久性好，并且对水分、水蒸气和其他气体具有不渗透性，还容易进行机械加工，可锯、钻、车及打钉等。表观密度为 $150\sim200kg/m^3$ 的泡沫玻璃，其导热系数约为 $0.042\sim0.048W/(m\cdot K)$，抗压强度达 $0.16\sim0.55MPa$。泡沫玻璃作为保温隔热材料在建筑上主要用于保温墙体、地板、天花板及屋顶保温。可用于寒冷地区低层的建筑物。

② 多孔混凝土。多孔混凝土是指具有大量均匀分布、直径小于 2mm 的封闭气孔的轻质混凝土，主要有泡沫混凝土和加气混凝土。随着表观密度减小，多孔混凝土的绝热效果提高，但强度下降。

9.2.2 常用有机保温隔热材料

（1）泡沫塑料 泡沫塑料是以各种树脂为基料，加入各种辅助料经加热发泡制得的轻质保温材料。泡沫塑料目前广泛用作建筑上的保温隔声材料，其表观密度很小，隔热性能好，加工使用方便。常用的泡沫塑料有聚苯乙烯泡沫塑料、脲醛泡沫塑料、聚氨酯泡沫塑料、聚氯乙烯泡沫塑料、泡沫酚醛塑料等。

（2）硬质泡沫橡胶 硬质泡沫橡胶用化学发泡法制成。特点是导热系数小而强度大。硬质泡沫橡胶的表观密度在 $0.064\sim0.12g/cm^3$ 之间。表观密度越小，保温性能越好，但强度越低。硬质泡沫橡胶的抗碱和盐的侵蚀能力较强，但强的无机酸及有机酸对它有侵蚀作用。它不溶于醇等弱溶剂，但易被某些强有机溶剂软化溶解。硬质泡沫橡胶为热塑性材料，耐热性不好，在 65℃左右开始软化。硬质泡沫橡胶有良好的低温性能，低温下强度较高且有较好的体积稳定性，可用于冷冻库。

9.2.3 保温隔热材料的新发展

利用无机材料和有机材料各自的优点，在工厂预制成复合保温材料板或块，在现场直接安装，将是保温隔热材料的发展趋势。下面介绍一类代表性产品。

保温板。目前保温板在屋面保温中开始使用，我国已经制定了行业标准《倒置式屋面工程技术规程》(JGJ 230)，2012 年河南省住房和城乡建设厅发布了《CXP 保温板倒置式屋面建筑构造》图集。CXP 保温板是由保温隔热层与刚性保护层粘接在一起的复合板材，外形尺寸 400mm×400mm，厚度：保护层 16～20mm、保温层 30～80mm（见图 9-1）。保温层周边裁

图 9-1 CXP 保温板

切成企口状，安装时利于紧密对接。

CXP 保温板保护层采用混凝土板、水磨石板、花岗岩板作保护层。CXP 保温板保温隔热层选用挤塑聚苯乙烯泡沫塑料板、泡沫玻璃保温板。模塑聚苯乙烯泡沫塑料板仅用于女儿墙阴角及内侧墙体保温层。

9.3　吸声隔声材料

9.3.1　吸声和隔声材料的定义

吸声材料是一种能在较大程度上吸收由空气传递的声波能量的建筑材料，在音乐厅、影剧院、大会堂等内部的墙面、地面、天棚等部位，适当采用吸声材料，能改善声波在室内传播的质量，保持良好的音响效果。隔声材料则是能够隔绝或阻挡声音传播的材料，如建筑内外墙体，能够阻挡外界或邻室的声音而获得安静的环境。

吸声材料的吸声性能以吸声系数 α 表示。吸声系数 α 指声波遇到材料表面时，被吸收的声能（E）与入射声能（E_0）之比。

$$\alpha = E / E_0$$

吸声系数介于 0～1 之间，是衡量材料吸声性能的重要指标。材料的吸声系数 α 越高，吸声效果越好。

任何材料都有一定的吸声能力，只是吸收的程度有所不同。材料的吸声特性除与声波方向有关外，还与声波的频率有关，同一材料，对于高、中、低不同频率的吸声系数不同。为了全面反映材料的吸声特性，通常取 125Hz、250Hz、500Hz、1000Hz、2000Hz、4000Hz 等 6 个频率的吸声系数来表示材料的吸声频率特性。凡 6 个频率的平均吸声系数大于 0.2 的材料，可称为吸声材料。

为发挥吸声材料的作用，材料的气孔应是开放的，且应相互连通。气孔越多，吸声性能越好。大多数吸声材料强度较低，设置时要注意避免撞坏。多孔的吸声材料易于吸湿，安装时应考虑到胀缩的影响，还应考虑防火、防腐、防蛀等问题。

9.3.2　常用吸声材料的种类

9.3.2.1　多孔吸声材料

声波进入材料内部互相贯通的孔隙，空气分子受到摩擦和黏滞阻力，使空气产生振动，从而使声能转化为机械能，最后摩擦而转变为热能被吸收。这类多孔材料的吸声系数一般从低频到高频逐渐增大，故对中频和高频的声音吸收效果较好。材料中开放的、互相连通的、细致的气孔越多，其吸声性能越好。

9.3.2.2　薄板振动吸声结构

薄板振动吸声结构具有良好的低频的吸声效果，同时还有助于声波的扩散。建筑中通常是把胶合板、薄木板、硬质纤维板、石膏板、石棉水泥板或金属板等周边固定在墙或顶棚的龙骨上，并在背后留有空气层，即构成薄板振动吸声结构。由于低频声波比高频声波更容易激起薄板产生振动，所以薄板振动吸声结构具有低频的吸声特性。

9.3.2.3　共振吸声结构

共振吸声结构具有封闭的空腔和较小的开口，很像个瓶子。当瓶腔内空气受到外力激荡，会按一定的频率振动，这就是共振吸声器。每个单独的共振器都有一个共振频率，在其共振频率附近，由于颈部空气分子在声波的作用下像活塞一样进行往复运动，因摩擦而消耗声能。若在腔口蒙一层细布或疏松的棉絮，可以加宽共振频率范围和提高吸声量。为了获得较宽频带的吸声性能，常采用组合共振吸声结构。

9.3.2.4　穿孔板组合共振吸声结构

穿孔板组合吸声结构与单独的共振吸声器相似，可看作是许多个单独共振器并联而成。穿孔板厚度、穿孔率、孔径、背后空气层厚度以及是否填充多孔吸声材料等，都直接影响吸声结构的吸声性能。穿孔板组合共振吸声结构具有适合中频的吸声特性。这种吸声结构由穿孔的胶合板、硬质纤维板、石膏板、铝合板、薄钢板等，将周边固定在龙骨上，并在背后设置空气层而构成。这种吸声结构在建筑中使用比较普遍。

9.3.2.5　柔性吸声材料

柔性吸声材料是具有密闭气孔和一定弹性的材料，如聚氯乙烯泡沫塑料，表面似为多孔材料，但因具有密闭气孔，声波引起的空气振动不易直接传递至材料内部，只能相应地产生振动，在振动过程中由于克服材料内部的摩擦而消耗了声能，引起声波衰减。这种材料的吸声特性是在一定的频率范围内会出现一个或更多个吸收频率。

9.3.2.6　悬挂空间吸声体

悬挂于空间的吸声体，由于声波与吸声材料的两个或两个以上的表面接触，增加了有效的吸声面积，产生边缘效应，加上声波的衍射作用，大大提高了实际的吸声效果。实际使用时，可根据不同的使用地点和要求，设计成各种形式的悬挂在顶棚下的空间吸声体。空间吸声体有平板形、球形、圆锥形、棱锥形等多种形式。

9.3.2.7　帘幕吸声体

帘幕吸声体是用具有通气性能的纺织品，安装在离墙面或窗洞一定距离处，背后设置空气层。这种吸声体对中、高频都有一定的吸声效果。帘幕的吸声效果与材料种类和褶纹有关。帘幕吸声体安装、拆卸方便。兼具装饰作用，应用价值较高。

9.3.3　隔声材料

建筑上把主要起隔绝声音作用的材料称为隔声材料。隔声材料主要用于外墙、门窗、隔墙以及隔断等。隔声可分为隔绝空气声（通过空气传播的声音）和隔绝固体声（通过撞击或振动传播的声音），两者的隔声原理截然不同。

对于空气声，根据声学中的"质量定律"，其传声的大小主要取决于墙或板的单位面积质量，质量越大，越不易振动，则隔声效果越好。可以认为：固体声的隔绝主要是吸收，这和吸声材料是一致的；而空气声的隔绝主要是反射，因此必须选择密实、沉重的黏土砖、钢板等作为隔声材料。

对于隔绝固体声音最有效的措施是采用不连续结构处理。即在墙壁和承重梁之间，房屋的框架和墙壁及楼板之间加弹性衬垫。这些衬垫的材料大多可以采用上述的吸声材料，如毛毡、软木等，将固体声转换成空气声后而被吸声材料吸收。

9.4　建筑涂料

建筑涂料是指能涂于建筑物表面，并能形成连结性涂膜，从而对建筑物起到保护、装饰或使其具有某些特殊功能的材料。建筑涂料的涂层不仅对建筑物起到装饰的作用，还具有保护建筑物和提高其耐久性的功能，还有一些涂料具有特殊功能，如防火、防水、吸声隔声、隔热保温、防辐射等。

按主要成膜物质的性质来分，建筑涂料可分为有机涂料、无机涂料和有机无机复合粉涂料；按使用功能的不同，建筑涂料又可分为装饰涂料、防水涂料、防火涂料和特种涂料。下面主要介绍建筑装饰涂料。

9.4.1　内墙涂料

为了保护人们身体健康，我国已制订了《室内装饰装修材料　内墙涂料中有害物质限量》(GB 18582—2008) 的强制性国家标准。其对挥发性有机化合物（VOC）、游离甲醛和可溶性重金属及苯、甲苯、乙苯和二甲苯等有害物质的限量作了规定。

9.4.1.1　合成树脂乳液内墙涂料

合成树脂乳液内墙涂料是以合成树脂乳液为黏结料，加入颜料、填料及各种助剂，以研磨而成的水乳型涂料。由于所用的合成树脂乳液不同，具体品种的涂料的性能、档次也就有差异。常用的合成树脂乳液有：丙烯酸酯乳液、苯乙烯-丙烯酸酯共聚乳液、醋酸乙烯-丙烯酸酯乳液、氯乙烯-偏氯乙烯乳液等。

9.4.1.2　聚乙烯醇水玻璃内墙涂料

聚乙烯醇水玻璃内墙涂料以聚乙烯醇树脂水溶液和水玻璃为黏结料，混合一定量的填料、颜料和助剂，经过混合研磨、分散而成的水溶性涂料。这种涂料属于较低档的内墙涂料，适用于民用建筑室内墙面装饰。

9.4.2　外墙涂料

9.4.2.1　合成树脂乳液砂壁状建筑涂料

这种涂料是以合成树脂乳液为主要黏结料，以彩色砂粒和石粉为集料，采用喷涂方法施涂于建筑物外墙的，形成粗面涂层的厚质涂料。这种涂料质感丰富，色彩鲜艳且不易褪色变色，而且耐水性、耐气候性优良。所用合成树脂乳液主要为苯乙烯-苯烯酸酯共聚乳液。此涂料是一种性能优异的建筑外墙用中高档涂料。

9.4.2.2　溶剂型外墙涂料

此种涂料是以合成树脂为基料，加入颜料、填料、有机溶剂等经研磨配制而成的外墙涂料。它的应用没有合成树脂乳液外墙涂料广泛，但这种涂料的涂层硬度、光泽、耐水性、耐沾污性、耐蚀性都很好，使用年限多在 10 年以上，所以也是一种颇为实用的涂料。但此类涂料不能在潮湿基层上施涂，且其有机溶剂易燃，有的还具毒性。

9.4.2.3　无机建筑涂料

无机建筑涂料是以碱金属硅酸盐或硅溶胶为主要黏结剂，加入颜料、填料及助剂配制而成的，在建筑物上形成薄质涂层的涂料。这种涂料性能优良，主要用于外墙装饰，常用喷涂施工，也可用刷涂或辊涂，但这种涂料抵抗基体开裂的性能较低。

9.5　建筑玻璃

玻璃是以石英砂、纯碱、石灰石等主要原料与某些辅助材料经高温熔融、成型并过冷而成的固体。玻璃是无定形非结晶体的均质性材料。

在各种材料之中，玻璃是既能有效地利用透光性，又能调节、分隔空间的唯一材料。近代建筑越来越多的采用玻璃及其制品，由原来的装饰和采光，发展到用以控制光线、调节热量、改善环境，乃至跨进结构材料的行列。

9.5.1　玻璃的原料

制造玻璃的原料主要是各种氧化物和某些辅助原料。

9.5.1.1　制造玻璃的氧化物

（1）酸性氧化物　主要有氧化硅、氧化硼等。它们在煅烧中能单独熔融成为玻璃的主体，决定玻璃的主要性质，相应地称为硅酸盐玻璃和硼酸盐玻璃。

（2）碱性氧化物　主要有氧化钠、氧化钾等。它们在煅烧中能与酸性氧化物形成易熔的复盐，起助熔剂的作用。如氧化硅的熔点为1710℃，若与氧化钠共同煅烧，则在793℃时化合成 $Na_2O \cdot SiO_2$ 复盐而熔融。

（3）增强氧化物　主要有氧化钙、氧化镁、氧化钡、氧化锌、氧化铅和氧化铝等。它们对玻璃性能起不同的作用。

9.5.1.2　辅助原料

玻璃中的辅助原料种类很多，作用各异。例如助熔加速剂（如萤石、硼砂）、脱色剂（如纯硒、硝酸钠）和着色剂（如氧化钴、氧化镍）等等。

9.5.2　建筑玻璃的成型工艺

建筑玻璃的成型工艺有垂直引上法和浮法。

（1）垂直引上法　垂直引上法是将玻璃液垂直向上拉引制造平板玻璃的生产工艺过程。垂直引上法又可分为有槽垂直引上法、无槽垂直引上法和对辊法三种。

（2）浮法　熔融的玻璃液从熔炉中引出经导辊进入盛有熔锡的浮炉，由于玻璃的密度比锡液小，玻璃熔液便浮在锡液表面上，玻璃液体在其本身的重力及表面张力的作用下，能在熔融金属锡表面上摊开得很平，在火磨区将玻璃表面抛光，从而使玻璃的两个表面均很平整。最后进入退火炉经退火冷却后，引到工作台进行切割。

目前浮法玻璃产品已完全代替了机械磨光玻璃，它占世界平板玻璃总产量的75％以上，可直接将其用于高级建筑、交通车辆、制镜等。浮法生产的玻璃规格有厚度0.55～25mm多种，能满足各种使用要求。

9.5.3　建筑玻璃的品种与特性

建筑玻璃品种主要有五大类：普通平板玻璃、安全玻璃、调光节能玻璃、饰面玻璃和玻璃砖。本节介绍各类建筑玻璃的品种、主要特性和用途。

9.5.3.1　普通平板玻璃

普通平板玻璃是未经加工的平板玻璃，是建筑玻璃品种中用量最大的一类。普通平板玻璃中大量使用的是厚度小于6mm的窗玻璃，普通平板玻璃主要装配于门窗，起透光（透光率85％～95％）、挡风雪、保温、隔音等作用，具有一定的机械强度。

9.5.3.2　安全玻璃

普通平板玻璃破碎后具有尖锐的棱角，容易伤人。为了保障人身安全，可以通过对普通玻璃增强处理，或者与其他材料复合或采用特殊成分制成安全玻璃。安全玻璃具有力学性能高，抗冲击性强，破碎时碎块无尖锐棱角且不会飞溅伤人等优点。常用的安全玻璃有：钢化玻璃、夹层玻璃、夹丝玻璃、防火玻璃、防紫外线玻璃等。

（1）钢化玻璃　钢化玻璃是平板玻璃经物理强化方法或化学强化方法处理后所得的玻璃制品，它具有较高的机械强度和耐热抗震性能。

物理强化方法是将玻璃加热到接近玻璃软化温度（600～650℃）后迅速冷却。化学法也称离子交换法，是将待处理的玻璃浸入钾盐溶液中，使玻璃表面的钠离子扩散到溶液中，而溶液中的钾离子则填充进玻璃表面钠离子的位置。上述两种强化处理方法都可以使玻璃表面产生一个预压的应力，这个表面预压应力使玻璃的机械强度和抗冲击性能大大提高。一旦受损，整块玻璃呈现网状裂纹，破碎后，碎片小且无尖锐棱角，不易伤人。钢化玻璃在建筑上主要用作高层建筑的门窗、隔墙与幕墙。

（2）夹层玻璃　夹层玻璃是两片或多片平板玻璃之间嵌夹透明塑料薄片，经加热、加压、黏合而成的复合玻璃制品。

夹层玻璃有较高的透明度和抗冲击性能。玻璃破碎时不裂成分离的碎块，只有辐射的裂纹和少量的碎玻璃屑，且碎片粘在薄衬片上，不致伤人，属于安全玻璃。夹层玻璃主要用作汽车和飞机的挡风玻璃，以及有特殊安全要求的建筑门窗、隔墙、工业厂房的天窗和某些水下工程等。

9.5.3.3　调光节能玻璃

调光节能玻璃是指具有调制光线、调节热量的进入或散失，从而增加装饰效果或节约能源的玻璃制品，主要品种包括如下几种。

（1）磨砂玻璃　磨砂玻璃是用普通平板玻璃经机械喷砂，手工研磨（磨砂）或氢氟酸溶蚀（化学腐蚀）等方法将表面处理成均匀毛面制成，又称毛玻璃、暗玻璃。因其表面粗糙，使光线产生漫射，故只有透光性而不能透视，使室内光线柔和而不刺目。常用于需要隐蔽的浴室、卫生间、办公室的门窗及隔断，还可用作黑板。

（2）中空玻璃　中空玻璃由两片或多片平板玻璃构成，用边框隔开，四周边缘部分用密封胶密封，玻璃层间充有干燥气体。中空玻璃能够保温绝热，而且节能性好，隔声性能优良，并能有效地防止结露，非常适合在住宅建筑中使用。中空玻璃主要用于需要采暖、空调、防止噪声、结露及需要无直接阳光和特殊光的建筑物上，如住宅、饭店、宾馆办公楼、学校、医院、商店以及火车、轮船等。

（3）热反射玻璃　热反射玻璃，又称镀膜玻璃或镜面玻璃。它是在玻璃表面用加热、蒸汽、化学等方法喷涂金、银、铜、铝、铬、镍、铁等金属，或粘贴有机薄膜，或以某种金属离子置换玻璃表面中原有离子而制成。热反射玻璃具有较强的热反射能力、良好的隔热性能、单向透像等功能作用，适用于各种建筑物的门窗、玻璃幕墙等。

由于热反射玻璃对光线的反射是镜面反射，因而大面积使用高反射率的热反射玻璃存在光污染的可能。

（4）吸热玻璃　吸热玻璃是既能吸收大量红外辐射能，又能保持良好的光透过率的平板玻璃。它是通过在生产普通玻璃中加入着色剂或在普通平板玻璃表面喷涂具有强烈吸热性能的物质薄膜制成。吸热玻璃可呈灰色、茶色、蓝色或绿色等颜色。

吸热玻璃广泛用于现代建筑物的门窗和外墙，起到采光、隔热、防眩作用。吸热玻璃的色彩具有极好的装饰效果，已成为一种新型的外墙和室内装饰材料。

（5）主动性节能玻璃　目前使用的玻璃幕墙材料属于被动性节能，无法根据人们的需要改变幕墙的性能，因此各国都在努力开发主动性建筑窗户节能材料。其中比较著名的是光致变色玻璃，它是根据太阳光的强度自动调节透光率的一种调光玻璃。例如日常生活中常见的变色眼镜，在光线强的时候颜色变深降低透光率，当光线较弱时又完全恢复透明的状态，达到最大透光率。

此外，还有电致变色、热致变色等主动性节能玻璃。它们的特点都是当某一外界能量（如光、电或热等）作用于窗户时，其透过率、反射率或发射率将会产生变化，如撤去外界能量时，则恢复到原来的状态。目前这种材料价格仍太贵，影响了在建筑上的大量应用。

9.5.3.4　饰面玻璃

饰面玻璃是用作建筑装饰玻璃的统称，主要品种包括如下几种。

（1）釉面玻璃　釉面玻璃是以普通平板玻璃、压延玻璃、磨光玻璃或玻璃砖为基体，在其表面涂敷一层彩色易熔性色釉，在熔炉中加热至釉料熔融，使釉层与玻璃牢固结合在一起，再经退火或钢化等热处理制成具有美丽色彩或图案的装饰材料。它具有良好的化学稳定性、热反射性，它不透明，永不褪色和脱落，可用于餐厅、宾馆的室内饰面层，一般建筑物门厅和楼梯间的饰面层，尤其适用于建筑物和构筑物立面的外饰面层，具有良好的装饰效果。

（2）玻璃马赛克　玻璃马赛克又称玻璃锦砖，一般采用熔融法或烧结法生产。它是一种小规格的彩色饰面玻璃，色泽柔和、众多、颜色绚丽，可呈现辉煌豪华的气派。而且玻璃马赛克还具有化学稳定性、热稳定性好、抗污性强，不吸水、不积尘、下雨自洗、经久常新、易于施工、价格便宜等优点，故而广泛应用于宾馆、医院、办公楼、住宅等建筑物外墙和内墙装饰，也可用于壁画装饰，通过艺术镶嵌，制得立体感很强的图案、字画及广告等。

（3）水晶玻璃　水晶玻璃也称石英玻璃，它是采用玻璃珠在耐火材料模具中制成的一种装饰材料。玻璃珠是以二氧化硅和其他添加剂为主要原料，经配料后用火焰烧熔结晶而制成。

水晶玻璃的外层是光滑的，并带有各种形式的细丝网状或仿天然石料的不重复的点缀花纹，具有良好的装饰效果，机械强度高，化学稳定性和耐大气腐蚀性较好。水晶饰面玻璃的反面较粗糙，与水泥黏结性好，便于施工。

水晶玻璃饰面板适用于各种建筑物的内墙饰面、地坪面层、建筑物外墙立面或室内制作壁画等。

（4）艺术装饰玻璃　艺术装饰玻璃又称玻璃大理石，是在优质平板玻璃表面，涂饰一层化合物溶液，经烘干、修饰等工序，制成与天然大理石相似的玻璃板材。它具有表面光滑如镜，花纹清晰逼真，自重轻，安装方便等优点。涂层黏结牢固，耐酸、耐碱，是玻璃深加工制品中的一枝新秀。具有同大理石一样的装饰效果，价格比天然大理石便宜得多，深受人们的喜爱。艺术装饰玻璃主要用于墙面装饰。

9.5.3.5　玻璃砖

玻璃砖是一类块状玻璃制品。主要制品有特厚玻璃、玻璃空心砖、泡沫玻璃等。主要用于建筑屋面和内外墙体，具有透光、装饰、保温隔热、隔声及承重等多种功能。

9.6　建筑陶瓷

9.6.1　陶瓷的概念与分类

传统的陶瓷产品，如日用陶瓷、建筑陶瓷、电瓷等，是用黏土类及其他天然矿物原料经过粉碎加工、成型、煅烧等过程而得到的器皿。由于它使用的原料主要是硅酸盐矿物，所以归属于硅酸盐类材料。随着科学技术的发展，利用陶瓷材料的物理与化学性质制成了许多新型品种，使得陶瓷业得到了很大的发展。氧化物陶瓷、压电陶瓷、金属陶瓷等常被称为特种陶瓷。它们的生产过程虽然基本上还是原料处理-成型-煅烧这种传统方式，即便采用的原料已扩大到化工原料和合成矿物，组成范围也伸展到无机非金属材料的范畴中。因此，可以认为凡用传统的陶瓷生产方法制成的无机多晶产品均属陶瓷之列。

从产品的种类来说，陶瓷系陶器与瓷器两大类产品的总称。陶器通常有一定吸水率，断面粗糙无光，不透明，敲之声音粗哑，有的无釉，有的施釉，内墙砖（釉面砖）属此类。瓷器的坯体致密，基本上不吸水，有一定的半透明性，通常都施有釉层，瓷质坯体产品有锦砖

（马赛克）。介于陶器与瓷器之间的一类产品，称为炻器。炻器与陶器的区别在于陶器坯体密，达到了烧结程度。炻器与瓷器的区别主要是炻器坯体多数都带有颜色且无半透明性。炻器坯体产品有外墙砖、铺地砖。陶瓷的分类方法很多，但国际上尚无统一方案。表 9-1 是按制品所用原料的不同，对普通陶瓷（传统陶瓷）进行的分类。

表 9-1　普通陶瓷的分类

名称		特征		应用举例
		颜色	吸水率/％	
普通陶瓷	陶器　粗陶器　精陶器	带色　白色	18～22　9～12	日用器皿、彩陶　建筑卫生陶瓷、釉面砖
	炻器　粗炻器　细炻器	带色　白色或带色	4～8　0～1.0	缸器、建筑用外墙砖、铺地砖　日用器皿、化工陶瓷(耐酸陶瓷)、电器工业用品
	瓷器	白色	0～0.5	日用餐茶具、美术用品、陶瓷锦砖、陈设瓷、高低压电瓷

9.6.2　建筑陶瓷的品种与特性

用于建筑工程的陶瓷制品，则称为建筑陶瓷，主要包括墙地砖、陶瓷锦砖、釉面砖、卫生陶瓷和琉璃制品等。

9.6.2.1　墙地砖

墙地砖一般是指外墙砖和地砖。外墙砖是用于建筑物外墙的饰面砖，通常为炻质制品。外墙贴面砖具有强度高、防潮、抗冻、防火、耐腐蚀、易于清洗、色调柔和等特点。外墙贴面砖包括带釉贴面砖、不带釉贴面砖、线砖及外墙立体贴面砖等。地砖砖面平整，色调均匀，耐腐耐磨，施工方便，还可拼成图案。一般用于室外台阶、地面及室内门厅、厨房、浴厕等处地面。

9.6.2.2　陶瓷锦砖

陶瓷锦砖也称陶瓷马赛克，是用于建筑物墙面、地面装饰的片状瓷砖。陶瓷锦砖花式繁多，颜色丰富，可拼成各种图案，主要用于厨房、餐厅、浴室等的地面铺贴。

9.6.2.3　釉面砖

釉面砖属于精陶质制品。它色泽柔和、典雅、朴实大方，表面光滑且容易清洗，热稳定性好，防潮、防火、耐酸碱，主要用作厨房、卫生间、实验室精密仪器车间及医院等室内墙面、台面等作为饰面材料，既清洁卫生，又美观耐用。

9.6.2.4　琉璃制品

琉璃制品是用难熔黏土制坯成型后，经干燥、素烧、施釉、釉烧而制成，多属陶质制品。其特点是质地致密，表面光滑，不易沾污，坚实耐久，色彩绚丽，造型古朴。

9.6.2.5　卫生陶瓷

卫生陶瓷制品主要是洗面器、大小便器、洗涤器、水槽等。

9.7　饰面石材

装饰石材主要有大理石和花岗石两大类。大理石是指变质或沉积的碳酸盐岩类的岩石，如大理石、白云岩、页岩和板岩等。我国著名的汉白玉是北京房山产的白云岩，云南大理石则是产于大理的大理岩，著名的丹东绿为蛇纹石化硅长岩。凡是作为石材开采的各类岩浆岩，如花岗岩、安山岩、辉绿岩、辉长岩、片麻岩等都称之为花岗石。如北京白虎涧的白色花岗石是花岗岩，而济南青则是辉长岩，青岛的黑色花岗石则是辉绿岩。大理石的主要化学成分是碳酸盐，在大气中易受二氧化碳、硫化物、水气的作用而产生风化、溶蚀，使表面很快失去光泽；大理石一般不宜用于室外，只有汉白玉、艾叶青等少数品种可以用于室外。花岗石强度很高、耐磨、不易风化变质，外观色泽可保持百年以上，是室内外的高级装饰材料。

9.7.1　天然饰面石材的加工方法

大理石板材与花岗石板材的加工制作工艺流程相似，但因花岗石石质坚硬耐磨，所以在加工时要比大理石困难得多。其工艺流程如图9-2所示。

图 9-2　大理石生产的工艺流程

9.7.1.1　矿山荒料

从矿体中分离出来的具有规则形状的石材称为荒料。荒料尺寸要适用于加工设备的加工能力和产品规格的需要，同时也应考虑到起吊装卸设备的能力和运输条件。大理石和花岗石荒料的规格如表9-2和表9-3所示。

表 9-2　大理石荒料的规格　　　　　　　　　　单位：mm

长度	900	680	980	1150	1300	1950	1400	1650	1600
高度	480	680	680	850	980	980	1300	650	1300
厚度	250	250	400	400	400	400	400	400	400

表 9-3　花岗石荒料的规格　　　　　　　　　　单位：mm

长度	840	1000	1150	1650	1300	1600	2100
高度	340	700	850	960	1000	1300	1100
厚度	320	400	400	460	600	770	950

9.7.1.2　锯切

锯切是将荒料用锯石机锯成板材（毛板）的作业。锯切设备主要有框架锯（排锯）、盘式锯、钢丝绳锯等。锯切花岗岩等坚硬石材或较大规格荒料时，常用框架锯；锯切中等硬度以下的小规格荒料时，则可以采用盘式锯。锯出的毛板由人工卸下，经逐块检验和适当凿正边角，堆放在毛板堆场。合格的毛板产品运去进行表面加工。

9.7.1.3　表面加工

天然大理石板的表面加工包括磨光、火焰烧毛和凿毛等形式。磨光工序一般分为粗磨、细磨、半细磨、精磨、抛光等五道工序。磨光设备有摇臂式手扶研磨机和桥式自动研磨机。前者通常用于小件加工，后者加工 $1m^2$ 以上的板材较好。磨料多用碳化硅加结合剂（树脂和高铝水泥等），或者用 60～1000 网目的金刚砂，依次进行粗磨、细磨、半细磨和精磨。抛光是石材研磨加工的最后一道工序。其抛光方法可分为三类：①毛毡-草酸抛光法。该法适于抛光汉白玉（白云岩）、雪花（白云岩）、螺丝转（白云岩）、芝麻白（浅灰色白云岩）、艾叶青（白云质大理岩）、桃红（大理石）等石材。②毛毡-氧化铝抛光法。该法适于抛光晚霞（石灰岩）、紫豆瓣（竹叶状石灰岩）、杭灰（石灰岩）、东北红（石灰岩）等石材。③M_1 或 $M_{1.5}$ 白刚玉磨石抛光法。该法适于抛光金玉（蛇纹石化大理岩）、丹东绿（蛇纹石化橄榄岩）、济南青（辉长岩）、白虎涧（黑云母花岗岩）以及前两类方法不易抛光的石材。

火焰烧毛加工是将锯切后的花岗石板材利用火焰喷射器进行表面烧毛，使其恢复天然表面。烧毛石的石板先用钢丝刷掉岩石碎片，再用玻璃渣和水的混合液高压喷吹，或者用尼龙纤维团的手动研磨机研磨，以使表面色彩和触感都满足要求。

琢毛加工是由排锯锯切，用琢石机加工石材表面的方法，此法可以加工厚 30mm 以上的板材。

天然花岗岩板的使用部位不同，对其表面加工的方法要求也不同。花岗石板材可分为四类。①剁斧板：表面粗糙，呈规则的表纹状；②机刨板：用刨石机刨成较为平整的表面，呈相互平行的刨纹；③粗磨板：表面经过粗磨，光滑而无光泽；④磨光板：表面光亮，光泽鲜明，晶体裸露。磨光板经抛光处理即为镜面花岗石板材。剁斧和机刨板材按图纸要求加工。

9.7.1.4　切割及修整

经过表面加工的大理石、花岗石板材一般都采用细粒金刚石小圆盘锯切割成一定规格的成品。有的产品还需磨边、倒角、开槽等修整加工。

9.7.2　人造饰面石材

人造饰面石材是人造花岗石和人造大理石的总称，属水泥混凝土或聚酯混凝土的范畴。人造饰面石材的花纹图案可人为控制，有时可胜过天然石材，且具有质量轻、强度高、耐腐蚀、耐污染、施工方便等优点。由于我国天然石材花色不够丰富，且技术和设备陈旧，荒料利用率很低，所以人造装饰石材具有广阔的应用前景。它既是高档的室内装饰材料，又有价格便宜的优势。目前我国已研究出各种不同的配方，当加入品种繁多的添加剂后，人造装饰石材的性能日趋完善。

常用的人造石材有人造大理石、人造花岗岩和水磨石等装饰板材及面材。按照其原料不同主要分为如下几类。

9.7.2.1　树脂型人造石材

树脂型人造石材是以不饱和聚酯树脂为胶结剂，与天然大理碎石、石英砂、方解石、石粉或其他无机填料按一定的比例配合，再加入催化剂、固化剂、颜料等，经混合搅拌、固化成型、脱模烘干、表面抛光等工序加工而成。使用不饱和聚酯的产品光泽好、颜色鲜艳丰富、可加工性强、装饰效果好；这种树脂黏度低，易于成型，常温下可固化。成型方法有振动成型、压缩成型和挤压成型。室内装饰工程中采用的人造石材主要是树脂型的。

9.7.2.2　水泥型人造石材

水泥型人造石材是以各种水泥为胶结材料，砂、天然碎石粒为粗细集料，经配制、搅拌、加压蒸养、磨光和抛光后制成的人造石材。配制过程中，混入色料，可制成彩色水泥石。水泥型石材的生产取材方便，价格低廉，但其装饰性较差。水磨石和各类花阶砖即属此类。

9.7.2.3　烧结型人造石材

烧结型人造石材的生产方法与陶瓷工艺相似，是将长石、石英、辉绿石、方解石等粉料和赤铁矿粉，以及一定量的高岭土共同混合，一般配比为石粉 60%，黏土 40%，采用混浆法制备坯料，用半干压法成型，再在窑炉中以 1000℃ 左右的高温焙烧而成。烧结型人造石材的装饰性好，性能稳定，但需经高温焙烧，因而能耗大，造价高。

由于不饱和聚酯树脂具有黏度小、易于成型，光泽好，颜色浅、容易配制成各种明亮的色彩与花纹、固化快、常温下可进行操作等特点，因此在上述石材中，目前使用最广泛的，是以不饱和聚酯树脂为胶结剂而生产的树脂型人造石材，其物理、化学性能稳定，适用范围广，又称聚酯合成石。

9.8 建筑功能材料的新发展

建筑功能材料发展迅速，且在三方面有较大的发展：一是注重环境协调性，注重健康、环保；二是复合多功能；三是智能化。

9.8.1 绿色建筑功能材料

以前人们注重材料的使用及装饰功能，而忽视其环保、安全功能。随着社会的进步，健康、环保成为人类的共同愿望和正当要求，人们把符合环保要求的产品冠以富于勃勃生机的"绿色食品"、"绿色建材"等名称。建筑功能材料作为建材活跃的一大类，重要的发展方向就是绿色。所谓绿色建材又称生态建材、环保建材等，其本质内涵是相通的，即采用清洁生产技术、少用天然资源和能源，大量使用工农业或城市废弃物生产无毒害、无污染、达生命周期后可回收再利用，有利于环境保护和人体健康的建筑材料。绿色材料一般具有以下特征。

① 满足建筑设计的力学性能、使用功能和寿命要求。

② 在生产、使用过程中具有最小的环境负荷影响，寿命终结时可实现再生循环利用，对自然环境友好和符合可持续发展原则。

③ 能够满足对人类健康无伤害原则，甚至具有有利于提高人类生活质量水平的功能特性。

在当前的科学技术和社会生产力条件下，已经可以利用各类工业废渣生产水泥、砌块、装饰砖和装饰混凝土等；利用废弃的泡沫塑料生产保温墙体材料；利用无机抗菌剂生产各种抗菌涂料和建筑陶瓷等各种新型绿色功能建筑材料。

9.8.2 复合多功能建材

复合多功能建材是指材料在满足某一主要的建筑功能的基础上，附加了其他使用功能的建筑材料。例如抗菌自洁涂料它既能满足一般建筑涂料对建筑主体结构材料的保护和装饰墙面的作用，同时又具有抵抗细菌的生长和自动清洁墙面的附加功能，使得人类的居住环境质量进一步提高，满足人们对健康居住环境的要求；又如多功能玻璃，人类制造使用玻璃已有千年的历史，随着科学技术的发展，建筑玻璃的功能已不仅仅是采光要求，而且发展为多功能、复合功能，如光线调节、保温隔热、防弹防盗、防辐射、防电磁干扰、装饰等。

9.8.3 智能化建材

所谓智能化建材是指材料本身具有自我诊断和预告失效、自我调节和自我修复的功能，并可继续使用的建筑材料。当这类材料的内部发生异常变化时，能将材料的内部状况反映出来，以便在材料失效前采取措施，甚至材料能够在材料失效初期自动进行自我调节，恢复材料的使用功能。例如，自修复混凝土材料，相当部分建筑物在完工，尤其受到动荷载作用后，可能会产生不利的裂纹，对抗震尤其不利，自修复混凝土有可能克服此缺点，大幅度提高建筑物的抗震能力。把低模量黏结剂填入中空玻璃纤维，并使黏结剂在混凝土中长期保持性能。当结构开裂，玻璃纤维断裂，黏结剂释放，黏结裂缝。为防玻璃纤维断裂，将填充了黏结剂的玻璃纤维用水溶性胶黏结成束，平直地埋入混凝土中。又如自动调光玻璃，根据外部光线的强弱，自动调节透光率，保持室内光线的强度平衡，既避免了强光对人的伤害，又可调节室温和节约能源。

总之，随着社会的发展和科学技术的进步，人们对自身生活环境质量改善的要求越来越高，建筑功能材料的发展也随之不断进步，要真正实现建筑材料的多种功能于一体的健康、环保材料的生产和应用，尚有较大差距，有待于建筑材料的研究者、生产者、使用者共同努力，实现建筑功能材料生产和使用的可持续发展目标。

思　考　题

1. 举出几种新型防水材料，说明它们的性能特点和应用。
2. 保温隔热材料有哪些类型和特点？
3. 吸声材料在结构上与保温隔热材料有何区别，为什么？
4. 吸声材料与隔声材料有何区别，为什么？
5. 举出几种建筑玻璃和建筑陶瓷，说明它们的性能特点和应用。
6. 大理石和花岗岩在组成、性质和应用上有何不同？
7. 举出几种人造石材料，说明它们的性能特点和应用。

附录　常用土木工程材料试验

学习土木工程材料试验的目的有三：一是使学生熟悉主要土木工程材料的技术要求，并具有对常用土木工程材料独立进行质量检验的能力；二是使学生对具体材料的性能有进一步的了解，巩固与丰富理论知识；三是进行科学研究的基本训练，培养学生严谨认真的科学态度，提高分析问题和解决问题的能力。

为了达到上述学习目的，学生必须做到：

（1）试验前做好预习，明确试验目的、基本原理及操作要点，并应对试验所用的仪器、材料有基本了解；

（2）在试验的整个过程中要建立严密科学的工作秩序，严格遵守试验操作规程，注意观察试验现象，详细做好试验记录；

（3）对试验结果进行分析，做好试验报告。

在进行土木工程材料的试验时，应注意三个方面的技术问题：一是抽样技术，即要求试样具有代表性；二是测试技术，包括仪器的选择、试件的制备、测试条件及方法；三是试验数据的整理方法。材料的质量指标和试验所得的数据是有条件的，相对的，是与取样、测试和数据处理密切相关的。其中任何一项改变时，试验结果将随之发生或大或小的变化。因此，检验材料质量，划分等级标号时，上述三个方面均须按照国家规定的标准方法或通用的方法进行。否则，就不能根据有关规定对材料质量进行评定，或相互之间进行比较。

本书土木工程材料常用试验简介是按课程教学大纲要求选材，根据现行国家（或行业）标准或其他规范、资料编写的，并不包括所有的土木工程材料的全部内容。又由于科学技术水平和生产条件不断发展，今后遇到本书范围以外的试验时，可查阅有关指导文件，并注意各种土木工程材料标准和试验方法的修订动态，以作相应修改。

试验一　材料基本物理性质试验

材料基本性质的试验项目较多，对于各种不同材料及不同用途，测试项目及测试方法视具体要求而有一定差别。下面以石料为例，介绍土木工程材料中几种常用物理性能试验方法。

一、密度试验（李氏比重瓶法）

石料密度是指石料矿质单位体积（不包括开口与闭口孔隙体积）的质量。

（一）主要仪器设备

李氏比重瓶（附图 1-1，以下简称李氏瓶）、筛子（孔径 0.25mm）、烘箱、干燥器、天平（感量 0.001g）、温度计、恒温水槽、粉磨设备等。

（二）试验步骤

（1）将石料试样粉碎、研磨、过筛后放入烘箱中，以（100±5）℃的温度烘干至恒重。烘干后的粉料放在干燥器中冷却到室温，以待取用。

（2）在李氏瓶中注入煤油或其他对试样不起反应的液体到突颈下部的零刻度线以上，将

李氏瓶放在温度为 $(t\pm1)℃$ 的恒温水槽内（水温必须控制在李氏瓶标定刻度时的温度），使刻度部分浸入水中，恒温 0.5 小时。记下李氏瓶第一次读数 V_1（精确到 0.05mL，下同）。

（3）从恒温水槽中取出李氏瓶，用滤纸将李氏瓶内零点起始读数以上的没有煤油的部分仔细擦净。

（4）取 100g 左右试样，用感量为 0.001g 的天平（下同）准确称取瓷皿和试样总质量 m_1。用牛角匙小心将试样通过漏斗渐渐送入李氏瓶内（不能大量倾倒，因为这样会妨碍李氏瓶中的空气排出，或在咽喉部分形成气泡，妨碍粉末的继续下落），使液面上升接至 20mL 刻度处（或略高于 20mL 刻度处），注意勿使石粉黏附于液面以上的瓶颈内壁上。摇动李氏瓶，排出其中空气，至液体不再发生气泡为止。再放入恒温水槽，在相同温度下恒温 0.5 小时，记下李氏瓶第二次读数 V_2。

（5）准确称取瓷皿加剩下的试样总质量 m_2。

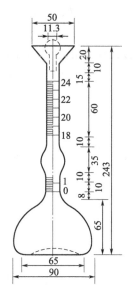

附图 1-1　李氏比重瓶

（三）试验结果

（1）石料试样密度按下式计算（精确至 0.01g/cm³）：

$$\rho_t = \frac{m_1 - m_2}{V_2 - V_1}$$

式中　ρ_t——石料密度，g/cm³；

m_1——试验前试样加瓷皿总质量，g；

m_2——试验后剩余试样加瓷皿总质量，g；

V_1——李氏瓶第一次读数，mL（cm³）；

V_2——李氏瓶第二次读数，mL（cm³）。

（2）以两次试验结果的算术平均值作为测定值，如两次试验结果相差大于 0.02g/cm³ 时，应重新取样进行试验。

二、表观密度（体积密度）试验（量积法）

指石料在干燥状态下包括孔隙在内的单位体积固体材料的质量。形状不规则石料的体积密度可采用静水称量法或蜡封法测定；对于规则几何形状的试件，可采用量积法测定其体积密度。

（一）主要仪器

天平（称量 500g、感量 0.01g）、游标卡尺（精度 0.1mm）、烘箱、试件加工设备等。

（二）试验步骤

（1）将石料加工成规则几何形状的试件（3 个）后放入烘箱内，以 $(100\pm5)℃$ 的温度烘干至恒重。用游标卡尺量其尺寸（精确至 0.01cm），并计算其体积 V_0（cm³）。然后再用天平称其质量 m（精确至 0.01g）。按下式计算其表观密度（体积密度）：

$$\rho_0 = \frac{m}{V_0}$$

（2）求试件体积时，如试件为立方体或长方体，则每边应在上、中、下三个位置分别量测，求其平均值，然后再按下式计算体积：

$$V_0 = \frac{a_1 + a_2 + a_3}{3} \times \frac{b_1 + b_2 + b_3}{3} \times \frac{c_1 + c_2 + c_3}{3}$$

式中　a、b、c 分别为试件的长、宽、高。

（3）求试件体积时，如试件为圆柱体，则在圆柱体上、下两个平行切面上及试件腰部，按两个互相垂直的方向量其直径，求 6 次量测的直径平均值 d，再在互相垂直的两直径与圆周交界的四点上量其高度，求四次量测的平均值 h，最后按下式求其体积：

$$V_0 = \frac{\pi d^2}{4} h$$

（4）组织均匀的石料，其体积密度应为 3 个试件测得结果的平均值；组织不均匀的石料，应记录最大与最小值。

三、孔隙率的计算

将已经求出的同一石料的密度和表观密度（用同样的单位表示）代入下式计算得出该石料的孔隙率：

$$P = \frac{\rho - \rho'}{\rho} \times 100\%$$

式中　P——石料孔隙率，%；

　　　ρ——石料的密度，g/cm^3；

　　　ρ'——石料的体积密度，g/cm^3。

四、吸水率试验

（一）主要仪器设备

天平（感量 0.01g）、烘箱、石料加工设备、容器等。

（二）试验步骤

（1）将石料试件加工成直径和高均为 50mm 的圆柱体或边长为 50mm 的立方体试件；如采用不规则试件，其边长不少于 40～60mm，每组试件至少 3 个，石质组织不均匀者，每组试件不少于 5 个。用毛刷将试件洗涤干净并编号。

（2）将试件置于烘箱中，以（100±5）℃的温度烘干至恒重。在干燥器中冷却至室温后以天平称其质量 m_1（g），精确至 0.01g（下同）。

（3）将试件放在盛水容器中，在容器底部可放些垫条如玻璃管或玻璃杆使试件底面与盆底不致紧贴，使水能够自由进入。

（4）加水至试件高度的 1/4 处；以后每隔 2h 分别加水至高度的 1/2 和 3/4 处；6h 后将水加至高出试件顶面 20mm 以上，并再放置 48h 让其自由吸水。这样逐次加水能使试件孔隙中的空气逐渐逸出。

（5）取出试件，用湿纱布擦去表面水分，立即称其质量 m_2（g）。

（三）试验结果计算

（1）按下列公式计算石料吸水率（精确至 0.01%）：

$$W_x = \frac{m_2 - m_1}{m_1} \times 100\%$$

式中　W_x——石料吸水率，%；

　　　m_1——烘干至恒重时试件的质量，g；

　　　m_2——吸水至恒重时试件的质量，g。

（2）组织均匀的试件，取三个试件试验结果的平均值作为测定值；组织不均匀的，则取 5 个试件试验结果的平均值作为测定值。

试验二 水泥试验

一、试验目的及依据

测定水泥的细度、标准稠度用水量、凝结时间、安定性及胶砂强度等主要技术性质，作为评定水泥强度等级的主要依据。

本试验根据《水泥细度检验方法 筛析法》(GB/T 1345—2005)、《水泥标准稠度用水量、凝结时间、安定性检验方法》(GB/T 1346—2011) 和《水泥胶砂强度检验方法（ISO法)》(GB/T 17671—1999) 进行。

本试验方法适用于硅酸盐水泥、普通硅酸盐水泥、矿渣硅酸盐水泥、火山灰质硅酸盐水泥、粉煤灰硅酸盐水泥和复合硅酸盐水泥。

二、一般规定

水泥出厂前按同品种、同强度等级编号和取样。袋装水泥和散装水泥应分别进行编号和取样，每一编号为一取样单位。水泥的出厂编号，按水泥厂年产量规定为：120 万吨以上，不超过 1200t 为一编号；60～120 万吨，不超过 1000t 为一编号；30～60 万吨，不超过 600t 为一编号；10～30 万吨，不超过 400t 为一编号；4～10 万吨，不超过 200t 为一编号；4 万吨以下，不超过 200t 和 3d 产量为一编号。

水泥的取样应有代表性，可连续取，亦可从 20 个以上不同部位取等量样品，总量至少 12kg。试样应充分拌匀，通过 0.9mm 方孔筛，并记录筛余物百分数及其性质。

试验室温度应为 18～22℃，相对湿度大于 50%。养护箱温度为 (20±1)℃，相对湿度应大于 90%。养护池水温为 (20±1)℃。试验用水必须是洁净的淡水。

三、水泥细度试验

细度检验采用筛孔直径为 80μm 的试验筛，试验筛框的有效尺寸如附表 2-1。试验方法分负压筛法、水筛法和手工干筛法三种，在检验工作中，如对负压筛法与水筛法或手工干筛法测定的结果发生争议时，以负压筛法为准。

附表 2-1 试验筛框的有效尺寸

项目	负压筛	水筛	手工干筛
筛框有效直径/mm	150±1	125±1	150±1
筛框高度/mm	25±1	80±1	50±1

（一）负压筛法

（1）主要仪器设备

① 负压筛析仪：负压筛析仪由筛座、负压筛、负压源及收尘器组成，其中筛座由转速为 (30±2)r/min 的喷气嘴、负压表、控制板、微电机及壳体等构成。筛析仪负压可调范围为 4000～6000Pa。

② 天平最大称量为 100g，分度值不大于 0.05g。

（2）试验方法

① 筛析试验前，应把负压筛放在筛座上，盖上筛盖，接通电源，检查控制系统，调节负压至 4000～6000Pa 范围内。

② 称取试样 25g，置于洁净的负压筛中，盖上筛盖，放在筛座上，开动筛析仪连续筛析

2min，在此期间如有试样附着在筛盖上，可轻轻地敲击，使试样落下。筛毕，用天平称量筛余物。

③ 当工作负压小于 4000Pa 时，应清理吸尘器内水泥，使负压恢复正常。

（二）水筛法

（1）主要仪器设备　水筛、筛支座、喷头、天平等。

（2）试验方法

① 筛析试验前，应检查水中无泥、砂，调整好水压及水筛架的位置，使其能正常运转。喷头底面和筛网之间距离为 35～75mm。

② 称取试样 50g，置于清洁的水筛中，立即用清水冲洗至大部分细粉通过后，放在水筛架上，用水压为 (0.05±0.02)MPa 的喷头连续冲洗 3min。筛毕，用少量水把筛余物冲至蒸发皿中，等水泥颗粒全部沉淀后，小心倒出清水，烘干并用天平称量筛余物。

（三）手工干筛法

在没有负压筛析仪和水筛的情况下，允许用手工干筛法测定。

（1）主要仪器设备　干筛、天平等。

（2）试验方法

① 称取 50g 试样倒入干筛中。

② 用一只手执筛往复摇动，另一只手轻轻拍打，拍打速度每分钟约 120 次，每 40 次向同一方向转动 60°，使试样均匀分布在筛网上，直至每分钟通过的试样量不超过 0.05g 为止。

③ 用天平称量筛余物。

（四）试验结果

水泥试样的筛余百分数按下式计算：

$$F = \frac{R_s}{W} \times 100\%$$

式中　F——水泥试样的筛余百分数，%；

R_s——水泥筛余物的质量，g；

W——水泥试样的质量，g。

计算结果精确至 0.1%。

（五）试验筛的清洗

试验筛必须保持清洁，筛孔通畅。如筛孔被水泥堵塞影响筛余量时，可用弱酸浸泡，用毛刷轻轻的刷洗，用淡水冲净、晾干。

四、水泥标准稠度用水量试验

（一）主要仪器设备

（1）标准稠度测定仪（附图 2-1）　试杆与试锥等滑动部分的总质量为 (300±2)g；试锥由黄铜制造，锥底直径 40mm，高 50mm，锥角 43°36′±2°；装净浆用锥模，上口内径 60mm，工作高度 75mm，锥角 43°36′±2°。

（2）水泥净浆搅拌机

（3）量水器、天平（感量 1g）

（二）试验方法

（1）标准稠度用水量可用调整水量和不变水量两种方法的任一种测定，如发生争议时以调整水量方法为准。

（2）试验前须检查：仪器的金属棒应能自由滑动；试锥降至模顶面位置时指针应对准标尺零点；搅拌机应运转正常。

（3）水泥净浆拌合前，搅拌锅和搅拌叶片先用湿棉布擦过，将称好的 500g 水泥试样倒入搅拌锅内。拌合时，先将搅拌锅放到搅拌机锅座上，升至搅拌位置，开动机器，同时徐徐加入拌合水，低速搅拌 120s，停拌 15s，接着快速搅拌 120s 后停机。

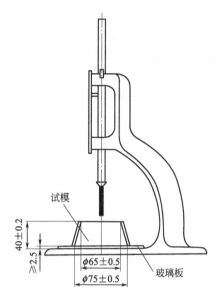

试模

玻璃板

附图 2-1　测定水泥标准稠度用维卡仪

采用调整水量方法时，拌合水量按经验找水，采用不变水量方法时，拌合水量用 142.5mL 水，精确至 0.5mL。

（4）拌合结束后，立即将拌好的净浆装入锥模内，用小刀插捣，振动数次，刮去多余净浆，抹平后迅速放到试锥下面的固定位置上，将试锥降至净浆表面拧紧螺丝，然后突然放松，让试锥自由沉入净浆中，到试锥停止下沉时记录试锥下沉深度。整个操作应在搅拌后 1.5min 内完成。

（5）用调整水量方法测定时，以试锥下沉深度（30±1）mm 时的净浆为标准稠度净浆。其拌合水量为该水泥的标准稠度用水量（P），按水泥质量的百分比。如下沉深度超出范围，须另称试样，调整水量，重新试验，直至达到（30±1）mm 时为止。

（6）用不变水量方法测量时，根据测得的试锥下沉深度 S（mm）按下式（或仪器上对应标尺）计算得到标准稠度用水量 $P(\%)$。（当试锥下沉深度小于 13mm 时，应改用调整水量方法测定。）

$$P = 33.4 - 0.185S$$

五、水泥凝结时间的测定

(一) 主要仪器设备

（1）凝结时间测定仪　与测定标准稠度时所用的测定仪相同，但试锥应换成试针，装净浆用的锥模应换成圆模（附图 2-2）。

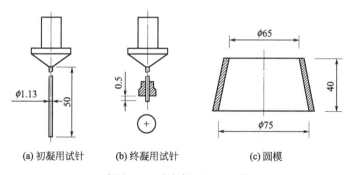

(a) 初凝用试针　　(b) 终凝用试针　　(c) 圆模

附图 2-2　维卡仪试针及圆模

（2）湿气养护箱　应能使温度控制在（20±3）℃，湿度大于 90%。

（3）水泥净浆搅拌机、天平、量水器等。

(二) 试验方法

（1）测定前，将圆模放在玻璃板上，在内侧稍稍涂上一层机油；调整凝结时间测定仪使试针接触玻璃板时，指针对准标尺零点。

（2）称取水泥试样 500g，以标准稠度用水量按测定标准稠度时制备净浆的方法，制成标准稠度净浆，立即一次装入圆模，振动数次后刮平，然后放入湿汽养护箱内。记录开始加水的时间作为凝结时间的起始时间。

（3）凝结时间的测定：试件在湿气养护箱中养护至加水后 30min 时进行第一次测定。测定时，从养护箱中取出圆模放到试针下，使试针与净浆面接触，拧紧螺丝 1~2s 后突然放松，试针垂直自由沉入净浆，观察试针停止下沉时指针读数。当试针沉至距底板 (4±1)mm 时，即为水泥达到初凝状态；当试针沉入试体 0.5mm 时，即环形试件开始不能在试体上留下痕迹时，水泥达到终凝状态。由加水开始至初凝、终凝状态的时间分别为该水泥的初凝时间和终凝时间，用小时（h）和分钟（min）来表示。测定时应注意，在最初测定的操作时应轻轻扶持金属棒，使其徐徐下降以防试针撞弯，但结果以自由下落为准，在整个测试过程中试针贯入的位置至少要距圆模内壁 10mm。临近初凝时，每隔 5min 测定一次，临近终凝时每隔 15min 测定一次，到达初凝或终凝状态时应立即重复测一次，当两次结果相同时才能定为到达到初凝或终凝状态。每次测定不得让试针落入原针孔，每次测试完毕须将试针擦净并将圆模放回养护箱内，整个测定过程中要防止圆模受振。

六、水泥安定性的测定

安定性测定方法可以用饼法也可用雷氏法，有争议时以雷氏法为准。饼法是观察水泥净浆试饼沸煮后的外形变化来检验水泥的体积安定性。雷氏法是测定水泥净浆在雷氏夹中沸煮后的膨胀值。

(一) 主要仪器设备

（1）沸煮箱有效容积约为 410mm×240mm×310mm，篦板结构应不影响试验结果，篦板与加热器之间的距离大于 50mm。箱的内层由不易锈蚀的金属材料制成，能在 (30±5)min 内将箱内的试验用水由室温升温至沸腾并可保持沸腾状态 3h 以上，整个试验过程中不需补充水量。

（2）雷氏夹　由铜质材料制成，其结构如附图 2-3 所示。当一根指针的根部先悬挂在一根金属丝或尼龙丝上，另一根指针的根部再挂上 300g 质量的砝码时，两根指针的针尖距离增加应在 (17.5±2.5)mm 范围内，当去掉砝码后针尖的距离能恢复至挂砝码前的状态。

（3）雷氏夹膨胀值测定仪如附图 2-4 所示，标尺最小刻度为 1mm。

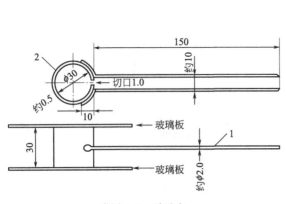

附图 2-3　雷氏夹
1—指针；2—环模

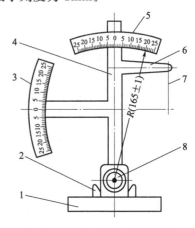

附图 2-4　雷氏夹膨胀值测量仪
1—底座；2—模子座；3—测弹性标尺；4—立柱；
5—侧膨胀值标尺；6—悬臂；7—悬丝；8—弹簧顶扭

（4）水泥净浆搅拌机、湿气养护箱、量水器、天平等。

（二）试验方法

（1）准备工作　若采用雷氏法时，每个雷氏夹需配备质量约 75～80g 的玻璃板两块，若采用饼法，一个样品需准备两块约 100mm×100mm 的玻璃板。每种方法每个试样需成型两个试件。凡与水泥净浆接触的玻璃板和雷氏夹表面都要稍稍涂上一层油。

（2）以标准稠度用水量制备标准稠度净浆。

（3）试饼的成型方法　将制好的净浆取出一部分分成两等分，使之呈球形，放在预先准备好的玻璃板上，轻轻振动玻璃板并用湿布擦过的小刀由边缘向中央抹动，做成直径 70～80mm、中心厚约 10mm、边缘渐薄、表面光滑的试饼，接着将试饼放入湿汽养护箱内养护（24±2）h。

（4）雷氏夹试件的制备　将预先准备好的雷氏夹放在已稍擦油的玻璃板上，并立刻将制好的标准稠度净浆装满试模，装模时一只手轻轻扶持试模，另一只手用宽约 10mm 的小刀插捣 15 次左右然后抹平，盖上稍涂油的玻璃板，接着立刻将试模移至湿气养护箱内养护（24±2）h。

（5）从养护箱内取出试件，脱去玻璃板　当为饼法时先检查试饼是否完整（如已开裂翘曲要检查原因，确证无外因时，该试饼已属不合格不必沸煮），在试饼无缺陷的情况下将试饼放在沸煮箱的篦板上。

当用雷氏法时，先测量试件指针尖端间的距离（A），精确至 0.5mm，接着将试件放入篦板上，指针朝上，试件之间互不交叉。

（6）沸煮　调整好沸煮箱内水位，保证整个沸煮过程都能没过试件，不需中途加水；然后在（30±5）min 内加热至沸腾并保持 3h±5min。

（7）结果判别　沸煮结束，即放掉箱中的热水，打开箱盖，待箱体冷却至室温，取出试件进行判别。

若为试饼，目测未发现裂缝，用直尺检查也没有弯曲的试饼为安定性合格，反之为不合格。当两个试饼判别结果有矛盾时，该水泥的安定性为不合格。

若为雷氏夹，测量试件指针尖端间的距离（C），记录至小数点后一位，当两个试件煮后增加距离（$C-A$）的平均值不大于 5.0mm 时，即认为该水泥安定性合格，当两个试件的增加距离（$C-A$）值相差超过 4mm 时，应用同一样品立即重做一次试验。

七、水泥胶砂强度试验

试体成型试验室温度应保持在（20±2）℃，相对湿度应不低于 50%。试体带模养护的养护箱或雾室温度保持在（20±2）℃，相对湿度应不低于 90%。试体养护池水温度应在（20±1）℃范围内。

（一）主要仪器设备

（1）胶砂搅拌机　行星式搅拌机，应符合 JC/T 681 要求。

（2）胶砂振实台　应符合 JC/T 726 的要求。

（3）试模　由三个水平的槽模组成。模槽内腔尺寸为 40mm×40mm×160mm，可同时成型三条棱形试件。成型操作时应在试模上面加有一个壁高 20mm 的金属套模；为控制料层厚度和刮平胶砂表面，应备有两个播料器和一金属刮平尺。

（4）抗折强度试验机　一般采用杠杆比值为 1∶50 的电动抗折试验机，也可以采用性能符合要求的其他试验机。抗折夹具的加荷与支撑圆柱直径应为（10±0.1）mm（允许磨损后尺寸为 10±0.2）mm），两个支撑圆柱中心间距为（100±0.2）mm。

（5）抗压试验机　试验机精度要求±1%，并具有按（2400±200）N/s速率加荷的能力。

（6）抗压夹具应符合 JC/T 683 的要求，受压面积为 40mm×40mm。

（7）天平（精度±1g）、量水器（精度±1mL）等。

（二）试件成型

（1）将试模擦净，四周模板与底座的接触面上应涂黄油，紧密装配，防止漏浆。内壁均匀刷一薄层机油。

（2）试验采用中国 ISO 标准砂，中国 ISO 标准砂可以单级分包装，也可以各级预配合以（1350±5）g 量的塑料袋混合包装。

每锅胶砂可成型三条试体。除火山灰水泥外，每锅胶砂按质量比水泥∶标准砂∶水＝1∶3∶0.5，用天平称取水泥（450±2）g，中国 ISO 标准砂（1350±5）g，量水器量取（225±1）mL 水。

火山灰水泥进行胶砂强度检验的用水量按 0.50 水灰比的胶砂流动度不小于 180mm 来确定。当流动度小于 180mm 时，须以 0.01 的整倍数递增的方法将水灰比调整至胶砂流动度不小于 180mm。

（3）把水加入搅拌锅，再加入水泥，把锅放在固定架上，上升至固定位置。然后立即开动搅拌机，低速搅拌 30s 后，在第二个 30s 开始的同时均匀地将砂加入。把机器转至高速再拌 30s。停拌 90s，在第一个 15s 内用一胶皮刮具将叶片和锅壁上的胶砂，刮入锅中间。在高速下继续搅拌 60s 后，停机取下搅拌锅。

各个搅拌阶段，时间误差应在±1s 内。将粘在叶片上的胶砂刮下。

（4）胶砂制备后立即进行成型。将空试模和模套固定在振实台上，用一适当勺子直接从搅拌锅中将胶砂分两层装入试模，装第一层时，每个槽里约放 300g 胶砂，用大播料器垂直架在模套顶部沿每个模槽来回一次将料层播平，接着振实 60 次。再装入第二层胶砂，用小播料器播平，再振实 60 次。移走套模，从振实台上取下试模，用一金属直尺以近似 90°的角度架在试模顶的一端，然后沿试模长度方向以横向锯割动作慢慢移向另一端，一次将超过试模部分的胶砂刮去，并用同一直尺以近乎水平的状况将试体表面抹平。

（5）在试模上做好标记后，立即放入湿气养护箱或雾室进行养护。

（三）脱模与养护

（1）养护到规定脱模时间取出脱模。脱模前，用防水墨或颜料笔对试体进行编号。两个龄期以上的试体，编号时应将同一试模中的三条试件分在两个以上的龄期内。

（2）脱模应非常小心。对于 24h 龄期的，应在破型前 20min 内脱模。对于 24h 以上龄期的，应在成型后 20～24h 之间脱模。硬化较慢的水泥允许延期脱模，但须记录脱模时间。

（3）试件脱模后立即水平或垂直放入水槽中养护，养护水温度为（20±1）℃，试件之间应留有间隙，养护期间试件之间或试体上表面的水深不得小于 5mm。每个养护池只养护同类型的水泥试件。

（四）强度测定

不同龄期的试件，应在下列时间里（从水泥加水搅拌开始算起）内进行强度测定。24h±15min；48h±30min；72h±45min；7d±2h；＞28d±8h。

（1）抗折强度测定

① 每龄期取出三条试件先做抗折强度测定。测定前须擦去试件表面的水分和砂粒。清除夹具上圆柱表面黏着的杂物。试件放入抗折夹具内，应使试件侧面与圆柱接触。

② 采用杠杆式抗折试验机时，试件放入前，应使杠杆成平衡状态。试件放入后，调整夹具，使杠杆在试件折断时尽可能地接近平衡位置。

③ 抗折强度测定时的加荷速度为 $(50\pm10)N/s$。

④ 抗折强度按下式计算（计算至 0.1MPa）：

$$R_t = \frac{1.5F_t L}{b^3}$$

式中　R_t——单个试件抗折强度，MPa；

$\quad\quad F_t$——折断时施加于棱柱体中部的荷载，N；

$\quad\quad L$——支撑圆柱之间的距离，即 $L=100mm$；

$\quad\quad b$——棱柱体正方形截面的边长，mm。

⑤ 以一组三个试件测定值的算术平均值作为抗折强度的试验结果（精确至 0.1MPa）。当三个强度值中有超出平均值±10%时，应剔除后再取平均值作为抗折强度试验结果。

（2）抗压强度测定

① 抗折强度测定后的两个断块应立即进行抗压强度测定。抗压强度测定须用抗压夹具进行，使试件受压面积为 40mm×40mm。测定前应清除试件受压面与加压板间的砂粒或杂物。测定时以试件的侧面作为受压面，并使夹具对准压力机压板中心。

② 整个加荷过程中以 $(2400\pm200)N/s$ 的速率均匀加荷直至破坏。

③ 抗压按下式计算（计算至 0.1MPa）

$$R_c = \frac{F_c}{A}$$

式中　R_c——单个试件抗压强度，MPa；

$\quad\quad F_c$——破坏时的最大荷载，N；

$\quad\quad A$——受压部分面积，即 40mm×40mm＝1600mm²。

④ 以一组三个棱柱体上得到的六个抗压强度测定值的算术平均值作为抗压强度的试验结果（精确至 0.1MPa）。如六个测定值中有一个超出六个平均值±10%，应剔除这个结果，而以剩下五个的平均数为试验结果。如五个测定值中再有超过它们平均数±10%的，则此组结果作废。

试验三　集　料　试　验

一、试验目的与依据

对建筑用细集料（砂）、粗集料（石）进行试验，评定其质量，为水泥混凝土配合比设计提供原材料参数。

建设用砂试验依据为国家标准《建设用砂》（GB/T 14684—2011）；建设用石试验依据为国家标准《建设用卵石、碎石》（GB/T 14685—2011）。

二、取样方法及数量

（一）细集料的取样方法和数量

细集料的取样应按批进行，每批总量不宜超过 400m³ 或 600t。在料堆取样时，取样部位应均匀分布。取样前应将取样部位表层铲除，然后由各部位抽取大致相等的试样共 8 份，组成一组试样。进行各项试验的每组试样应不小于附表 3-1 规定的最少取样量。

试验时需按四分法分别缩取各项试验所需的数量，其步骤是：将每组试样在自然状态下于平板上拌匀，并堆成厚度约为 2cm 的圆饼，于饼上划两垂直直径把饼分成大致相等的四份，取其对角的两份重新照上述四分法缩取，直至缩分后试样量略多于该项试验所需的量为止。试样缩分也可用分料器进行。

（二）粗集料的取样方法和数量

粗集料的取样也按批进行，每批总量不宜超过 400m³ 或 600t。在料堆取样时，应在料堆的顶部、中部和底部各均匀分布 5 个（共计 15 个）取样部位，取样前先将取样部位的表层铲除，然后由各部位抽取大致相等的试样共 15 份组成一组试样。进行各项试验的每组样品数量应不小于附表 3-1 规定的最少取样量。

试验时需将每组试样分别缩分至各项试验所需的数量，其步骤是：将每组试样在自然状态下于平板上拌匀，并堆成锥体，然后按四分法缩取，直至缩分后试样量略多于该项试验所需的量为止。试样的缩分也可用分料器进行。

附表 3-1　每项试验所需试样的最少取样量

集料种类 试验项目	细集料/g	粗集料/kg							
		集料最大粒径/mm							
		10.0	16.0	20.0	25.0	31.5	40.0	63.0	80.0
筛分析	4400	10	15	20	30	30	40	60	80
表现密度	2600	8	8	8	8	12	16	24	24
堆积密集	5000	40	40	40	40	80	80	120	120
含水率	1000	2	2	2	2	3	3	4	6

三、集料筛分析试验

集料筛分析试验所需筛的规格可根据需要选用相应筛孔尺寸的圆孔筛或方孔筛。一般情况，可使用如下筛孔尺寸的系列试验套筛。

圆孔筛系列筛孔直径（mm）：100、80、63、50、40、31.5、25、20、16、10、5、2.5。

方孔筛系列筛孔直径（mm）：100、75.0、63.0、53.0、37.5、31.5、26.5、19.0、16.0、13.2、9.5、4.75、2.36、1.18、0.6、0.3、0.15、0.075。

（一）细集料的筛分析试验

（1）主要仪器设备　①试验筛细集料试验套筛以及筛的底盘和盖各一个；②托盘天平称量 1kg，感量 1g；③摇筛机；④烘箱，能控制温度在（105±5）℃；⑤浅盘、毛刷等。

（2）试样制备　用于筛分析的试样应先筛除大于 10mm 颗粒，并记录其筛余百分率。如试样含泥量超过 5%，应先用水洗。然后将试样充分拌匀，用四分法缩分至每份不少 550g 的试样两份，在（105±5）℃下烘干至恒重，冷却至室温后备用。

（3）试验步骤

① 准确称取烘干试样 500g（精确到 1g），置于按筛孔大小顺序排列的套筛最上一只筛上，将套筛装入摇筛机摇筛约 10min（无摇筛机可采用手摇）。然后取下套筛，按孔径大小顺序逐个在清洁的浅盘上进行手筛，直至每分钟的筛出量不超过试样总量的 0.1% 时为止。通过的颗粒并入下一号筛中一起过筛，按此顺序进行，至各号筛全部筛完为止。

② 试样在各号筛上的筛余量均不得超过下式的量。

质量仲裁时，$m_r = \dfrac{A\sqrt{d}}{300}$

生产控制检验，$m_r = \dfrac{A\sqrt{d}}{200}$

式中　m_r——筛余量，g；

$\quad\quad d$——筛孔尺寸，mm；

$\quad\quad A$——筛的面积，mm^2。

否则应将该筛余试样分成两份，再次进行筛分，并以其筛余量之和作为该号筛的筛余量。

③ 称量各号筛筛余试样的质量，精确至1g。所有各号筛的筛余试样质量和底盘中剩余试样质量的总和与筛余前的试样总质量相比，其差值不得超过1%。

（4）试验结果计算

① 分计筛余百分率。各号筛上的筛余量除以试样总质量的百分率（精确至0.1%）。

② 累计筛余百分率。该号筛上的分计筛余百分率与大于该号筛的各号筛上的分计筛余百分率之总和（精确至0.1%）。

③ 根据各筛的累计筛余百分率，绘制筛分曲线，评定颗粒级配。

④ 计算细度模数μ_f（精确至0.01）。

$$\mu_f = \frac{(A_2 + A_3 + A_4 + A_5 + A_6) - 5A_1}{100 - A_1}$$

式中 $A_1 \sim A_6$ 依次为筛孔直径 5.00～0.160mm 筛上累计筛余百分率。

⑤ 筛分析试验应采用两个试样进行平行试验，并以其试验结果的算术平均值作为测定值。如两次试验所得细度模数之差大于0.20，应重新进行试验。

（二）粗集料的筛分析试验

（1）主要仪器设备

① 试验筛　圆孔或方孔筛（带筛底）一套。

② 托盘天平或台秤称量随试样质量而定，感量为试样质量的0.1%左右。

③ 烘箱、浅盘等。

（2）试样制备　试验所需的试样量按最大粒径应不少于附表3-2的规定。用四分法把试样缩分到略重于试验所需的量，烘干或风干后备用。

附表 3-2　粗集料筛分析试验所需试样最少量

最大粒径/mm	10.0	16.0	20.0	25.0	31.5	40.0	63.0	80.0
筛分析试样质量/kg	2.0	3.2	4.0	5.0	6.3	8.0	12.3	16.0

（3）试验步骤

① 按附表3-2称量并记录烘干或风干试样质量。

② 按要求选用所需筛孔直径的一套筛，并按孔径大小将试样顺序过筛，直至每分钟的通过量不超过试样总量的0.1%。但在筛分过程中，应注意每号筛上的筛余层厚度应不大于试样最大粒径的尺寸；如超过此尺寸，应将该号筛上的筛余分成两份，分别再进行筛分，并以其筛余量之和作为该号筛的余量。当试样粒径大于20mm时，筛分时允许用手拨动试样颗粒，使其通过筛孔。

③ 称取各筛筛余的质量，精确至试样总质量的0.1%。分计筛余量和筛底剩余的总和与筛分前试样总量相比，其相差不得超过1%。

（4）试验结果计算　计算分计筛余百分率和累计筛余百分率（精确至0.1%）。计算方法同细集料的筛分析试验。根据各筛的累计筛余百分率，评定试样的颗粒级配。

四、集料表观密度（视密度）试验

集料表观密度（视密度）试验可采用标准或简易试验方法进行。

（一）细集料表观密度（视密度）试验（标准法）

（1）主要仪器　①托盘天平（称量 1kg，感量 1.0g）；②容量瓶 500mL；③烘箱、干燥器、温度计、料勺等。

（2）试样制备　将缩分至约 650g 的试样在（105±5）℃烘箱中烘至恒重，并在干燥器中冷却至室温后分成两份试样备用。

（3）试验步骤

① 称取烘干试样 300g（m_0），精确至 1g，装入盛有半瓶 15～25℃冷开水的容量瓶中，摇动容量瓶，使试样充分搅动以排除气泡，塞紧瓶塞。

② 静置 24h 后打开瓶塞，用滴管添水使水面与瓶颈刻线平齐。塞紧瓶塞，擦干瓶外水分，称其重量（m_1）。

③ 倒出容量瓶中的水和试样，清洗瓶内外，再注入与上项水温相差不超过 2℃的冷开水至瓶颈刻线。塞紧瓶塞，擦干瓶外水分，称其质量（m_2）。

④ 试验过程中应测量并控制水温。各项称量可以在 15～25℃的温度范围内进行。从试样加水静置的最后 2h 起直至试验结束，其温差不超过 2℃。

（4）试验结果计算　表观密度（视密度）ρ_{s0} 应按下式计算（精确至 10kg/m³）：

$$\rho_{s0} = \left(\frac{m_0}{m_0 + m_2 - m_1} - a_t \right) \times 1000$$

式中　m_1——瓶＋试样＋水总质量，g；

　　　m_2——瓶＋水总质量，g；

　　　m_0——烘干试样质量，g；

　　　a_t——水温对水相对密度修正系数，见附表 3-3。

表观密度以两次测定结果的算术平均值为测定值。如两次结果之差大于 20kg/m³ 时，应重新取样进行试验。

附表 3-3　水温修正系数

水温/℃	15	16	17	18	19	20	21	22	23	24	25
a_t	0.002	0.003	0.003	0.004	0.004	0.005	0.005	0.006	0.006	0.007	0.008

（二）粗集料表观密度（视密度）试验（简易方法）

此法可用于最大粒径不大于 40mm 的粗集料。

（1）主要仪器设备　①天平（称量 5kg，感量 5g）；②广口瓶 1000mL，磨口并带玻璃片；③筛（孔径 5mm）、烘箱、金属丝刷、浅盘、带盖容器，毛巾等。

（2）试样制备　将试样筛去 5mm 以下的颗粒，用四分法缩分至不少于 2kg，洗刷干净后，分成两份备用。

（3）试验步骤

① 取试样一份浸水饱和后，装入广口瓶中。装试样时，广口瓶应倾斜一个相当角度。用摇晃的办法排除气泡。

② 气泡排尽后，再向瓶中添加饮用水至水面凸出瓶口边缘，然后用玻璃片沿瓶口迅速

滑行，使其紧贴瓶口水面。擦干瓶外水分，称出试样、水、瓶和玻璃片的总质量（m_1）。

③ 将瓶中试样倒入浅盘中，置于温度为（105±50）℃的烘箱中烘干至恒重，然后取出置于带盖的容器中冷却至室温后称出试样的质量（m_0）。

④ 将瓶洗净，重新注入饮用水，用玻璃片紧贴瓶口水面，擦干瓶外水分后称出质量（m_2）。

（4）试验结果计算　试样的近似密度ρ_{g0}按下式计算（精确至10kg/m^3）

$$\rho_{g0}=\left(\frac{m_0}{m_0+m_2-m_1}-a_t\right)\times1000$$

式中　m_0——烘干后试样质量，g，

$\quad\quad m_1$——试样、水、瓶和玻璃片的总质量，g，

$\quad\quad m_2$——水、瓶和玻璃片总质量，g；

$\quad\quad a_t$——考虑称量时的水温对近似密度影响的修正系数，见附表3-3。

表观密度应用两份试样测定两次，并以两次测定结果的算术平均值作为测定值。如两次结果之差值大于20kg/m^3，应重新取样试验。对颗粒材质不均匀的试样，如两次结果之差值超过20kg/m^3，可取四次测定结果的算术平均值作为测定值。

五、集料的堆积密度试验

(一) 细集料的堆积密度和紧装密度试验

（1）主要仪器

①台秤称量（5kg，感量5g）。

②容量筒金属制圆柱形，内径108mm，净高109mm，筒壁厚2mm，筒底厚为5mm，容积约为1L。容量筒应先校正容积，以（20±2）℃的饮用水装满容量筒，用玻璃板沿筒口滑移，使其紧贴水面并擦干筒外壁水分，然后称量。用下式计算容量筒容积（V）：

$$V=G_2-G_1$$

式中　V——容量筒容积，L；

$\quad\quad G_1$——筒和玻璃板总质量，kg；

$\quad\quad G_2$——筒、玻璃板和水总质量，kg。

③ 烘箱、漏斗或料勺、直尺、浅盘等。

（2）试样制备　取缩分试样约3L，在（105±50）℃的烘箱中烘干至恒重，取出冷却至室温，筛除大于5mm的颗粒，分成大致相等两份备用。烘干试样中如有结块，应先捏碎。

（3）试验步骤

① 堆积密度。取试样一份，将试样用料勺或漏斗徐徐装入容量筒内，出料口距容量筒口不应超过50mm，直至试样装满超出筒口成锥形为止。用直尺将多余的试样沿筒口中心线向两个相反方向刮平。称容量筒连试样总质量m_2。

② 紧装密度取试样一份，分两层装入容量筒。装完一层后，在筒底垫放一根直径为10mm的钢筋。将筒按住，左右交替颠击地面各25下，然后再装入第二层；第二层装满后用同样的方法（筒底所垫钢筋方向应与第一次时方向垂直）颠实后，加料至试样超出容量筒筒口，然后用直尺将多余试样沿筒口中心线向两个相反方向刮平，称其质量m_2。

（4）测定结果计算　细集料的堆积密度或紧装密度ρ_{s1}。按下式计算（精确至10kg/m^3）：

$$\rho_{s1}=\frac{m_2-m_1}{V_1}\times1000$$

式中　m_1——容量筒质量，kg；

　　m_2——容量筒连试样总质量，kg；

　　V_1——容量筒容积，L。

　　以两次测定结果的算术平均值作为测定值。

（二）粗集料的堆积密度和振实密度试验

　　（1）主要仪器设备　①磅秤（称量50kg或100kg，感量50g或100g）；②容量筒金属制，规格见附表3-4。试验前应校正容积，方法同细集料的堆积密度试验；③烘箱、平头铁铲、振动台等

　　（2）试样制备　取数量不少于附表3-1规定的试样，在（105±5）℃的烘箱中烘干或摊于洁净的地面上风干、拌匀后，分为大致相等的两份试样备用。

附表3-4　粗集料容量筒规格要求

粗集料最大粒径 /mm	容量筒容积 /L	容量筒规格/mm		筒壁厚度/mm
		内径	净高	
10,16,20,25	10	208	294	2
31.5,40	20	294	294	3
63,80	30	360	294	4

　　（3）试验步骤

　　①堆积密度。取试样一份，置于平整、干净的地板（或铁板）上，用铁铲将试样自距筒口5cm左右处自由落入容量筒，装满容量筒。注意取去凸出筒表面的颗粒，并以较合适的颗粒填充凹陷空隙，使表面凸起部分和凹陷部分的体积基本相等。称出容量筒连同试样的总质量（m_2）。

　　②振实密度。按堆积密度的试验步骤，将装满试样的容量筒放在振动台上振动2～3分钟。或者将试样分三层装入容量筒；装完一层后，在筒底垫放一根直径为25mm的钢筋，将筒按住，左右交替颠击地面各25下；然后再装入第二层，用同样的方法（筒底所垫钢筋方向应与第一次时方向垂直）颠实；然后再装入第三层，同法颠实；待三层试样装填完毕后，加料至试样超出容量筒筒口，用钢筋沿筒口边缘滚转，刮下高出洞口的颗粒，以较合适的颗粒填充凹陷空隙，使表面凸起部分和凹陷部分的体积基本相等。称出容量筒连同试样的总质量（m_2）。

　　（4）试验结果计算　粗集料试样的堆积密度或振实密度ρ_{g1}按下式计算（精确至10kg/m³）：

$$\rho_{g1}=\frac{m_2-m_1}{V_1}\times1000$$

式中　m_1——容量筒质量，kg；

　　　　m_2——试样和容量筒总质量，kg；

　　　　V_1——容量筒容积，L。

　　以两份试样进行试验，并以两次测定结果的算术平均值作为测定值。

六、集料含水率试验

（一）含水率试验（标准法）

　　（1）主要仪器设备　①天平（称量2kg，感量2g，用于细集料）或台秤（称量5kg，感量5g）；②烘箱、容器（如浅盘等）。

（2）试验步骤

① 若为细集料，由样品中取质量约 500g 的试样两份备用；若为粗集料，按附表 3-5 所要求的数量抽取试样，分为两份备用。

附表 3-5　粗集料含水率试验取样量

最大粒径/mm	10	16	20	25	31.5	40	63	80
取样数量/kg	2	2	2	2	3	3	3	4

② 将试样分别放入已知质量（m_1）的干燥容器中称量，记下每盘试样与容器的总质量（m_2），将容器连同试样放入温度为（105±5）℃的烘箱中烘干至恒重。

③ 烘干试样冷却后称量试样与容器的总质量（m_3）。

（3）试验结果计算　集料的含水率 W_s 按下式计算（精确至 0.1%）：

$$W_s = \frac{m_2 - m_1}{m_3 - m_1} \times 100\%$$

式中　m_1——容器质量，g；

　　　m_2——未烘干的试样与容器的总质量，g；

　　　m_3——烘干后的试样与容器的总质量，g。

含水率以两次测定结果的算术平均值作为测定值。

（二）含水率试验（快速法）

集料含水率的快速测定，也可采用炒干法或酒精燃烧法。（略）

试验四　砂浆试验

本试验用于工业与民用建筑用砂浆的基本性能试验。本试验按《建筑砂浆基本性能试验方法标准》（JGJ/T 70—2009）进行。

一、砂浆拌合物试样制备

（一）一般规定

（1）试验室拌制砂浆进行试验所用材料应与现场材料一致，拌合时试验室的温度应保持在（20±5）℃。

（2）拌制砂浆时材料称量精度是：水泥、外加剂为 0.5%；砂、石灰膏、黏土膏等为 1%。

（3）拌制前应将搅拌机、铁板、拌铲、抹刀等工具表面用水润湿，注意铁板上不得有积水。

（二）主要仪器设备

砂浆搅拌机，铁板（拌合用，约 1.5mm×2mm，厚约 3mm），磅秤（称量 50kg，精度 50g），台秤（称量 10kg，精度 5g），拌铲，量筒，盛器等。

（三）拌合方法

（1）人工拌合方法。按配合比称取各材料用量，将称量好的砂子倒在铁板上，然后加入水泥，用拌铲拌合至混合物颜色均匀为止。将混合物堆成堆，在中间做一凹槽，将称好的石灰膏（或黏土膏）倒入凹槽中（如为水泥砂浆，则将称好的水倒一半入凹槽中），再倒入部分水将石灰膏（或黏土膏）调稀；然后与水泥、砂共同拌合，并逐渐加水，直至拌合物色泽一致，和易性凭经验调整到符合要求为止，一般需拌合 5min。

（2）机械拌合方法。按配合比先拌适量砂浆，使搅拌机内壁黏附一薄层砂浆，使正式拌合时的砂浆配合比成分准确。搅拌的用料总量不宜少于搅拌机容量的 20%。称出各材料用量，将砂、水泥装入搅拌机内。开动搅拌机，将水徐徐加入（混合砂浆需将石膏或黏土膏用水稀释至浆状），搅拌约 3min。

二、砂浆稠度测定

砂浆稠度试验主要是用于确定配合比或施工过程中控制砂浆稠度，从而达到控制用水量的目的。

（一）主要仪器设备

砂浆稠度仪（附图 4-1），捣棒，台秤，拌锅，拦板，量筒，秒表等。

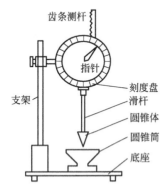

附图 4-1　砂浆稠度测定仪

（二）试验步骤

（1）将盛浆容器和试锥表面用湿布擦净，检查滑杆能否自由滑动。

（2）将拌好的砂浆一次装入容器内，使砂浆表面低于容器口约 10mm，用捣棒自容器中心向边缘插捣 25 次，轻击容器 5～6 次，使砂浆表面平整，立即将容器置于稠度测定仪的底座上。

（3）放松试锥滑杆的制动螺钉，使试锥尖端与砂浆表面接触，拧紧制动螺钉，将齿条测杆下端接触滑杆上端，并将指针对准零点。

（4）突然松开制动螺钉，使试锥自由沉入砂浆中，同时计时，10s 时立即固定螺钉，将齿条测杆下端接触滑杆的上端，从刻度盘上读出下沉深度（精确至 1mm），即为砂浆的稠度值。

（5）圆锥筒内的砂浆，只允许测定一次稠度，重复测定时，应重新取样。

以两次测定结果的算术平均值作为砂浆稠度测定结果，如两次测定值之差大于 20mm，应另取砂浆搅拌后重新测定。

三、砂浆分层度测定

分层度试验是用于测定砂浆拌合物在运输、停放、使用过程中的离析、泌水等内部组分的稳定性。

（一）主要仪器设备

砂浆分层度筒（附图 4-2）；水泥胶砂振动台；其他仪器同砂浆稠度试验。

（二）试验步骤

（1）标准方法

① 将砂浆拌合物按砂浆稠度试验方法测定稠度。

② 将砂浆拌合物一次装入分层度筒内，用木锤在容器四周距离大致相等的四个不同地方轻敲 1～2 次，如砂浆沉落到分层度筒口以下，应随时添加，然后刮去多余的砂浆，并用抹刀抹平。

③ 静置 30min 后，去掉上节 200mm 砂浆，剩余的 100mm 砂浆倒出放在拌锅内拌 2min，再按稠度试验方法测定其稠度。前后测得的稠度之差即为该砂浆的分层度值（单位为 mm）。

取两次试验结果的算术平均值为砂浆分层度值。两次分层度试验值之差大于 20mm 时，应重做试验。

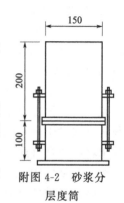

附图 4-2　砂浆分层度筒

（2）快速测定法

① 按稠度试验方法测定其稠度。

② 将分层度筒预先固定在振动台上，砂浆一次装入分层度筒内，振动 20s。

③ 去掉上节 200mm 砂浆，剩余 100mm 砂浆倒出放在拌锅内拌 2 min，再按稠度试验方法测定其稠度。前后测得的稠度值之差，即是该砂浆的分层度值。

四、砂浆抗压强度试验

（一）主要仪器设备

试模（内壁边长 70.7mm），压力试验机，捣棒（直径 10mm，长 350mm，端部磨圆），刮刀等。

（二）试件制作

当砂浆稠度大于 50mm 时，宜采用人工插捣成型。向带底试模内一次注满砂浆，用捣棒均匀由外向里按螺旋方向插捣 25 次，然后在四侧用刮刀沿试模壁插捣数次，砂浆应高出试模顶面 6～8 mm。当砂浆表面开始出现麻斑状态时（约 15～30min），将高出模口的砂浆沿试模顶面削去抹平。

（三）试件养护

试件制作后应在 (20±5)℃温度环境下停置 (24±2)h，当气温较低时，可适当延长时间，但不应超过 48h。然后将试件编号、拆模，并在标准养护条件下，继续养护至 (28±3)d，然后进行试压。标准养护条件是：温度 (20±2)℃，相对湿度大于 90%。

（四）抗压强度测定步骤

（1）试件从养护地点取出后，应尽快进行试验，以免试件内部的温湿度发生显著变化。

（2）先将试件擦干净，测量尺寸，并检查其外观。试件尺寸测量精确至 1mm，并据此计算试件的承压面积 (A)。若实测尺寸与公称尺寸之差不超过 1mm，可按公称尺寸进行计算。

（3）开动压力机，当上压板与试件接近时，调整球座，使接触面均衡受压。加荷应均匀而连续，加荷速度应为 0.25～1.5kN/s，当试件接近破坏而开始迅速变形时，停止调整压力机进油阀，直至试件破坏，记录破坏荷载 (F)。

（五）试验结果计算

（1）单个试件的抗压强度按下式计算（精确至 0.1MPa）：

$$f_{m,cu} = k \frac{F}{A}$$

式中　$f_{m,cu}$——砂浆立方体试件抗压强度，MPa，应精确至 0.1MPa；

　　　　F——试件破坏荷载，N；

　　　　A——试件承压面积，mm^2；

　　　　k——换算系数，取 1.35。

（2）砂浆抗压强度试验值按下面方式判定：砂浆立方体抗压强度以 3 个试件测值的算术平均值作为该组试件的抗压强度值，平均值计算精确至 0.1MPa。当 3 个试件的最大值或最小值与平均值之差超过 15% 时，以中间值作为该组试件的抗压强度值。

试验五　普通混凝土试验

一、试验依据

本试验依据《普通混凝土拌合物性能试验方法标准》（GB/T 50080—2002）、《普通混凝土力学性能试验方法标准》（GB/T 50081—2002）相关规定进行。

二、拌合物试验拌和方法

(一) 一般规定

(1) 拌制混凝土的原材料应符合技术要求，并与施工实际用料相同，在拌和前，材料的温度应与室温［应保持（20±5)℃］相同。

(2) 拌制混凝土的材料用量以质量计。称量的精确度：集料为±1%，水、水泥及混合材料、外加剂为±0.5%。

(二) 主要仪器设备

① 混凝土搅拌机；② 磅秤（称量 50kg，感量 50g）；③ 其他用具天平（称量 5kg，感量 1g）、量筒（200cm³，1000cm³）、拌铲、拌板（1.5m×2m 左右）、盛器等。

(三) 拌和方法

(1) 人工拌和　每盘混凝土拌合物最小拌量应符合附表 5-1 的规定。

① 按所定配合比计算每盘混凝土各材料用量后备料。

② 将拌板和拌铲用湿布润湿后，将砂倒在拌板上，然后加入水泥，用铲自拌板一端翻拌至另一端，如此重复，直至充分混合，颜色均匀，再加上粗集料，翻拌至混合均匀为止。

附表 5-1　混凝土拌合物最小拌量

集料最大粒径/mm	拌合物数量/L
31.5 及以下	15
40	25

③ 将干混合物堆成堆，在中间作一凹槽，将已称量好的水，倒一半左右在凹槽中（勿使水流出），然后仔细翻拌，并徐徐加入剩余的水，继续翻拌，每翻拌一次，用铲在拌合物上铲切一次，直到拌合均匀为止。

④ 拌和时力求动作敏捷，拌和时间从加水时算起，应大致符合下列规定：

拌合物体积为 30L 以下时，4～5min；

拌合物体积为 30～50L 以下时，5～9min；

拌合物体积为 51～75L 以下时，9～12min。

⑤ 混凝土拌合好后，应根据试验要求，立即进行测试或成型试件。从开始加水时算起，全部操作须在 30min 完成。

(2) 机械搅拌法　搅拌量不应小于搅拌机额定搅拌量的 1/4。

① 按所定配合比计算每盘混凝土各材料用量后备料。

② 预拌一次，即用按配合比的水泥、砂和水组成的砂浆及少量石子，在搅拌机中进行涮膛，然后倒出并刮去多余的砂浆。其目的是避免正式拌合时影响拌合物的实际配合比。

③ 开动搅拌机，向搅拌机内依次加入石子、砂和水泥，干拌均匀，再将水徐徐加入，全部加料时间不超过 2min，水全部加入后，继续拌合 2min。

④ 将拌合物自搅拌机卸出，倾倒在拌板上，再经人工拌和 1～2min，即可进行测试或成型试件。从开始加水时算起，全部操作必须在 30min 内完成。

三、拌合物稠度试验

(一) 坍落度法

本方法适用于集料最大粒径不大于 40mm、坍落度值不小于 10mm 的混凝土拌合物稠度测定。

（1）主要仪器设备

① 坍落度筒。坍落度筒由 1.5mm 厚的钢板或其他金属制成的圆台形筒（附图 5-1）。底面和顶面应互相平行并与锥体的轴线垂直。在筒外 2/3 高度处安有两个手把，下端应焊脚踏板。筒的内部尺寸为：底部直径，（200±2）mm；顶部直径，（100±2）mm；高度，（300±2）mm。

② 捣棒。直径 16mm，长 600mm 的钢棒，端部应磨圆。

③ 小铲、直尺、拌板、馒刀等。

（2）试验步骤

① 湿润坍落度筒及其他用具，并把筒放在不吸水的刚性水平底板上，然后用脚踩住两边的脚踏板，使坍落筒在装料时保持位置固定。

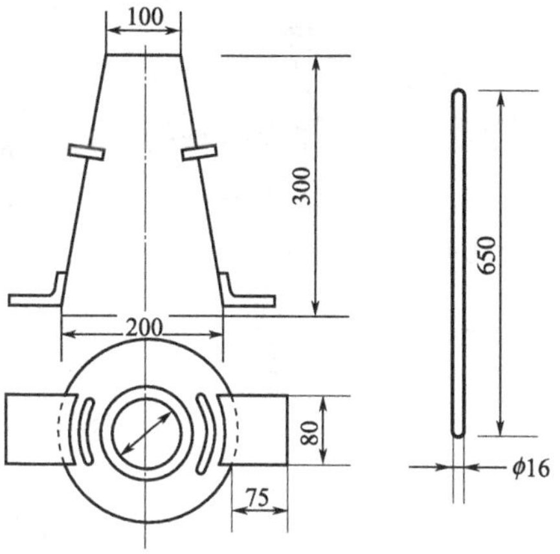

附图 5-1　坍落度筒及捣棒

② 把按要求取得的混凝土试样用小铲分三层均匀地装入筒内，使捣实后每层高度为筒高的 1/3 左右。每层用捣棒插捣 25 次。插捣应沿螺旋方向由外向中心进行，各次插捣应在截面上均匀分布。插捣筒边混凝土时，捣棒可以稍稍倾斜。插捣底层时，捣棒应贯穿整个深度，插捣第二层和顶层时，捣棒应插透本层至下一层的表面。

浇灌顶层时，混凝土应灌到高出筒口。插捣过程中，如混凝土沉落到低于筒口，则应随时添加。顶层插捣完后，刮去多余的混凝土并用馒刀抹平。

③ 清除筒边底板上的混凝土后，垂直平稳地提起坍落度筒。坍落度筒的提离过程应在 5～10s 内完成。从开始装料到提起坍落度筒的整个进程应不间断地进行，并应在 150s 内完成。

④ 提起坍落度筒后，量测筒高与坍落后混凝土试体最高点之间的高度差，即为该混凝土拌合物的坍落度值（以 mm 为单位，结果表达精确至 5mm）。

⑤ 坍落度筒提离后，如发生试体崩坍或一边剪坏现象，则应重新取样进行测定。如第二次仍出现这种现象，则表示该拌合物和易性不好，应予记录备查。

⑥ 观察坍落后混凝土拌合物试体的黏聚性和保水性。

黏聚性：用捣棒在已坍落的拌合物锥体侧面轻轻敲打，如果锥体逐渐下沉，表示黏聚性良好，如果锥体倒塌，部分崩裂或出现离析现象，即为黏聚性不好。

保水性：提起坍落度筒后如有较多的稀浆从底部析出，锥体部分的拌合物也因失浆而集料外露，则表明此拌合物保水性不好。如无这种现象，则表明保水性良好。

（二）维勃稠度法

本方法用于集料最大料径不大于 40mm，维勃稠度在 5～30s 之间的混凝土拌合物稠度测定。

（1）主要仪器设备

① 维勃稠度仪如附图 5-2，由以下部分组成。

振动台：台面长 380mm，宽 260mm。振动频率（50±3）Hz。装有空容器时台面的振幅应为（0.5±0.1）mm。

容器台：内径（240±5）mm，高（200±2）mm。

旋转架：与测杆及喂料斗相连。测杆下部安装有透明且水平的圆盘。透明圆盘直径为

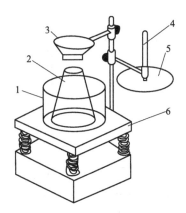

附图 5-2　维勃稠度仪

1—容器；2—坍落度筒；3—漏斗；
4—测杆；5—透明圆盘；6—振动台

(230±2)mm，厚（10±2）mm。由测杆、圆盘及荷重组成的滑动部分总质量应为（2750±50）g。

坍落度筒及捣棒：同坍落度试验，但筒没有脚踏板。

② 秒表、小铲、拌板镘刀等。

（2）测定步骤

① 将维勃稠度仪放置在坚实水平的基面上，用湿布将容器、坍落度筒、喂料斗内壁及其他用具擦湿。就位后，测杆、喂料斗的轴线均应和容器的轴线重合。然后拧紧固定螺丝。

② 将混凝土拌合物经喂料斗分三层装入坍落度筒。装料及捣插的方法同坍落度试验。

③ 将喂料斗转离，小心并垂直提起坍落度筒，此时应注意不使混凝土试体产生横向的扭动。

④ 将透明圆盘转到混凝土圆台体上方，放松测杆螺丝，降下圆盘，使它轻轻地接触到混凝土顶面。拧紧定位螺丝，并检查测杆螺丝是否完全松开。

⑤ 同时开启振动台和秒表，当透明圆盘的底面被水泥浆布满的瞬间立即停表计时并关闭振动台。

⑥ 由秒表读得的时间（s）即为该混凝土拌合物的维勃稠度值（读数精确至1s）。

(三) 拌合物稠度的调整

在进行混凝土配合比试配时，若试拌得出的混凝土拌合物的坍落度或维勃稠度不能满足要求，或黏聚性和保水性不好时，应在保证水灰比不变的条件下相应调整用水量或砂率，直到符合要求为止。

四、立方体抗压强度试验

本试验采用立方体试件，以同一龄期者为一组，每组至少为三个同时制作并同样养护的混凝土试件。试件尺寸按粗集料的最大粒径确定，如附表5-2所示。

(一) 主要仪器设备

（1）压力试验机的精度（示值的相对误差）应不低于±2%，其量程应能使试件的预期破坏荷载值不小于全量程的20%，也不大于全量程的80%。试验机应按计量仪表使用规定进行定期检查，以确保试验机工作的准确性。

（2）振动台试验所用振动台的振动频率为（50±3）Hz，空载振幅约为0.5mm。

（3）试模由铸铁或钢制成，应具有足够的刚度并拆装方便。试模内表面应机械加工，其不平度应为每100mm不超过0.05mm，组装后各相邻面的不垂直度应不超过±0.5°。

（4）捣棒、小铁铲、金属直尺、镘刀等。

(二) 试件的制作

（1）每一组试件所用的拌合物根据不同要求应从同一盘或同一车运送的混凝土中取出，或在试验用机械或人工单独拌制。用以检验现浇混凝土工程或预制构件质量的试件分组及取样原则，应按有关规定执行。

（2）试件制作前，应将试模擦拭干净并将试模的内表面涂以一薄层矿物油脂。

（3）坍落度不大于70mm的混凝土宜用振动台振实。将拌合物一次装入试模，并稍有富余，然后将试模放在振动台上。开动振动台振动至拌合物表面出现水泥浆时为止。记录振动时间。振动结束后用镘刀沿试模边缘将多余的拌合物刮去，随即用镘刀将表面抹平。

坍落度大于 70mm 的混凝土, 宜用人工捣实。混凝土拌合物分两层装入试模, 每层厚度大致相等。插捣时按螺旋方向从边缘向中心均匀进行。插捣底层时, 捣棒应达到试模底面, 插捣上层时, 捣棒应穿入下层深度约 20～30mm。插捣时捣棒保持垂直不得倾斜, 并用抹刀沿试模内壁插入数次, 以防止试件产生麻面。每层插捣次数见附表 5-2, 一般每 100cm² 面积应不少于 12 次。然后刮除多余的混凝土, 并用镘刀抹平。

附表 5-2 每层混凝土插捣次数

试件尺寸	集料最大粒径/mm	每层插捣次数/次	抗压强度换算系数
100mm×100mm×100mm	30	12	0.95
150mm×150mm×150mm	40	25	1
200mm×200mm×200mm	60	50	1.05

(三) 试件的养护

(1) 采用标准养护的试件成型后应覆盖表面, 以防止水分蒸发, 并应在温度为 (20±5)℃ 情况下静置一昼夜至两昼夜, 然后编号拆模。

拆模后的试件应立即放在温度为 (20±3)℃, 温度为 90% 以上的标准养护室中养护。在标准养护室内试件应放在架上, 彼此间隔为 10～20mm, 并应避免用水直接冲淋试件。

(2) 无标准养护室时, 混凝土试件可在温度为 (20±3)℃ 的不流动水中养护。水的 pH 值不应小于 7。

(3) 与构件同条件养护的试件成型后, 应覆盖表面。试件的拆模时间可与实际构件的拆模时间相同。拆模后, 试件仍需保持同条件养护。

(四) 抗压强度试验

(1) 试件自养护室取出后, 应尽快进行试验。将试件表面擦拭干净并量出其尺寸 (精确至 1mm), 据以计算试件的受压面积 $A(mm^2)$。

(2) 将试件安放在下承压板上, 试件的承压面应与成型时的顶面垂直。试件的中心应与试验机下压板中心对准。开动试验机, 当上压板与试件接近时, 调整球座, 使接触均衡。

(3) 加压时, 应连续而均匀地加荷, 加荷速度应为: 当混凝土强度等级低于 C30 时, 取每秒钟 0.3～0.5MPa; 当混凝土强度等级不低于 C30 时, 取每秒钟 0.5～0.8MPa。当试件接近破坏而开始迅速变形时, 停止调整试验机油门, 直至试件破坏。记录破坏荷载 P (N)。

(五) 试验结果计算

(1) 混凝土立方体试件的抗压强度按下式计算 (计算至 0.1MPa):

$$f_{cu} = \frac{P}{A}$$

式中 f_{cu}——混凝土立方体试件抗压强度, MPa;

P——破坏荷载, N;

A——试件承压面积, mm²。

(2) 以三个试件测值的算术平均值作为该组试件的抗压强度值 (精确至 0.1MPa), 如果三个测定值中的最小值或最大值中有一个与中间值的差异超过中间值的 15% 时, 则把最大及最小值一并舍除, 取中间值作为该组试件的抗压强度值。如最大和最小值与中间值相差均超过 15%, 则该组试件试验结果无效。

(3) 混凝土的抗压强度是以 150mm×150mm×150mm 的立方体试件的抗压强度为标

准，其他尺寸试件测定结果，均应换算成边长为 150mm 立方体的标准抗压强度，换算时均应分别乘以附表 5-2 中的尺寸换算系数。

五、混凝土劈裂抗拉强度试验

混凝土的劈裂抗拉试验是在立方体试件的两个相对的表面素线上作用均匀分布的压力，使在荷载所作用的竖向平面内产生均匀分布的拉伸应力；当拉伸应力达到混凝土极限抗拉强度时，试件将被劈裂破坏，从而可以测出混凝土的劈裂抗拉强度。

(一) 主要仪器设备

(1) 垫层应为木质三合板。其尺寸为：宽 $b=15\sim20$mm；厚 $t=3\sim4$mm；长 $L\geq$ 立方体试件的边长。垫层不得重复使用。

(2) 在试验机的压板与垫层之间必须加放直径为 150mm 的钢制弧形垫条，其长度不得短于试件边长，其截面尺寸如附图 5-3 所示。

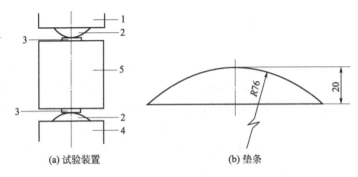

(a) 试验装置   (b) 垫条

附图 5-3　混凝土劈裂抗拉试验装置图

1、4—压力机上、下压板；2—垫条；3—垫层；5—试件

(3) 压力机、试模等与混凝土抗压强度试验中的规定相同。

(二) 测定步骤

(1) 试件从养护室中取出后，应及时进行试验，在试验前试件应保持与原养护地点相似的干湿状态。

(2) 先将试件擦干净，在试件侧面中部划线定出劈裂面的位置，劈裂面应与试件成型时的顶面垂直。

(3) 量出劈裂面的边长 (精确至 1mm)，计算出劈裂面面积 (A)。

(4) 将试件放在压力机下压板的中心位置。在上、下压板与试件之间加垫层和垫条，使垫条的接触母线与试件上的荷载作用线准确对齐 [附图 5-3(a)]。

(5) 加荷时必须连续而均匀地进行，使荷载通过垫条均匀地传至试件上，加荷速度为：混凝土强度等级低于 C30 时，取每秒钟 0.02~0.05MPa；强度等级高于或等于 C30 时，取每秒钟 0.05~0.08MPa。

(6) 在试件临近破坏开始急速变形时，停止调整试验机油门，继续加荷直至试件破坏，记录破坏荷载 P (N)。

(三) 试验结果计算

(1) 混凝土劈裂抗拉强度按下式计算 (计算至 0.01MPa)：

$$f_{ts}=\frac{2P}{\pi A}=0.637\times\frac{P}{A}$$

式中　f_{ts}——混凝土劈裂抗拉强度，MPa；

P——破坏荷载，N；

A——试件劈裂面积，mm^2。

（2）以三个试件测值的算术平均值作为该组试件的劈裂抗拉强度值（精确至0.01MPa）。如果三个测定值中的最小值或最大值中有一个与中间值的差异超过中间值的15%时，则把最大及最小值一并舍去，取中间值作为该组试件的抗压强度值。如最大和最小值与中间值相差均超过15%，则该组试件试验结果无效。

（3）采用边长为150mm的立方体试件作为标准试件，如采用边长为100mm的立方体非标准试件时，测得的强度应乘以尺寸换算系数0.85。

六、混凝土抗折（抗弯拉）强度试验

水泥混凝土抗折强度试件为直角棱柱体小梁，标准试件尺寸为150mm×150mm×600mm（或550mm），粗集料粒径应不大于40mm；如确有必要，允许采用100mm×100mm×400mm试件，集料粒径应不大于30mm。抗折试件应取同龄期者为一组，每组为同条件制作和养护的试件三块。

（一）主要仪器设备

（1）试验机：50～300kN抗折试验机或万能试验机；

（2）抗折试验装置如附图5-4。

（二）试验步骤

（1）试验前先检查试件，如试件中部1/3长度内有蜂窝（大于ϕ7mm×2mm），该试件即作废，否则应在记录中注明。

（2）在试件中部量出其宽度和高度，精确至1mm。

（3）调整两个可移动支座，使其与试验机下压头中心距离为225mm，并旋紧两支座。将试件妥放在支座上，试件成型时的侧面朝上，几何对中后，缓缓加一初荷载（约1kN），而后以0.5～

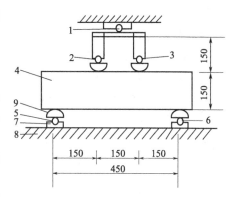

附图 5-4　抗折试验装置图

1～3、5、6—钢球；4—试件；

7—活动支座；8—机台；9—活动船形垫块

0.7MPa/s的加荷速度，均匀而连续地加荷（低强度等级时用较低速度）；当试件接近破坏而开始迅速变形，应停止调整试验机油门，直至试件破坏，记下最大荷载。

（三）试验结果计算

（1）当断面发生在两个加荷点之间时，抗折强度 f_t（以 MPa 计）按下式计算：

$$f_t = \frac{FL}{bh^2}$$

式中　F——极限荷载，N；

L——支座间距离，$L=3h=450mm$；

b——试件宽度，mm；

h——试件高度，mm。

（2）以三个试件测值的算术平均值作为该组试件的抗折强度值。三个测值中的最大值或最小值中如有一个与中间值的差值超过中间值的15%，则把最大值和最小值一并舍去，取中间值为该组试件的抗折强度。如有两个测值与中间值的差均超过中间值的15%，则该组试件的试验结果无效。

（3）如断面位于加荷点外侧，则该试件之结果无效，取其余两个试件试验结果的算术平均值作为抗折强度；如有两个试件之结果无效，则该组试验作废。（断面位置在试件断块短边一侧的底面中轴线上量得。）

（4）采用 100mm×100mm×400mm 非标准试件时，三分点加荷的试验方法同前，但所取得的抗折强度应乘以尺寸换算系数 0.85。

试验六　钢筋试验

钢筋应成批验收，每批由同一牌号、同一炉罐号、同一等级、同一品种、同一尺寸、同一交货状态组成。每批重量不得大于 60t。

每批钢筋应进行化学成分、拉伸、冷弯、尺寸、表面质量和重量偏差项目的试验。钢筋拉伸、冷弯试样各需两个，可分别从每批钢筋任选两根截取。检验中，如有某一项试验结果不符合规定的要求，则从同一批钢筋中再任取双倍数量的试样进行该不合格项目的复检，复检结果（包括该项试验所要求的任一指标）即使只有一项指标不合格，则整批不予验收。

一、拉伸试验

（一）主要仪器设备

（1）试验机为保证机器安全和试验准确，应选择合适量程，保证最大荷载时，指针位于第三象限内（即 180°~270° 之间）。试验机的测力示值误差应不大于 1%。

（2）游标卡尺精确度为 0.1mm。

（二）试件制作和准备

抗拉试验用钢筋试件不得进行车削加工，可以用两个或一系列等分小冲点或细划线标出原始标距（标记不应影响试样断裂），测量标距长度 L（精确至 0.1mm），如附图 6-1 所示。计算钢筋强度用横截面积采用附表 6-1 所列公称横截面积。

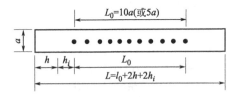

附图 6-1　钢筋拉伸试件

a—试件原始直径；l_0—标距长度；
h—夹头长度；h_i—（0.5~1）a

（三）屈服点 σ_s 和抗拉强度 σ_b 测定

（1）调整试验机测力度盘的指针，使其对准零点，并拨动副指针，使之与主指针重叠。

（2）将试件固定在试验机夹头内，开动试验机进行拉伸。测屈服点时，屈服前的应力增加速率按附表 6-2 规定，并保持试验机控制器固定于这一速率位置上，直至该性能测出为止。屈服后或只需测定抗拉强度时，试验机活动夹头在荷载下的移动速度不大于 $0.5L_0$/min。

附表 6-1　钢筋的公称横截面积

公称直径/mm	公称横截面面积/mm²	公称直径/mm	公称横截面面积/mm²
8	50.27	22	380.1
10	78.54	25	490.9
12	113.1	28	615.8
14	153.9	32	804.2
16	201.1	36	1018
18	254.5	40	1257
20	314.2	50	1964

附表 6-2　屈服前的加荷速率

金属材料的弹性模量/(N/mm²)	应力速率/[N/(mm²·s)]	
	最小	最大
<150000	1	10
≥150000	3	30

（3）拉伸中，测力度盘的指针停止转动时的恒定荷载，或第一次回转时的最小荷载，即为所求的屈服点荷载 $F_s(N)$。按下式计算试件的屈服点：

$$\sigma_s = \frac{F_s}{A}$$

式中　　σ_s——屈服点，MPa；

$\quad\quad\ F_s$——屈服点荷载，N；

$\quad\quad\ A$——试件的公称横截面积，mm²。

σ_s 应计算至 10MPa。

（4）向试件连续施荷直至拉断，由测力度盘读出最大荷载 $F_b(N)$。按下式计算试件的抗拉强度。

$$\sigma_b = \frac{F_b}{A}$$

式中　　σ_b——抗拉强度，MPa；

$\quad\quad\ F_b$——最大荷载，N；

$\quad\quad\ A$——试件的公称横截面积，mm²。

σ_b 计算精度的要求同 σ_s。

（四）伸长率测定

（1）将已拉断试件的两段在断裂处对齐，尽量使其轴线位于一条直线上。如拉断处由于各种原因形成缝隙，则此缝隙应计入试件拉断后的标距部分长度内。

（2）如拉断处到邻近标距端点的距离大于 $1/3L_0$ 时，可用卡尺直接量出已被拉长的标距长度 L_1(mm)。

（3）如拉断处到邻近的标距端点距离小于等于 $1/3L_0$ 时，可按下述移位法确定 L_1。在长段上，从拉断处 O 取基本等于短段格数，得 B 点，接着取等于长段所余格数〔偶数，附图 6-2（a）〕之半，得 C 点；或者取所余格数〔奇数，附图 6-2（b）〕减 1 与加 1 之半，得 C 与 C_1 点。移位后的 L_1 分别为 $AO+OB+2BC$ 或者 $AO+OB+BC+BC_1$。

如用直接量测所求得的伸长率能达到技术条件的规定值，则可不采用移位法。

（4）伸长率按下式计算（精确至 1%）：

$$\delta_{10}（或）\delta_5 = \frac{L_1 - L_0}{L_0} \times 100\%$$

式中　　δ_{10}、δ_5——分别表示 $L_0 = 10a$ 和 $L_0 = 5a$ 时的伸长率（a 为试件原始直径）；

$\quad\quad\ L_0$——原标距长度 10a（5a），mm；

$\quad\quad\ L_1$——试件拉断后直接量出或按移位法确定的标距部分的长度，mm（测量精确至 0.1mm）。

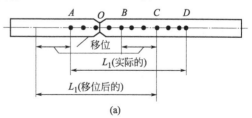

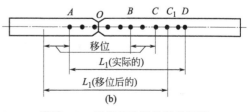

附图 6-2　用位移法测量断后标距

（5）如试件在标距端点上或标距外断裂，则试验结果无效，应重做试验。

二、冷弯试验

（一）主要仪器设备

弯曲试验可在压力机或万能试验机上进行，试验机应有足够硬度的支承辊（支承辊间的距离可以调节），同时还应有不同直径的弯心（弯心直径由有关标准规定）。

（二）试验步骤

（1）钢筋冷弯试件不得进行车削加工，试样长度通常按下式确定：$L \approx 5a + 150\text{mm}$（$a$ 为试件原始直径）

（2）半导向弯曲

试样一端固定，绕弯心直径进行弯曲，如附图 6-3（a）所示。试样弯曲到规定的弯曲角度或出现裂纹、裂缝或断裂为止。

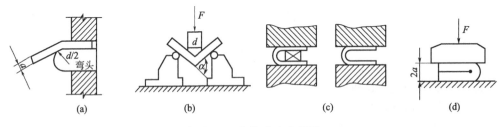

附图 6-3　弯曲试验示意图

（3）导向弯曲

① 试样放置于两个支点上，将一定直径的弯心在试样两个支点中间施加压力，使试样弯曲到规定的角度［附图 6-3（b）］或出现裂纹、裂缝、裂断为止。

② 试样在两个支点上按一定弯心直径弯曲至两臂平行时，可一次完成试验，亦可先弯曲到附图 6-3（b）所示的状态，然后放置在试验机平板之间继续施加压力，压至试样两臂平行。此时可以加与弯心直径相同尺寸的衬垫进行试验［附图 6-3（c）］。

当试样需要弯曲至两臂接触时，首先将试样弯曲到附图 6-3（b）所示的状态，然后放置在两平板间继续施加压力，直至两臂接触［附图 6-3（d）］。

③ 试验应在平稳压力作用下，缓慢施加试验力。两支辊间距离为 $(d + 2.5a) \pm 0.5a$，并且在过程中不允许有变化。

（4）试验应在 10～35℃ 或控制条件 (23±5)℃ 进行。

（三）结果评定

弯曲后，按有关标准规定检查试样弯曲外表面，进行结果评定。若无裂纹、裂缝或裂断，则评定试样合格。

试验七　石油沥青试验

测定石油沥青的针入度、延度、软化点等主要技术性质，作为评定石油沥青牌号的主要依据。本试验按《公路工程沥青及沥青混合料试验规程》（JTJ 052—2000）规定进行。

一、软化点测定

方法概要：将规定质量的钢球放在内盛规定尺寸金属杯的试样盘上，以恒定的加热速度加热此组件，当试样软到足以使被包在沥青中的钢球下落规定距离（25.4mm）时，则此时的温度作为石油沥青的软化点，以温度（℃）表示。

（一）主要仪器设备与材料

沥青软化点测定仪（附图 7-1），电炉及其他加热器，试验底板（金属板或玻璃板），筛（筛孔为 0.3～0.5mm 的金属网），平直刮刀（切沥青用），甘油滑石粉隔离剂（甘油 2 份、滑石粉 1 份，以质量计），新煮沸过的蒸馏水，甘油。

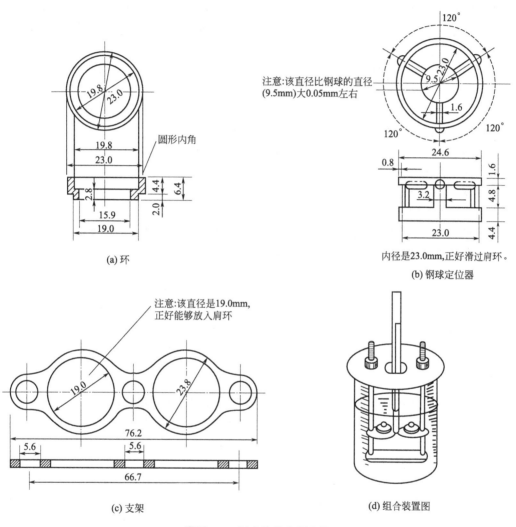

附图 7-1　沥青软化点测定仪

（二）试验准备

（1）将试样环置于涂有甘油滑石粉隔离剂的试样底板上。将预先脱水的试样加热熔化，不断搅拌，以防止局部过热，加热温度不得高于试样估计软化点 100℃，加热时间不超过 30min。用筛过滤，将准备好的沥青试样徐徐注入试样环内至略高出环面为止。

如估计软化点在 120℃ 以上时，则试样环和试样底板（不用玻璃板）均应预热至 80～100℃。

（2）试样在室温冷却 30min 后，用环夹夹着试样杯，并用热刮刀刮除环面上的试样，务使与环面齐平。

(三）试验步骤

（1）试样软化点在80℃以下

① 将装有试样的试样环连同试样底板置于（5±0.5)℃水的恒温水槽中至少15min，同时将金属支架、钢球、钢球定位环等亦置于相同水槽中。

② 烧杯内注入新煮沸并冷却至5℃的蒸馏水，水面略低于立杆上的深度标记。

③ 从恒温水槽中取出盛有试样的试样环放置在支架中层板的圆孔中，套上定位环；然后把整个环架放入烧杯中，调整水面至深度标记，并保持水温为（5±0.5)℃。环架上任何部分不得附有气泡。将量程为0~80℃的温度计由上层板中心孔垂直插入，使端部测温头与试样环下面平齐。

④ 将盛有水和环架的烧杯移至放有石棉网的加热炉具上，然后将钢球放在定位环中间的试样中央，立即开动振荡搅拌器，使水微微振荡，并开始加热，使杯中水温在3min内调节至维持每分钟上升（5±0.5)℃。在加热过程中，应记录每分钟上升的温度值，如温度上升速度超出此范围时，则试验应重做。

⑤ 试样受热软化逐渐下坠，至与下层底板表面接触时，立即读取温度，准确至0.5℃。

（2）试样软化点在80℃以上

① 将装有试样的试样环连同试样底板置于装有（32±1)℃甘油的恒温槽中至少15min；同时将金属支架、钢球、钢球定位环等亦置于甘油中。

② 在烧杯内注入预先加热至32℃的甘油，其液面略低于立杆上的深度标记。

③ 从恒温槽中取出装有试样的试样环，按（1）的方法进行测定，准确至1℃。

(四）试验结果

同一试样平行试验两次，当两次测定值的差值符合重复性试验精密度要求时，取其平均值作为软化点试验结果，准确至0.5℃。

当试样软化点小于80℃时，重复性试验的允许差为1℃，复现性试验的允许差为4℃；当试样软化点等于或大于80℃时，重复性试验的允许差为2℃，复现性试验的允许差为8℃。

二、延度测定

本方法适用于测定石油沥青的延度。石油沥青的延度是用规定的试件在一定温度下以一定速度拉伸到断裂时的长度，以cm表示。非经特殊说明，试验温度为（25±0.5)℃，延伸速度为（5±0.5)cm/min。

(一）主要仪器设备与材料

延度仪（配模具）（附图7-2），水浴（容量至少为10L，能保持试验温度变化不大于0.1℃），温度计（量程0~50℃，分度0.1℃和0.5℃各一支），瓷皿或金属皿（熔沥青用），筛（筛孔为0.3~0.5mm的金属网），砂浴或可控制温度的密闭电炉，甘油滑石粉隔离剂（甘油2份，滑石粉1份，以质量计）。

(二）试验准备

① 将隔离剂拌和均匀，涂于磨光的金属板上和模具侧模的内表面，将模具组装在金属板上。

② 将除去水分的试样，在砂浴上小心加热并防止局部过热，加热温度不得高于估计软化点100℃，用筛过滤，充分搅拌，勿混入气泡。然后将试样呈细流状，自模的一端至另一端往返倒入，使试样略高出模具。

③ 试件先在15~30℃的空气中冷却30min，然后放入（25±0.1)℃的水浴中，保持30min后取出，用热刀将高出模具的沥青刮去，使沥青面与模面齐平。

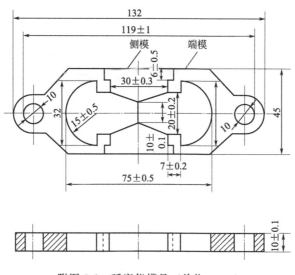

附图 7-2　延度仪模具（单位：mm）

沥青的刮法应自模的中间刮向两面，表面应刮得十分光滑。将试件边同金属板再浸入（25±0.1）℃的水浴中 1～1.5h。

④ 检查延度仪拉伸速度是否符合要求。移动滑板使指针对准标尺的零点。保持水槽中水温为（25±0.1）℃。

（三）试验步骤

① 试件移至延度仪水槽中，将模具两端的孔分别套在滑板及槽端的金属柱上，水面距试件表面应不小于 25mm，然后去掉侧模。

② 确认延度仪水槽中水温为（25±0.5）℃时，开动延度仪，观察沥青的拉伸情况。在测定时，如发现沥青细丝浮于水面或沉入槽底时，则就在水中加入乙醇或食盐水调整水的密度，至与试件的密度相近后，再进行测定。

③ 试件拉断时指针所指标尺上的读数，即为试样的延度，以 cm 表示。在正常情况下，试件应拉伸成锥尖状，在断裂时实际横断面为零。如不能得到上述结果，则应报告在此条件下无测定结果。

（四）试验结果处理

取平行测定 3 个结果的平均值作为测定结果。若 3 次测定值不在其平均值的 5% 以内，但其中两个较高值在平均值的 5% 之内，则弃去最低测定值，取两个较高值的平均值作为测定结果。

三、针入度测定

本方法适用于测定针入度小于 350 的石油沥青的针入度。

方法概要：石油沥青的针入度以标准针在一定的荷重、时间及温度条件下，垂直穿入沥青试样的深度来表示，单位为 0.1mm。如未另行规定，标准针、针连杆与附加砝码的总质量为（100±0.05)g，温度为 25℃，贯入时间为 5s。

（一）主要仪器设备

针入度计（附图 7-3），标准针（应由硬化回火的不锈钢制成，其尺寸应符合规定），试样皿，恒温水槽（容量不小于 10L，能保持温度在试验温度的 ±0.1℃ 范围内），筛（筛孔为 0.3～0.5mm 的金属网）；温度计（液体玻璃温度计，量程 0～50℃，分度为 0.1℃），平底玻璃皿，秒表，砂浴或可控温度的密闭电炉。

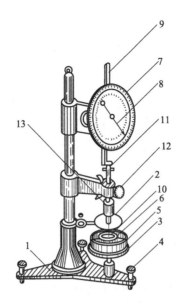

附图 7-3 针入度计

1—底座；2—小镜；3—圆形平台；4—调平螺丝；5—保温皿；6—试样；
7—刻度盘；8—指针；9—活杆；10—标准针；11—连杆；12—按钮；13—砝码

（二）试验准备

① 将预先除去水分的沥青试样在砂浴或密闭电炉上小心加热，不断搅拌，加热温度不得超过估计软化点 100℃。加热时间不得超过 30min，用筛过滤除去杂质。加热、搅拌过程中避免试样中混入空气泡。

② 将试样倒入预先选好的试样皿中，试样深度应大于预计穿入深度 10mm。

③ 试样皿在 15～30℃的空气中冷却 1～1.5h（小试样皿）或 1.5～2h（大试样皿），防止灰尘落入试样皿。然后将试样皿移入保持规定试验温度的恒温水浴中。小试样皿恒温 1～1.5h，大试样皿恒温 1.5～2h。

④ 调节针入度仪使之水平。检查针连杆和导轨，以确认无水和其他外来物，无明显摩擦。用三氯乙烯或其他溶剂清洗标准针，并拭干。把标准针插入针连杆，用螺钉固紧。按试验条件，加上附加砝码。

（三）试验步骤

① 取出达到恒温的试样皿，并移入水温控制在试验温度±0.1℃（可用恒温水槽中的水）的平底玻璃皿中的三腿支架上，试样表面以上的水层高度不小于 10mm。

② 将盛有试样的平底玻璃皿置于针入度计的平台上。慢慢放下针连杆，用适当位置的反光镜或灯光反射观察，使针尖刚好与试样表面接触。拉下活杆，使与针连杆顶端轻轻接触，调节刻度盘或深度指示器的指针指示为零。

③ 开动秒表，在指针正指 5s 的瞬间，用手紧压按钮，使标准针自由下落贯入试样，经规定时间，停压按钮使针停止移动。

④ 拉下刻度盘拉杆与针连杆顶端接触，读取刻度盘指针或位移指示器的读数，准确至 0.1mm。

⑤ 同一试样平行试验至少 3 次，各测定点之间及与试样皿边缘的距离不应少于 10mm。每次试验后应将盛有试样皿的平底玻璃皿放入恒温水槽，使平底玻璃皿中水温保持试验温度。每次试验应换一根干净标准针或将标准针用蘸有三氯乙烯溶剂的棉花或布擦干净，再用

干棉花或布擦干。

⑥ 测定针入度大于 200 的沥青试样时，至少用 3 支标准针，每次试验后将针留在试样中；直至 3 次平行试验完成后，才能把标准针取出。

⑦ 测定针入度指数 PI 时，按同样的方法在 15℃、25℃、30℃（或 5℃）3 个或 3 个以上（必要时增加 10℃、20℃等）温度条件下分别测定沥青的针入度，但用于仲裁试验的温度条件应为 5 个。

（四）试验结果

同一试样 3 次平行试验结果的最大值和最小值之差在附表 7-1 允许偏差范围内时，计算 3 次试验结果的平均值，取整数作为针入度试验结果，以 0.1mm 为单位。当试验值不符合要求时，应重新进行。

附表 7-1　针入度测定允许差值

针入度/(0.1mm)	0~49	50~149	150~249	250~500
允许差值/(0.1mm)	2	4	6	8

试验八　沥青混合料试验

一、沥青混合料试件制作（击实法）

（一）目的和依据

标准击实法适用于马歇尔试验、间接抗拉试验（劈裂法）等所使用的 φ101.6mm×63.5mm 圆柱体试件的成型。大型击实法适用于 φ152.4mm×95.3mm 的大型圆柱体试件的成型。供试验室进行沥青混合料物理力学性质试验使用。

本试验按《公路工程沥青及沥青混合料试验规程》（JTJ 052—2000）规定进行。沥青混合料试件制作时的矿料规格及试件数量应符合该试验规程的规定。

（二）仪器设备

① 击实仪：由击实锤、压实头及带手柄的导向棒组成。

② 标准击实台。

③ 试验室用沥青混合料拌合机。

④ 脱模器。

⑤ 试模：每种至少 3 组。

⑥ 烘箱：大、中型各一台，装有温度调节器。

⑦ 天平或电子秤：用于称量矿料的精度不大于 0.5g，用于称量沥青的精度不大于 0.1g。

⑧ 沥青运动黏度测定设备：毛细管黏度计或赛波特重油黏度计。

⑨ 插刀或大螺钉刀。

⑩ 温度计：分度值不大于 1℃。

其他：电炉或煤气炉、沥青熔化锅、拌合铲、标准筛、滤纸（或普通纸）、胶布、卡尺、秒表、粉笔、棉纱等。

（三）准备工作

（1）决定制作沥青混合料试件的拌合与压实温度。

① 按规程测定沥青的黏度，绘制黏温曲线。按附表 8-1 的要求确定适宜于沥青混合料拌合及压实的等黏温度。

附表 8-1 适宜于沥青混合料拌合及压实的沥青等黏温度

沥青结合料种类	黏度与测定方法（JTG 052）	适宜于拌合的沥青结合料黏度	适宜于压实的沥青结合料黏度
石油沥青（含改性沥青）	表观黏度，T0625	$(0.17 \pm 0.02) \text{Pa} \cdot \text{s}$	$(0.28 \pm 0.03) \text{Pa} \cdot \text{s}$
	运动黏度，T0619	$(170 \pm 20) \text{mm}^2/\text{s}$	$(280 \pm 30) \text{mm}^2/\text{s}$
	赛波特黏度，T0623	$(85 \pm 10) \text{s}$	$(140 \pm 15) \text{s}$
煤沥青	恩格拉黏度，T0622	25 ± 3	45 ± 5

注：液体沥青混合料的压实成型温度按石油沥青要求执行。

② 当缺乏沥青黏度测定条件时，试件的拌合与压实温度可按附表 8-2 选用，并根据沥青品种和标号作适当调整。针入度小、稠度大的沥青取高限，针入度大、稠度小的沥青取低限，一般取中值。对改性沥青，应根据改性剂的品种和用量，适当提高混合料的拌合及压实温度，对大部分聚合物改性沥青，需要在基质沥青的基础上提高 15～30℃，掺加纤维时，尚需再提高 10℃ 左右。

附表 8-2 沥青混合料拌合及压实温度参考表

沥青结合料种类	拌合温度/℃	压实温度/℃
石油沥青	130～160	120～150
煤沥青	90～120	80～110
改性沥青	160～175	140～170

③ 常温沥青混合料的拌合及压实在常温下进行。

（2）在试验室人工配制沥青混合料时，材料准备按下列步骤进行。

① 将各种规格的矿料置于 $(105 + 5)$℃ 的烘箱中烘干至恒量（一般不少于 4～6h）。根据需要，粗集料可先用水冲洗干净后烘干，也可将粗细集料过筛后用水冲洗再烘干备用。

② 按规定试验方法分别测定不同粒径粗、细集料及填料（矿粉）的各种密度，按 T0603（JTJ 052）测定沥青的密度。

③ 将烘干分级的粗、细集料，按每个试件设计级配成分要求称其质量，在一金属盘中混合均匀。矿粉单独加热，置烘箱中预热至沥青拌合温度以上约 15℃（采用石油沥青通常为 163℃；采用改性沥青时通常需 180℃）备用。一般按一组试件（每组 4～6 个）备料，但进行配合比设计时宜对每个试件分别备料。当采用代替法时，对粗集料中粒径大于 26.5mm 的部分，以 13.2～26.5mm 粗集料等量代替。常温沥青混合料的矿料不加热。

④ 用恒温烘箱、油浴或电热套将沥青试样熔化加热至规定的沥青混合料拌合温度备用，但不得超过 175℃。当不得已采用燃气炉或电炉直接加热进行脱水时，必须使用石棉垫隔开。

⑤ 用沾有少许黄油的棉纱擦净试模、套筒及击实座等，置于 100℃ 左右烘箱中加热 1h 备用。常温沥青混合料用试模不加热。

（四）拌制沥青混合料

本处所用沥青为黏稠石油沥青或煤沥青。

（1）将沥青混合料拌合机预热至拌合温度以上 10℃ 左右备用。

（2）将每个试件预热的粗、细集料置于拌合机中，用小铲子适当混合，然后再加入需要数量的已加热至拌合温度的沥青，开动拌合机一边搅拌，一边将拌合叶片插入混合料中拌合1～1.5min，然后暂停拌合，加入单独加热的矿粉，继续拌合至均匀为止，并使沥青混合料保持在要求的拌合温度范围内。标准的总拌合时间为 3min。

（五）成型方法

（1）马歇尔标准击实法的成型步骤如下。

① 拌好的沥青混合料，均匀称取一个试件所需的用量（标准马歇尔试件约1200g，大型马歇尔试件约 4050g）。当已知沥青混合料的密度时，可根据试件的标准尺寸计算并乘以1.03得到要求的混合料数量。当一次拌合几个试件时，宜将其倒入经预热的金属盘中，用小铲适当拌合均匀并分成几份，分别取用。在试件制作过程中，为防止混合料温度下降，应连盘放在烘箱中保温。

② 从烘箱中取出预热的试模及套筒，用沾有少许黄油的棉纱擦拭套筒、底座及击实锤底面，将试模装在底座上，垫一张圆形的吸油性小的纸，按四分法从四个方向用小铲将混合料铲入试模中，用插刀或大螺钉刀沿周边插捣 15 次，中间 10 次。插捣后将沥青混合料表面整平成凸圆弧面，对大型马歇尔试件，混合料分两次加入，每次插捣次数同上。

③ 插入温度计，至混合料中心附近，检查混合料温度。

④ 待混合料温度符合要求的压实温度后，将试模连同底座一起放在击实台上固定，在装好的混合料上面垫一张吸油性小的圆纸，再将装有击实锤及导向棒的压实头插入试模中，然后起动电动机或人工将击实锤从 457mm 的高度自由落下击实规定的次数（75、50 或 35次）。对大型马歇尔试件，击实次数为 75 次（相应于标准击实 50 次的情况）或 112 次（相应于标准击实 75 次的情况）

⑤ 试件击实一面后，取下套筒，将试模掉头，装上套筒，然后以同样的方法和次数击实另一面。

⑥ 试件击实结束后，如上、下面垫有圆纸，应立即用镊子取掉，用卡尺量取试件离试模上口的高度并由此计算试件高度，如高度不符合要求时，试件应作废，并按下式调整试件的混合料数量，以保证高度符合 (63.5±1.3)mm（标准试件）或 (95.3±2.5)mm（大型试件）的要求。

$$调整后混合料质量 = \frac{要求试件高度 \times 原用混合料质量}{所得试件的高度}$$

（2）卸去套筒和底座，将装有试件的试模横向放置冷却至室温后（不少于 12h），置脱模机上脱出试件。

（3）将试件仔细置于干燥洁净的平面上，供试验用。

二、压实沥青混合料试件的密度试验（水中重法）

（一）目的和适用范围

水中重法适用于测定几乎不吸水的密实的 Ⅰ 型沥青混合料试件的表观相对密度或表观密度。

（二）仪具与材料

① 浸水天平或电子秤。当最大称量在 3kg 以下时，精度不大于 0.1g，最大称量 3kg 以上时，精度不大于 0.5g，最大称量 10kg 以上时，精度不大于 5g，应有测量水中重的挂钩。

② 网篮。

③ 溢流水箱。使用洁净水，有水位溢流装置，保持试件和网篮浸入水中后的水位一定。试验时的水温应在 15～25℃ 范围内，并与测定集料密度时的水温相同。

　　④ 试件悬吊装置。天平下方悬吊网篮及试件的装置，吊线应采用不吸水的细尼龙线绳，并有足够的长度。对轮碾成型机成型的板块状试件可用铁丝悬挂。

　　⑤ 秒表。

　　⑥ 电风扇或烘箱。

（三）方法与步骤

　　① 选择适宜的浸水天平或电子秤，最大称量应不小于试件质量的 1.25 倍，且不大于试件质量的 5 倍。

　　② 除去试件表面的浮粒，称取干燥试件的空气中质量（m_a），读取准确度。根据选择的天平的精度决定为 0.1g、0.5g 或 5g。

　　③ 挂上网篮，浸入溢流水箱的水中，调节水位，将天平调平或复零，把试件置于网篮中（注意不要使水晃动），待天平稳定后立即读数，称取水中质量（m_w）（若天平读数持续变化，不能在数秒钟内达到稳定，说明试件吸水较严重，不适用于此法测定）。

　　④ 对从边路钻取的非干燥试件，可先称取水中质量（m_w），然后用电风扇将试件吹干至恒量［一般不少于 12h，当不需进行其他试验时，也可用（60±5）℃烘箱烘干至恒量］，在称取空气中质量（m_a）。

（四）计算

　　(1) 按下式计算用水中重法测定的沥青混合料试件的表观相对密度及表观密度，取 3 位小数：

$$\gamma_a = \frac{m_a}{m_a - m_w}$$

$$\rho_a = \frac{m_a}{m_a - m_w} \times \rho_w$$

式中　　γ_a——试件的表观相对密度，无量纲；

　　　　ρ_a——试件的表观密度，g/cm³；

　　　　m_a——干燥试件的空气中质量，g；

　　　　m_w——试件的水中质量，g；

　　　　ρ_w——常温水的密度，g/cm³，取 1g/cm³。

　　(2) 当试件为几乎不吸水的密实沥青混合料时，以表观相对密度代替毛体积相对密度，按《公路工程沥青及沥青混合料试验规程》（JTJ 052—2000）中 T0706 的方法计算试件的理论最大相对密度及空隙率、沥青的体积百分率、矿料间隙率、粗集料骨架间隙率、沥青饱和度等各项体积指标。

三、沥青混合料马歇尔稳定度试验

（一）目的与适用范围

　　马歇尔稳定度试验是对标准击实的试件在规定的温度和速度等条件下受压，测定沥青混合料的稳定度和流值等指标所进行的试验。

　　本方法适用于标准马歇尔稳定度试验和浸水马歇尔稳定度试验。标准马歇尔稳定度试验主要用于沥青混合料的配合比设计及沥青路面施工质量检验。浸水马歇尔稳定度试验（根据需要，也可进行真空饱水马歇尔试验）主要是检验沥青混合料受水损害时抵抗剥落的能力，通过测试其水稳定性检验配合比设计的可行性。

（二）仪具与材料

　　① 马歇尔稳定度试验仪：符合《马歇尔稳定度试验仪》（JT/T 119—2006）技术要求的

产品。包括手动式和自动式。

②　恒温水槽：能保持水温于测定温度 1℃ 的水槽，深度不少于 150mm。

真空饱水容器：包括真空泵及真空干燥器组成。

③　烘箱。

④　天平：精度不大于 0.1g。

⑤　温度计：分度 1℃。

⑥　马歇尔试件高度测定器。

⑦　其他：卡尺、棉纱、黄油。

（三）标准马歇尔试验方法

（1）准备工作

①　成型马歇尔试件，尺寸应符合直径 （101.6±0.25）mm，高 （63.5±1.3）mm 的要求。

②　量测试件的直径及高度。用卡尺测量试件中部的直径，用马歇尔试件高度测定器或用卡尺在十字对称的 4 个方向量测离试件边缘 10mm 处的高度，准确至 0.1mm，并以其平均值作为试件的高度。如试件高度不符合 （63.5±1.3）mm 要求或两侧高度差大于 2mm 时，此试件应作废。

③　按规定的方法测定试件的密度、空隙率、沥青体积百分率、沥青饱和度、矿料间隙率等物理指标。

④　将恒温水浴调节至要求的试验温度，对黏稠石油沥青或烘箱养生过的乳化沥青混合料为 （60±1）℃，对煤沥青混合料为 （33.8±1）℃，对空气养生的乳化沥青或液体沥青混合料为 （25±1）℃。

（2）试验步骤

①　将标准试件置于已达规定温度的恒温水槽中保温 30～40min。试件之间应有间隔，底下应垫起，离容器底部不小于 5cm。

②　将马歇尔试验仪的上下压头放入水槽或烘箱中达到同样温度。将上下压头从水槽或烘箱中取出拭干净内面。为使上下压头滑动自如，可在下压头的导棒上涂少量黄油。再将试件取出置于下压头上，盖上上压头，然后装在加载设备上。

③　在上压头的球座上放妥钢球，并对准荷载测定装置的压头。

④　当采用自动马歇尔试验仪时，将自动马歇尔试验仪的压力传感器、位移传感器与计算机或 X-Y 记录仪正确连接，调整好适宜的放大比例。调整好计算机程序或将 X-Y 记录仪的记录笔对准原点。

⑤　当采用压力环和流值计时，将流值计安装在导棒上，使导向套管轻轻地压住上压头，同时将流值计读数调零。调整压力环中百分表，对零。

⑥　启动加载设备，使试件承受荷载，加载速度为 （50±5）mm/min。计算机或 X-Y 记录仪自动记录传感器压力和试件变形曲线并将数据自动存入计算机。

⑦　当试验荷载达到最大值的瞬间，取下流值计，同时读取压力环中百分表读数及流值计的流值读数。

⑧　从恒温水槽中取出试件至测出最大荷载值的时间，不得超过 30s。

（四）浸水马歇尔试验方法

浸水马歇尔试验方法与标准马歇尔试验方法的不同之处在于，试件在已达规定温度恒温水槽中的保温时间为 48h，其余均与标准马歇尔试验方法相同。

（五）真空饱水马歇尔试验方法

试件先放入真空干燥器中，关闭进水胶管，开动真空泵，使干燥器的真空度达到97.3kPa（730mmHg）以上，维持15min，然后打开进水胶管，靠负压进入冷水流使试件全部浸入水中，浸水15min后恢复常压，取出试件再放入已达规定温度的恒温水槽中保温48h，进行马歇尔试验，其余与标准马歇尔试验方法相同。

（六）结果计算与处理

（1）试件的稳定度及流值

① 由荷载测定装置读取的最大值即为试样的稳定度，以 kN 计，准确至 0.1kN。

② 由流值计及位移传感器测定装置读取的试件垂直变形，即为试件的流值（FL），以 mm 计，准确至 0.1mm。

（2）试件的马歇尔模数　试件的马歇尔模数按下式计算：

$$T=\frac{MS}{FL}$$

式中　T——试件的马歇尔模数，kN/mm；

MS——试件的稳定度，kN；

FL——试件的流值，mm。

（3）试件的浸水残留稳定度　试件的浸水残留稳定度依下式计算：

$$MS_0=\frac{MS_1}{MS}\times100$$

式中　MS_0——试件的浸水残留稳定度，%；

MS_1——试件浸水 48h 后的稳定度，kN。

（4）试件的真空饱水残留稳定度　试件的真空饱水残留稳定度依下式计算：

$$MS_0'=\frac{MS_2}{MS}\times100$$

式中　MS_0'——试件的真空饱水残留稳定度，%；

MS_2——试件真空饱水后浸水 48h 后的稳定度，kN。

当一组测定值中某个数据与平均值之差大于标准差的 k 倍时，该测定值应予舍弃，并以其余测定值的平均值作为试验结果。当试验数目 n 为 3、4、5、6 个时，k 值分别为 1.15、1.46、1.67、1.82。

四、沥青混合料车辙试验

（一）目的和适用范围

沥青混合料的车辙试验是在规定尺寸的板块状压实试件上，用固定荷载的橡胶轮反复行走后，测定其在变形稳定期每增加变形 1mm 的碾压次数，称为动稳定度，以次/mm 表示。

车辙试验的试验温度与轮压可根据有关规定和需要选用，非经注明，试验温度为 60℃，轮压为 0.7MPa。计算动稳定度的时间原则上为试验开始后 45～60min。

本方法适于测定沥青混合料的高温抗车辙能力，并作为沥青混合料配合比设计的辅助性检验使用。

本方法适用于用轮碾成型机碾压成型的长 300mm、宽 300mm、厚 50mm 的板块状试件，也适用于现场切割制作长 300mm、宽 150mm、厚 50mm 板块状试件。

（二）仪具与材料

① 车辙试验机：主要由试件台、试验轮、加载装置、试模、变形测量装置、温度检测

装置等部分组成。

② 恒温室：能保持恒温室温度（60±1）℃［试件内部温度（60±0.5)℃］。

③ 台秤：称量 15kg，精度不大于 5g。

（三）方法与步骤

（1）准备工作

① 试验轮接地压强测定：测定在 60℃时进行，在试验台上放置一块 50mm 厚的钢板，其上铺一张毫米方格纸，上铺一张新的复写纸，以规定的 700N 荷载试验轮静压复写纸，即可在方格纸上得出轮压面积，并由此求得接地压强。当压强不符合（0.7±0.05)MPa，荷载应予适当调整。

② 用轮碾成型法制作车辙试验试块。在试验室或工地制备成型的车辙试件，其标准尺寸为 300mm×300mm×50mm，也可从路面切割得到 300mm×150mm×50mm 的试件。

③ 将试件脱模，测定密度及空隙率等各项物理指标。如经水浸，应用电扇将其吹干，然后再装回原试模中。

④ 试件成型后，连同试模一起在常温条件下放置的时间不得少于 12h。对聚合物改性沥青混合料，放置的时间以 48h 为宜，使聚合物改性沥青充分固化后方可进行车辙试验，但室温放置时间也不得长于 1 周。

（2）试验步骤

① 将试件连同试模一起，置于达到试验温度（60±1)℃的恒温室中，保温不少于 5h，也不得多于 24h。在试件的试验轮不行走的部位上，粘贴 1 个热电隅温度计（也可在试件制作时预先将热电隅导线埋入试件一角），控制试件温度稳定在（60±0.5)℃。

② 将试件连同试模移置于轮辙试验机的试验台上，试验轮在试件的中央部位，其行走方向须与试件碾压或行车方向一致。开动车辙变形自动记录仪，然后启动试验机，使试验轮往返行走，时间约 1h，或最大变形达到 25mm 时为止。试验时，记录仪自动记录变形曲线及试件温度。

（四）结果计算与处理

（1）从变形曲线上读取 45min（t_1）及 60min（t_2）时的车辙变形 d_1 及 d_2，准确至 0.01mm。当变形过大，在未到 60min 变形已达 25mm 时，则以达到 25mm（d_2）时的时间为 t_2，将其前 15min 为 t_1，此时的变形量为 d_1。

（2）沥青混合料试件的动稳定度按下式计算：

$$DS = \frac{(t_2 - t_1) \times 42}{d_2 - d_1} \times c_1 c_2$$

式中　DS——沥青混合料的动稳定度，次/mm；

　　　d_1——时间 t_1（一般为 45min）的变形量，mm；

　　　d_2——时间 t_2（一般为 60min）的变形量，mm；

　　　c_1——试验机类型修正系数，曲柄连杆驱动试件的变速行走方式为 1.0，链驱动试验轮的等速方式为 1.5；

　　　c_2——试件系数，试验室制备的宽 300mm 的试件为 1.0，从路面切割的宽 150mm 的试件为 0.80。

同一沥青混合料至少平行试验 3 个试件，当 3 个试件动稳定度变异系数小于 20% 时，取其平均值作为试验结果。变异系数大于 20% 时应分析原因，并追加试验。如计算动稳定度值大于 6000 次/mm 时，记作 >6000 次/mm。

参 考 文 献

[1] 廉慧珍，童良，陈思义. 建筑材料物相研究基础 [M]. 北京：清华大学出版社，1996.
[2] 苏达根. 土木工程材料 [M]. 北京：高等教育出版社，2008.
[3] 刘娟红，梁文泉. 土木工程材料 [M]. 北京：机械工业出版社，2013.
[4] 张君，阎培渝，覃维祖. 建筑材料 [M]. 北京：清华大学出版社，2008.
[5] 覃维祖. 结构工程材料 [M]. 北京：清华大学出版社，2000.
[6] 张光碧. 建筑材料 [M]. 北京：中国电力出版社，2006.
[7] 符芳. 建筑材料 [M]. 南京：东南大学出版社. 2011.
[8] 沈威，黄文熙，闵盘荣. 水泥工艺学 [M]. 武汉：武汉工业大学出版社，2000.
[9] 白宪臣. 土木工程材料 [M]. 北京：中国建筑工业出版社，2011.
[10] 湖南大学，天津大学等. 土木工程材料 [M]. 北京：中国建筑工业出版社，2011.
[11] 陈志源，李启令. 土木工程材料 [M]. 武汉：武汉理工大学出版社，2012.
[12] 冯乃谦，邢锋. 混凝土与混凝土结构的耐久性 [M]. 北京：机械工业出版社，2009.
[13] 张誉，蒋利学，张伟平，屈文俊. 混凝土结构耐久性概论 [M]. 上海：上海科学技术出版社，2003.
[14] 赵方存. 土木工程材料 [M]. 上海：同济大学出版社，2004.
[15] 黄晓明，赵永利，高英. 土木工程材料 [M]. 南京：东南大学出版社，2007.
[16] 余丽武. 土木工程材料 [M]. 南京：东南大学出版社，2011.
[17] 符芳，张亚楠，孙道胜. 土木工程材料 [M]. 南京：东南大学出版社，2006.
[18] 柯国军，严兵，刘红宇. 土木工程材料 [M]. 北京：北京大学出版社，2006.
[19] 杨静. 建筑材料 [M]. 北京：中国水利水电出版社，2004.
[20] 李晓刚，郭兴蓬. 材料腐蚀与防护 [M]. 长沙：中南大学出版社，2009.
[21] 交通部公路科学研究所. JTG E20—2011 公路工程沥青及沥青混合料试验规程 [S]. 北京：人民交通出版社，2011.
[22] 吕伟民. 沥青混合料设计原理与方法 [M]. 上海：同济大学出版社，2001.
[23] 邰连河，张家平. 新型道路建筑材料 [M]. 北京：化学工业出版社，2003.
[24] 交通部公路科学研究所. JTG F40—2004 公路沥青路面施工技术规范 [S]. 北京：人民交通出版社，2004.
[25] 刘中林等. 高等级公路沥青混凝土路面新技术 [M]. 北京：人民交通出版社，2002.
[26] 刘建勋. 温拌沥青混合料施工关键技术研究 [D]. 西安：长安大学，2010.
[27] 姜广财，余胜军，李江. 常温沥青的应用现状与展望 [J]. 公路交通科技（应用技术版），2013.
[28] 吴中伟，廉慧珍. 高性能混凝土 [M]. 北京：中国铁道出版社，2003.
[29] 蒲心诚. 超高强高性能混凝土原理（配制 结构 性能）[M]. 重庆：重庆大学出版社，2004.
[30] 葛勇. 土木工程材料 [M]. 北京：中国建筑工业出版社，2007.
[31] 张仁水. 建筑工程材料 [M]. 北京：中国矿业大学出版社，2000.
[32] 崔忠圻. 金属学与热处理 [M]. 北京：机械工业出版社，2006.